全国教育科学“十二五”规划2015年度教育部重点课题“困境儿童心理危机状况、心理救助及危机后成长研究（课题批准号DBA150237）”

心理基础与应用丛书

丛书主编/韦义平

处境不利儿童心理成长及心理干预

吴素梅　方建东 等　著

科学出版社
北京

内 容 简 介

处境不利儿童的心理成长及心理干预是心理学研究中的重要课题。本书既探讨了由于不利处境给儿童带来的消极影响，更从积极心理学的视角关注了处境不利儿童积极心理品质的养成，通过实证的方法研究了受欺负儿童、留守儿童和流浪儿童的人格特征、情绪特点、社会适应性等心理发展状况，探讨了焦点解决短期疗法、团体心理辅导、绘画疗法在处境不利儿童心理干预中的应用。本书提出了压力后成长的概念，编制了儿童压力后成长量表，探讨了影响儿童压力后成长的因素及不同类型处境不利儿童压力后成长的特点。

本书可供心理学、教育学、社会学等相关学科的研究者、教育工作者、心理临床工作者、社会工作者、家长及对心理学感兴趣的读者阅读参考。

图书在版编目(CIP)数据

处境不利儿童心理成长及心理干预/吴素梅等著.—北京：科学出版社，2019.6

（心理基础与应用丛书/韦义平主编）

ISBN 978-7-03-061376-9

I. ①处… II. ①吴… III. ①儿童心理学 IV. ①B844.1

中国版本图书馆 CIP 数据核字（2019）第 102778 号

责任编辑：郭勇斌 欧晓娟／责任校对：邹慧卿
责任印制：张 伟／封面设计：黄华斌

科 学 出 版 社 出版
北京东黄城根北街 16 号
邮政编码：100717
http://www.sciencep.com
北京中石油彩色印刷有限责任公司 印刷
科学出版社发行 各地新华书店经销
*
2019 年 6 月第 一 版 开本：720×1000 1/16
2023 年 2 月第三次印刷 印张：15
字数：251 000

定价：78.00 元

（如有印装质量问题，我社负责调换）

丛 书 序

心理学是一门古老而又年轻的学科，它的古老表现在人们很早的时候就开始关注内心及其变化和成长。早在春秋时期，诸子百家就广泛关注心理问题，认为身体为形，而心灵为神，形成了以“形具而神生”为核心思想的形神论，孟子提出“权，然后知轻重，度，然后知长短，物皆然、心为甚”的论点成为心理测量学的经典语录。中国古代医学不仅详细分析了情绪与个人需要的类型，提出七情六欲理论，还提出有长久历史影响力的情绪激活与身体健康的关系理论，《黄帝内经》之《素问》指出“怒伤肝、喜伤心、忧伤肺、思伤脾、恐伤肾”等情绪应激对身体的影响成为中医的重要理论基础。在个性发展方面，《三字经》提出的“人之初，性本善。性相近，习相远”的观点已经传诵数千年。在西方，心理学一词起源于希腊文，意指这是一门关于灵魂（psyche）的学科，柏拉图、亚里士多德等古希腊哲学家都阐述过许多与心理学相关的观点。1879 年，冯特建立世界上第一个心理学实验室，标志着心理学从哲学母体中独立出来，成为一门独立的学科。心理学走向科学发展道路，促进了自身的迅速发展，但似乎开始披上神秘的面纱，与人们的日常生活渐行渐远，曾一度被认为是迷信学科。曾几何时，心理学专业的学生在回答他人询问时说自己是学心理学的，竟然引起询问者的紧张、不安和焦虑，这种情形直至今日也时有发生。心理学的研究及大量的研究成果也如同其他很多研究一样，被搁置在无用的文件柜中。

今天，面临着社会迅速发展带来的心理不适应问题、文化与价值多元带来的心理和谐问题、老年化社会出现的空巢问题、人口迁徙产生的留守和随迁问题、心理健康教育模式转变等因素给心理学科带来巨大的机遇和挑战。心理学能否适应这个挑战，满足社会发展对心理学的需求是每一位心理学工作者必须面对和思考的问题。在这样的背景下，心理学一方面要加强基础性研究，深入了解人类的心理活动尤其是大脑进行信息加工的机制、特点，从内在的神经活动及外在的行为表现两个层面系统地探索人类心理活动的本质、机制、特征，另一方面要加强心理学的应用研究，探索与应用可以促进人们心理品质健康发展的新理念、新技术、新方法。在这样的背景下，广西师范大学教育学部认知神经科学与应用心理实验室于2014年申报并成功获批广西高校重点实验室，实验室的使命是致力于心理学的基础与应用研究，在基础研究层面，致力于研究大脑进行各种活动的信息加工机制和特点；在应用研究层面，致力于从多个层面展开心理学服务于个体与社会和谐、稳定发展的研究，包括应用实践课题研究、人才培养、社会服务等。

“心理基础与应用丛书”就是体现这样一种价值追求的产物，它不预设固定的规矩框条，而是充分尊重和发挥重点实验室专家、学者们的智慧，鼓励现在及未来的学者们不断地对心理学进行基础研究、应用研究和基础应用研究，不断地解答心理现象及活动之道，心理学原理、技术、方法的应用之道，希望通过学者们的持续努力，不断地丰富各方面的研究，为心理学，尤其是民族地区心理学的发展与服务社会做出积极的贡献。

丛书编委会

2017年5月

目　录

丛书序

第一章　处境不利儿童的心理成长……1

第一节　处境不利儿童心理成长的理论……2
第二节　同伴关系、学校、家庭处境不利与儿童心理成长……12
第三节　处境不利儿童的心理特点……18
参考文献……25

第二章　受欺负儿童心理特征研究……30

第一节　儿童受欺负现象描述……30
第二节　受欺负儿童人格特征研究……38
第三节　受欺负经验对儿童心理的影响……44
第四节　维护受欺负儿童心理健康的干预策略……57
参考文献……66

第三章　流浪儿童心理特点及干预研究……69

第一节　流浪儿童的心理特点研究回顾与展望……69
第二节　流浪儿童现状特点调查……75
第三节　流浪儿童情绪特征研究……83
第四节　流浪儿童心理辅导：以绘画艺术疗法为例……94
参考文献……102

第四章　留守儿童心理特点研究……107

第一节　留守儿童心理行为问题……107
第二节　留守儿童的社会支持和社会适应性研究……111
第三节　留守儿童的积极心理品质研究……126

参考文献……136
第五章　处境不利儿童压力后成长研究……142
第一节　压力后成长的概述……142
第二节　儿童压力后成长测量与评估……149
第三节　不同类型处境不利儿童压力后成长的特点……161
参考文献……166
第六章　焦点解决短期疗法对处境不利儿童的心理干预……170
第一节　焦点解决短期疗法的基本原理和技术……170
第二节　焦点解决短期疗法的个案干预……174
第三节　焦点解决团体疗法应用于处境不利儿童心理干预的研究……188
参考文献……195
第七章　团体心理辅导对处境不利儿童心理问题的干预……197
第一节　团体心理辅导概述……197
第二节　团体心理辅导对受欺负儿童人际适应与自我意识的影响研究……203
第三节　团体辅导对流浪儿童自尊与危机脆弱性的干预研究……210
参考文献……217
附录一　儿童压力后成长量表……219
附录二　团体辅导总体效果评估表……220
附录三　团体辅导活动方案……222
附录四　团体心理辅导对受欺负儿童人际适应与自我意识研究辅导活动方案……223
后记……229

第一章　处境不利儿童[①]的心理成长

儿童心理方面的研究为人们了解这一人生阶段的心理发展提供了重要依据。正常或者普通处境下的儿童表现出众多有别于他的其他人生阶段的一些心理特点，这给理解、尊重、教育他们提供了很多值得参考的资料。儿童中还有一部分群体，他们所处的环境有别于正常或普遍的状态，这一群体的心理发展状况如何？和人们通常理解的儿童心理发展是否有差异？我国对特殊的处境不利儿童的有关研究较早的有姜学清（1991）发表的《国外对社会处境不利儿童的研究》。他指出“社会处境不利儿童”这一术语多来源于国外的教育心理学著作，并归纳出 6 项特点：①经济上贫穷；②可能是某个少数民族的成员；③在学校里是不成功的学生；④缺乏正规教育导致将来继续就业机会短缺；⑤所处环境具有破坏性和消极性；⑥自我实现的预言（即我们对某种情境的知觉，可能会改变该情境，以适应我们的知觉。教师可能受到虚构信息的足够影响，随后通过他们的期待和处理方法去影响学生的学习成绩）。此后，处境不利儿童的概念内涵不断扩充，总体看儿童处境不利可归为四大类。第一类是社会层面，包括民族、性别、地处偏远地区或灾害地区。有学者把处境不利描述为由于社会、经济、健康、性别、种族、父母收入低或残疾、地处偏远或自然灾害地区、辍学等原因，而无法接受正规的初等教育的境况。第二类是学校层面，包括不受欢迎的学生，受欺负的学生。姜晓燕（2003）研究了班集体环境中学生的心理调适问题，指出不受欢迎的学生就是处境不利的学生，处境不利的学生在班集体中又分为受排斥的学生和受忽略的学生。第三类是家庭层面，包括经济、文化、关系（离异、冲突、越轨与受虐待）与意外（伤亡）。郑信军和岑国桢（2006）曾表述为“短期内难以改变的家庭经济文化的弱势状况和家庭内部关系不良而对身心发展造成不利影响的儿童统称为家庭处境不利儿童”。第四类是个体层面，包括无

① 处境不利儿童，是指那些处于不利状况（如在经济状况、社会地位、权益保护、竞争能力等方面处于相对困难与不利境地的生存和发展状态）的儿童。本书所研究的儿童年龄范围在 7～18 岁。

法上学、特殊儿童（残疾、精神不正常）、不良行为（逃学、犯罪）及学习不好等境况。

第一节　处境不利儿童心理成长的理论

在个体的发展过程中，其认知发展、情感发展、意志发展、个性发展等情况如何？一个人的心理和行为在多大程度上是受生物本能决定的，又会受到社会环境怎样的影响？不同的心理流派有不同的看法。

一、处境不利儿童心理成长研究的若干理论观点

（一）生物学观点

被称为“青少年心理学之父”的斯坦利·霍尔（G. Stanley Hall，1844—1924年），是使用科学方法对青少年期进行研究的第一人，1904年霍尔出版了《青少年期》。他对达尔文的进化论很着迷，他相信所有的发展都源于由基因决定的生理因素的控制，霍尔强调的是个体的生物因素通过遗传决定性地控制和引导着个体的发展与成长，他认为环境对于个人的发展只起到了微弱的作用，尤其是在婴儿期和儿童期。个体成熟以后，其行为将不可避免地随着遗传物质记载的方式而改变，而且这种发展与成长的模式在不同的文化背景及各种环境中都是基本一致的。

根据霍尔的观点，青少年自己进入了一个“疾风骤雨”的时期，这一时期是一个伴随着冲突和情绪波动的躁动阶段。具体表现为以下几个方面：①精力过分旺盛与无精打采。青少年可以一段时间内精力旺盛、过度活动，但也可能很快走向反面，变得冷淡、无精打采和厌倦。②快乐和痛苦交替。青少年很容易在快乐和痛苦这两个极端摆动，比如在异常高兴、欢乐和欣喜后变得烦躁不安、悲伤郁闷和忧愁。③自尊和卑谦共存。自信、虚荣和自高自大与自卑、自疑和羞怯等在这一阶段可能会同时存在。④自私与利他同在。在青少年期，既可看到儿童似的自私心的存留，也可看到理想的利他主义的提高。⑤好行为与坏行为交错。青少年善良纯洁，但也容易受邪念的诱惑，出现追求正义与说谎、犯罪等好坏行动的交替。⑥孤独和归属相伴。青少年既追求同伴友谊也关心内心状态，有时积极建立密切的友谊，有时又感到很孤独。⑦兴趣和冷漠并存。渴求知识、兴趣热烈，有时也会表现出漠不关心。⑧在

知与行之间摆动。有雄心壮志，常常热衷于安排计划，有时又会直接行动。⑨在保守和激进间“穿梭”。想改造现实，有时又走向另一极端：崇拜过去的成果。⑩聪明与愚笨同在。有高度的直觉，能预见未来的发展但又不时出现失败和稚气。霍尔认为，这些“普罗米修斯”式的热情与多愁善感之间的矛盾冲动，就是处于“疾风骤雨”时期的青少年的最主要特征。这是由遗传决定的，我们对此无能为力。到了青少年晚期，个体复演着现代文明时代的开始阶段，青少年的发育过程宣告结束，开始走向成熟。

霍尔的“复演说”开启了青少年心理学研究的先河，他第一次在自己观察和研究的基础上提出了青少年心理发展较为系统的理论，促使学术界和社会大众开始重视并研究青少年问题。但是，人作为社会关系的总和，既是生物实体，更是社会实体，霍尔把个体发展史和种系发展史完全等同起来，而引向了遗传决定论，这显然是错误的。自霍尔以后，近现代的青少年心理学理论主要分为两种对立的观点：一是重视生物因素和生理成熟的影响，如格塞尔（Gesell）的“成熟论”；二是强调社会环境和教育状况的影响，如华生（J.B.Watson）的行为主义观。后来，这两种观点逐渐走向综合，其代表人物有埃里克森（Erikson）和皮亚杰（Piaget）。

（二）精神分析观点

精神分析发展心理学的基本理论观点具体表现在对儿童内在心理世界、心理结构、心理发展动力和心理发展阶段的具体理解上。尽管不同精神分析发展心理学家对这些问题都持有不完全相同的看法，但是他们却都在努力进行探索，并试图表达自己的理解和看法（郭本禹，2009）。

1. 对儿童内在心理世界的理解

弗洛伊德（S.Freud）用心理动力学说解释儿童内部世界持久的紧张和冲突。他对儿童如何处理内在的感受、性欲和攻击性尤其感兴趣。他强调，儿童期尤其是生命最初 5 年对今后心理机能的发展有重要影响。他认为，影响人格发展的主要因素是早年由性驱力导致的心理冲突。冲突特征的不同将导致个体的成长和成年心理机能的差异。弗洛伊德的主要研究与治疗重点集中在俄狄浦斯期的“三角关系”上。

自我心理学家对于理解儿童心理发展中相互作用的各部分，如先天禀赋、发展过程和环境影响等感兴趣，他们不仅关注心理病理问题，同时也关注心理的正常发展，并且把病理问题放在正常发展的背景下来观察，儿童心理病理治疗的目标是帮助儿童回归正常发展之路。安娜·弗洛伊德（Anna Freud）

还开启了对青春期心理研究的先河，描述了青春期生理的变化是如何伴随着冲动的增加而变化的，从而导致了本我和自我的不平衡。如果处于青春期的儿童长时间表现出矛盾和令人无法预料的行为，可以认为这种现象是十分正常的。埃里克森对精神分析发展理论最大的贡献之一就是强调社会和人际关系对自我发展的重要性，他强调了那些造就我们完整人格的家庭和社会的作用，他还发展出一套囊括整个生命周期的理论，其中对青春期自我同一性的表述尤为深刻。此外，自我心理学家斯皮茨（Spic）通过研究论证了儿童早期发展的每个方面都通过母亲的环境所调节；玛勒通过对孤独症儿童的研究，拓展了斯皮茨对儿童早期关系的重要角色的强调，进一步提出儿童是在与母亲的共生融合中逐步发展的；雅可布森则更为关注儿童的自体表象、客体表象、选择性认同、超我形成及超我功能、自我理想的发展。

在英国形成和发展起来的客体关系学派，因为并不否认潜意识的作用，而且基本接受弗洛伊德提出的基本概念和理论框架，因而它是精神分析的一个分支（王国芳，2012）。弗洛伊德将驱力、目标、客体等概念带入了精神分析，但是他关注的焦点是作为一种生物学力量的本能释放能量，而客体仅仅是本能释放能量的目标。他在探讨内化认同和投射等心理机制时，已埋下客体关系理论的种子。客体关系理论的创建应归功于克莱因和费尔贝恩的贡献。温尼克特认为，儿童在精神现实和物质的客观现实之间的中介地带使用幻想、想象和错觉，通过游戏场这一过渡的空间，逐渐发展出人际交往的能力。他强调心理发展与环境处于连续不断的反馈之中，他同时关注个体与他人心理分离的体验及与他人融合的体验之间的辩证性。他在保留弗洛伊德的本能、驱力等概念的基础上，着重从客体关系的角度阐明他在儿童精神分析中的观察和发现，因其理论依然以本能模式为背景，而被称为“过渡性客体关系理论”。费尔贝恩则完全排除经典的驱力和本能理论，完成了克莱因未能完成的精神分析由驱力模式向客体关系模式的彻底转变。与传统精神分析不同的是，客体关系学派的理论家将客体及客体关系置于理论和临床研究的中心，视客体关系为人类经验和行为的重要决定因素。客体关系学派的理论家将人类精神的本质视为关系，人类行为被关系所驱动，心灵的构成材料多与关系的内化有关，而与原欲冲动和精神能量没有多大关系。这是人类心理研究道路上的重大转折。

社会文化学派则特别强调社会文化因素对发展中的人的心理和行为的影响，比如，霍妮认为儿童的基本焦虑来源于家庭中父母对待儿童的态度和行为，沙利文则认为个体人格的形成离不开其所生活的环境，强调人际关系对人格形成的重要性。

2. 对心理结构的理解

弗洛伊德认为，心理或人格是一个动态的能量系统，它是由本我、自我和超我这三个子系统组成的。其中，本我是建立人格的基础，性驱力是人格发展的动力。在人格结构中，只有本我拥有自己的能量，自我和超我均通过向本我认同而从本我获取能量并得以发展。

荣格用“心灵”或“精神”来代指全部人格。心灵包括了一个人所有的思想、情感和行为，无论是意识的，还是潜意识的。心灵由若干不同但却彼此相互作用的系统组成，荣格将之分为由浅及深的三个层次：意识、个体潜意识和集体潜意识。意识的核心是自我，个体潜意识的大部分内容是情结，集体潜意识的主要内容则是原型。

自我心理学家更重视自我，并赋予自我以独立的机能、独立的发展。安娜·弗洛伊德认为，从发展的观点来看，由一个人的各种自我防御反应中，就可以了解此人的自我发展的历史，特别是对于儿童分析者，由于自由联想的局限性，自我防御分析就成为必不可少的手段。但在安娜那里，自我仍然是本我的助手。哈特曼接续了安娜的研究，扩展了自我机能的概念。斯皮茨通过儿童的微笑反应、陌生人焦虑和对“不”的掌握，玛勒通过分离-个体化的发展进一步扩展了自我的功能。雅可布森则提出了整合的自我模式，保留了本我—自我—超我的结构，将它们放在客体关系中来考察，提出自我是从一种本我和自我的未分化形式或基质中发展而来的。

客体关系理论家在心理结构上除了克莱因认为人格是不可分的以外，他们绝大多数都同意弗洛伊德对人格的划分。但在本我、自我、超我这三者中，客体关系理论家对自我更为重视。他们相信，自我在出生时就已经存在，是对最初的好客体即母亲乳房内化的结果，而不是从本我分化而来的。费尔贝恩认为自我是一个具有自身能量的精神能动结构，无须从本我中获取能量，他将自我分为中心自我、力比多自我和反力比多自我三部分，并与不同的内在客体相联系。当一个客体被分离，自我也相应地被分离，并与客体的不同部分相联系。因此，人的冲突不再是来源于超我与自我之间的冲突，而是自我的不同部分与自我所内化的客体之间的冲突。

（三）社会文化观点

青春期究竟是由文化决定的，是现代西方社会青少年的特殊经历，还是由生理变化造成的，是全世界青少年都会表现出的普遍症状？作为文化决定论的积极倡导者，博厄斯和米德坚决反对霍尔等人关于青春期的生物决定论观点。

1925 年，年仅 24 岁的米德孤身一人带着博厄斯提出的上述问题前往距美国本土万里之遥的萨摩亚土著部落进行实地考察，意图查明使美国青少年骚动不安的青春期危机在原始文化中是否也存在，为置身于生物决定论与文化决定论之争格局中的博厄斯寻找文化决定论的实证。1925—1926 年，米德在波利尼西亚群岛上的萨摩亚岛进行了为期 9 个月的田野工作。其间，从学习萨摩亚人的语言、生活方式，到果敢地摆脱土著求爱者，她经历了文明社会的女性所无法想象的艰辛，显示出过人的智慧和胆略。她与萨摩亚少女们同作同息，深入了解她们在成熟期的生活，并重点研究了 3 个毗邻小村庄里 68 个少女的青春期生活。据此，撰写了她第一部力作《萨摩亚人的成年——为西方文明所作的原始人类的青年心理研究》（*Coming of Age in Samoa*）。书中她力图说明人类（野蛮而未经教化的原始人类）所赖以生存的丰富多彩的文化环境是如何塑造人格的，即力图找出决定人格的文化因素。在研究中，她发现对萨摩亚少女而言，青春期并不是一段困难、动荡的时期，她们没有美国少女经常表现出的心情压抑、情绪波动、强烈的挫折感等心理冲突，而是心情平和、情绪稳定。“我们发现，在其生命全程中，我们必须对这一问题予以否定的回答。已达青春期的萨摩亚姑娘同她们尚未成年的妹妹们的主要区别，仅限于在姐姐身上已表现出某种生理变化，而在妹妹身上尚未出现而已。但除此之外，那些正经历青春期的姑娘们与那些还要过两年才到青春期的少女们或那些两年前就到青春期的女性之间，并不存在其他巨大的差异。”（米德，2014）米德对萨摩亚人青春期的研究，使她在远方的文化中寻找到西方社会所缺乏的自然式教育和文化模式。她发现，萨摩亚社会中“成人礼”标志着由儿童到成年的直接转化，其间没有过渡，没有“独创性”的危机。因而“青年”（adolescence，包含了青春期）的独立出现是文化的产物。这充分证实了文化多样性对人格和心理塑造的决定性作用，从而表明先前的社会心理学对人的行为模式的描述与阐释并不具有全人类绝对普遍的意义（张帆，2007）。

维果茨基是俄国著名的心理学家。他批评冯特的主观心理学、美国的行为主义及俄国的反射学对行为的文化发展特点和规律性的忽视，强调社会文化因素在人的心理发展中的作用。但他并不反对心理学的实验研究，他所反对的只是按刺激—反应的图式构成的实验研究。维果茨基把“实验发生法”用于实验研究，强调对心理现象起源与历史文化的关注，力求在现实生活中对心理形成和发展过程作动态和整体的研究。

维果茨基的社会文化历史理论重视社会文化对人的心理产生和发展的影响。美国心理学家皮特森指出：“文化是心理学理论中最重要的，也是误解最深的一个概念……如果不考虑文化背景，任何精确评价、有意义的理解和适当地改变行为的尝试都是误导的、天真的和危险的。以文化为中心的观点提供了除精神分析、人本主义和行为主义对人的行为解释之外的第四个解释的维度，它的意义就像三维空间之后发现的作为时间的第四维度。”（叶浩生，2001）美国心理学会在 1990 年颁布了心理学工作者在为不同种族、语言、文化服务时应该遵守的规则，即所有的心理学家都应该熟悉和尊重本土化的信念和实践，在面临不同的文化群体时，应该承认和尊重他们的生活实践，并考虑这些实践同他们的行为特征的关系。

维果茨基心理学研究的对象或单位就是在文化背景中人的整体个性，他以开放的眼界和胸襟，于喧闹的文化生活中将人类完整的心理揭示出来。社会建构主义心理学认为，人格、态度、情绪等心理现象并非存在于人的内部，而是存在于人与人之间，是社会文化的产物，是社会建构的结果（郑发祥和叶浩生，2014）。

（四）生态系统论观点

20 世纪以来，越来越多的心理与教育研究工作者认识到环境作为一个复杂的系统对人的发展的巨大影响。1979 年，美国社会生态学家布朗芬布伦纳出版了《人类发展生态学》一书，提出了“生态系统论”。布朗芬布伦纳认为，“发展是人与环境的复合函数”，即 $D=f(PE)$。其中，D 指 Development（发展），P 指 People（人），E 则指 Environment（环境）。人的发展就是在这样一个层层叠叠、互相联系的生态系统中发生的（图 1-1）。这些环境系统直接或间接地以各种方式和途径影响着人的发展。他将生态环境分成宏观系统、外层系统、中间系统和微系统，这些构成了他所创造的雀巢式模型（朱家雄，2006）。

在这一模型中，个体嵌套于相互影响的一系列环境系统之中，这些系统与个体相互作用并影响着个体发展，并且每一系统都与其他系统及个体交互作用，影响着个体发展的许多重要方面。从布朗芬布伦纳的生态系统论看，任何行为的形成都是个体与其环境之间、环境与环境之间的相互作用所致。生态发展观的基本思想体现在三个方面：第一，有机体处于一个复杂关联的系统网络之中，既不能孤立存在也不能孤立行动；第二，所有有机体均受到来自内部动因和外部动因的影响；第三，个体主动塑造着环境，同时环境也

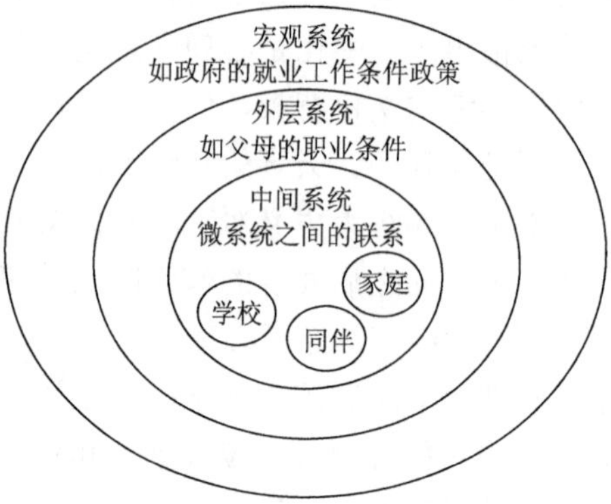

图 1-1　布朗芬布伦纳的宏观系统、外层系统、中间系统和微系统之间的嵌套模型

在塑造着个体，个体力求达到，并保持与环境的动态平衡以适应环境。生态心理学家认为被传统心理学家所分离的两个方面的东西，如行为和心理、行为和环境，在本体论上都是相互依赖和相互作用的对子，因而在认识论上和方法论上，都不能对它们分离地进行研究和解释。因此从方法论上，生态心理学家把交互作用原则（the principle of reciprocity）作为首要原则运用于他们的研究之中。交互作用原则包含着对行为主义单向的因果解释原则的拒绝。单向的因果性包含着独立的原因和依随的单一效应，而交互性则包含原因和效应的相互依存性；单向因果性包含不连续的事件，而交互性则包含整合或一体化的事件。生态心理学认为传统心理学的刺激-反应反射弧假设就忽略了刺激对反应的相依性，切断了刺激与反应的连续性，破坏了刺激与反应的协调性。相互依存性的原则不仅站在二元论的对立面而且站在单向因果理论的对立面，它主张在解释心理学现象时打破这种单向因果模式。

青少年心理和行为的原因不能在单一水平上进行，不能只简单考虑某一事件或某一环境决定了原因的形成，而是应该强调个体与物质、社会、历史文化环境的关系，以及强调这些关系在生态环境中对个体形成交往障碍的影响。循着这样一条思维线索，可以看到青少年是生活在环境中的，其周围环境主要包括家庭环境、学校环境及社会环境。因此他们会与亲人、同伴、老师等相互作用，他们也会与其周围的文化、社会观念及国家政策等发生碰撞，这些作用、碰撞都会对个体的行为发展产生影响。

（五）生命史理论观点

生命史理论并非是一个完整的理论，而是一个有待充实的、庞大的理论框架。以进化理论为基础的生命史理论的研究表明，个体的幼年环境会影响一系列生命史事件的出现和持续时间。其要义在于，为了最大限度地繁衍成功，个体会根据环境线索来做出关乎生存和繁衍的具有适应性的权衡（林镇超和王燕，2015）。

如何在关乎生存和繁衍的各种生命活动中有效地分配时间、资源和能量，是地球上每一个有机体都必须面临的最基本的挑战。例如，过多地参与社会竞争会影响有机体的免疫能力，在教养子女上的付出会占用个体寻求新配偶的时间和资源。对此，进化学家和生态学家提出了生命史理论来对这个问题进行“怎么样”（how）和“为什么”（why）两个层面的回答。

在分配时间、资源和能量的过程中，个体必须在躯体努力（somatic effort）和繁衍努力（reproductive effort）之间做出适应于特定环境的最基本的权衡。躯体努力是指个体在维持和发展生理系统和物化资本（embodied capital），如知识、技能上的投入，可细分为躯体的维持（bodily maintenance）和成长（growth）两个维度；繁衍努力是指个体在同性竞争、求偶、繁衍及子女教养上的投入，可进一步分为择偶（mating）和后代教养（parenting）两个方面。这两者是既相互关联又存在资源分配矛盾的不同的生命发展方向。

权衡的倾向或者过程可以被概念化为生命史策略（life history strategy）或繁衍策略（reproductive strategy），其是一个以“快策略”和“慢策略”为两极的连续谱系。在快策略的一端，个体更早地性成熟，更早地发生性行为，有更多的性伴侣，以及生育更多的子女，在后代教养上投入更少；而在慢策略的一端，个体更注重身体培养和技能发展，较迟开始性行为，更注重后代的质量而非数量，更注重后代的教养。

自然选择偏好于那些做出最佳权衡的个体。在这里，所谓“最佳”就是指最具有适应性（adaptive），在进化视角下的意义并非指个体的心理健康（如幸福感），而是强调个体是否成功地把基因遗传下去。由于自然选择塑造了环境敏感性（environmentally sensitive）的生命发展系统，个体会选择特定的生命史策略从而适应不同的成长环境。值得注意的是，个体对环境的敏感性和易感性存在个体差异，和其他心理行为变量一样，生命史策略同样受到遗传和基因的影响。生命史权衡是熔铸于成长经历的，是经由基因和环境共同调节的动态过程。

Belsky 等（1991）提出了一个全新的生命发展模型：儿童将依恋视为感知环境条件的线索。如果儿童的照料者有能力投入时间、精力、资源，从而实现所谓的敏感性、尽责性，那么个体所处的生活环境就有可能是资源丰富、安全稳定的，个体也就相应地形成安全依恋的内部工作模式（internal working model）。Belsky 等（1991）由此提出了一个相对笼统的个体发展路径：①早期的家庭背景（family context），如父母婚姻状态、经济条件、社会环境；②早期的抚养经历（child-rearing experiences），如照料者的敏感水平、尽责性；③心理和行为的发展（psychological/behavioral development），如依恋模式、内部工作模式；④躯体的发展（somatic development），如何时性成熟；⑤特定繁衍策略的选择。

在此基础上，两个截然不同的、带有原型（prototype）性质的发展轨迹被用以阐明生命史策略的两个典型取向。数量取向（quantity-oriented）的繁衍策略产生于具有非常多负性应激源的家庭环境中（例如，家庭关系不和、婚姻破裂、经济拮据），相应地，非安全型的依恋模式和机会主义的人际关系取向就会形成，从而促成一系列快策略的结果（例如，青春期的提前到来，对短期配偶关系的偏好，养育更多子女但缺乏相应的亲代投资）。相反，质量取向（quality-oriented）的繁衍策略形成于良好的抚养环境（例如，夫妻关系和谐，经济条件殷实），敏感的、尽责的、有积极情感的父母教养行为会促使个体形成安全型依恋风格、互惠型的人际关系取向，青春期和首次性行为的时间也就推迟了。值得注意的是，数量取向和质量取向只是繁衍策略连续谱系上的两个极端，五阶段的发展路径也只是对理论所涉及的主要领域的一种抽象概括，并没有限定严格的因果次序（Belsky，2007，2010；Belsky et al.，1991），例如，不良的成长环境不一定会导致非安全型依恋。

有趣的是，早期经历对性成熟时间的影响集中体现在女性的身上，特别是关乎女性月经初潮的时间。需要说明的是，这并非是由于对男性性成熟的测量存在困难而导致的研究数据的偏误。事实上，Ellis 和 Essex（2007）已经发现，无论男性或是女性的肾上腺功能初现（adrenarche）都可以作为衡量性成熟时间的指标（肾上腺功能初现是青春期的最初阶段）。例如，Ellis 和 Essex（2007）发现，低质量的父母教养和高水平的婚姻冲突会导致儿童在 6～7 岁时肾上腺功能初现。

不过，即使是以肾上腺功能初现作为衡量指标，早期经历对性成熟时间的影响依然主要体现在女性身上。对此，Del Giudice 和 Belsky（2010）指出，对于女性而言，最重要的生命史权衡在于躯体努力和繁衍努力之间；而对于男性，择偶与亲代投资之间的权衡更为重要。因而，相较于男性的青春期，女性的青春期更能体现个体的生命史策略，更加容易受早期经历的影响。

这种生命史权衡的性别差异是通过成人依恋风格的性别差异来实现的。

尽管儿童早期的依恋风格没有性别差异，但随着年龄的增长，男性更多地表现出回避型依恋，而女性在中等压力情境下更多地表现为焦虑型依恋，在高压力情境下才会向回避型依恋转变。显而易见，回避型依恋使男性表现得更加坚强、好斗，有利于其投身社会竞争从而获取资源，焦虑型依恋促使女性更加注重和男性伴侣的联结，从而能从伴侣身上获得更多资源。生命史权衡的性别差异具有进化意义上的适应性。

Griskevicius 等（2011）则发现，实验室情境中虚拟的环境线索同样能启动个体做出特定的生命史权衡：在面临死亡的威胁和资源匮乏的情境中，个体的生命史策略会发生转变。特别地，对于那些童年时成长于贫穷家庭的个体而言，死亡威胁相关的线索会促使其更加注重当下的生活（value the present），更加追求眼前的利益，更愿意投身风险行为；相反，那些童年时成长于富裕家庭的个体则会更加注重未来的发展并避免更多的风险，表现出所谓的“延迟满足”（delayed rewards）。Chisholm（1999）认为，死亡相关的线索会促使个体有意识地或无意识地产生与繁衍相关的预期，从而影响生命史权衡。

可见，尽管繁衍策略主要形成于个体生命早期的5～7年，但是它依然持续地受到当下经历的巩固、调整和重塑，无论当下环境信息是真实的还是实验室启动的。这种生命史策略的转变体现了个体的决策动机：企图利用所感知到的环境信息做出最恰当的行为决策从而适应于环境变化，实现利益最大化。进一步地，并非所有的环境线索的效价都是相同的，人们对与生存和繁衍更紧密相关的环境线索更敏感（李宏利等，2011）。

二、处境不利儿童心理成长研究的新趋势

（一）采取优势视角进行研究

这是20世纪80年代在美国出现的一种重要的社会工作理论和实务模式。它完全解构了以往社会工作针对服务对象采取的问题视角取向的服务模式，而是建立起了一种优势视角（strength perspective）取向的服务模式。它反对将服务对象问题化，认为问题的标签对服务对象具有蚕食效应，重复次数多了之后，就改变了服务对象对自己的看法和周围人对他们的看法。它强调以优势的视角看待服务对象及其问题，而这种优势来源于个人优势和环境优势，认为社会工作者应该把服务对象及其环境中的资源和优势作为专业助人过程中的焦点，而非关注其问题和病理。它要求社会工作者通过关注服务对象的“我是”“我能”和“我有”三类保护性因素以提升服务对象的正向抗逆力，

激活个体的内在能量，唤起个体的自尊自信，提升个体的成长动力，最终帮助他们走出困境。优势视角理论是一套由多个核心概念组成的重要理论范式和实务模式，常用的核心概念有赋权（empowerment）、抗逆力（resilience）、成员资格（membership）、合作与对话（cooperate and talk）、悬置怀疑（suspend disbelief）（冯元，2012）。

近年来，处境不利儿童发展中的心理韧性现象引起了研究者的极大兴趣。心理韧性（resilience）是指经历严重逆境或创伤的个体，仍然表现出良好适应的现象或过程。其中，起关键作用的是某些个人品质或环境资源帮助个体克服了风险因素的不利影响。这种克服作用一般表现为风险补偿（即个人品质或环境资源独立于风险因素起作用且作用方向与风险因素相反）和风险保护（即个人品质或环境资源可以调节或减弱风险因素的负面影响）。心理韧性的研究挑战了对处境不利儿童发展的消极假定及关注心理问题的研究传统，强调应该以优势为基础，努力发掘个体自身能力或环境资源，从而帮助其战胜逆境。

（二）采取神经影像学的方法进行研究

近年来，越来越多的研究采用神经影像学的方法关注儿童早期的负性经历（如心理虐待）与脑机制的联系。心理学家更多地关注儿童心理虐待对个体神经机制的影响，有学者探讨了诸如忽视、辱骂、创伤等对于儿童脑功能的影响。研究主要从大脑的结构差异与功能差异两部分，探讨其与心理虐待之间的关系。神经科学从儿童、家长、社会三个角度揭示心理虐待与大脑发展的关系，这给研究者提供了更多的研究思路。儿童成长过程中遭受的心理虐待可能是一种长期且慢性的忽视或虐待，其脑机制的损伤也并不是短期造成的，因此即使对儿童进行了治疗，其脑功能也难以迅速回到常态。而维持长期的结合个体、家庭、社会等多层次、多态化干预方案的实施，特别是针对青春期之前的干预，不仅能保证良好的干预效果，而且有助于更好地理解心理虐待儿童，促进他们健康成长。

第二节　同伴关系、学校、家庭处境不利与儿童心理成长

家庭、学校是青少年活动的主要场所，在这些场所的体验和感受关系着他

们的健康成长。对于青少年来说，其大部分时间是和同伴一起度过的，同伴关系是青少年社会化的重要途径，同伴群体对儿童心理的发展具有重要的影响。

一、同伴关系处境不利与儿童的心理成长

同伴关系对青少年的心理发展具有重要影响。同伴之间的冲突能使儿童学会以友善的方式解决矛盾，形成解决冲突的亲社会模式。即使充满敌意的交流也有其适应价值，它能帮助儿童确立在团体中的相对权力和地位、确立支配等级，从而将同伴群体内发生攻击的可能性降到最小。在学校里被拒绝的儿童比拥有良好同伴关系的儿童更容易辍学，也更容易表现出过失行为和犯罪行为。同伴关系具有性别差异性。即使1～2岁的儿童，他们与同性别同伴交往的时间也比同异性同伴交往的时间多。随着年龄的增长，这种性别分化越来越明显。男生倾向于形成“小圈子”，而女生则倾向于形成“一对一的朋友”。男生大多在群体中进行竞争性游戏，而女生则通常同一两个伙伴建立长期关系。男生和女生都具有很强的攻击性，但表现不同。男生经常追求竞争性的、工具性的目标，可能对惹恼他们或妨碍目标实现的人采取殴打、凌辱等攻击方式。女生更关注情感或关系目标，和别人建立亲密联系，而不想与同伴竞争或控制他们。以往有关攻击性的研究大都集中于身体和言语攻击上，很大程度上忽略了操纵关系的行为，这显然低估了女生的攻击倾向（王煜和王青筠，2016）。

良好的同伴关系对缓解欺负对儿童自尊及心理健康的影响起到至关重要的作用。比如，自尊是基于个体的自我认知、自我评价而产生的自我体验，它与个体的自我价值感密切相关，而个体对自我的认识是在社会交往中形成发展的。对那些长期受欺负的儿童而言，如果再受到同伴的拒绝，其自尊水平会更低，这无疑是雪上加霜。如果经常受欺负的儿童能够得到同伴的接纳，有良好的同伴关系，其孤独、压抑、焦虑等不良情绪就会降低，其心理健康水平就会相应升高；相反，如果经常受欺负的儿童遭到同伴的拒绝和孤立，特别当他意识到自己的同伴地位时，自尊和自我评价就会降低，这种自卑感更会加深他的孤独、压抑和焦虑情感。这也充分表明，通过帮助儿童建立起积极的同伴关系，或者是亲密的友谊，在一定程度上会减少欺负对儿童的内部伤害。教育工作者要帮助儿童建立良好的同伴关系，以降低欺负对儿童心理健康的影响，这十分重要（王丽萍，2012）。

对于离家的，特别是对于居无定所、与亲人失去联系或者没有可靠经济来

源的流浪儿童而言，来自群体的保护可以满足人的安全需要，同伴的支持是其获得这些满足的主要来源之一（陈少华和周宗奎，2007）。有研究结果表明，有同伴或者有组织支持的儿童心理弹性（resilience）水平要高于独自一人生活的儿童。Donald 等（1994）对南非流浪儿童的实证研究也支持这一假设，流浪生活中来自同伴或所属群体的支持可以帮助儿童更好地适应高危情境。

大量研究表明，不受同伴欢迎可预测学习困难、留级、较高的逃学率和辍学率，同伴关系的质量对青少年的幸福感和适应能力有重要影响。国内的相关研究证实，被同伴拒斥的初中生，其数学学业自我概念、一般学校自我概念等方面均显著低于受欢迎、被忽视、有争议的学生，他们遇到挫折时的问题解决应对方式也显著低于上述学生（王振宏等，2004）。

Schwartz 等（2005）的研究进一步证实了同伴团体对学校适应的潜在影响，研究者通过纵向的方法考察了同伴团体中的欺侮与学业活动之间的关系，结果发现经常遭同伴欺侮的儿童无论在一致性水平还是预测力水平上均与糟糕的学业活动紧密相关，同伴团体的欺侮对学业困难的预测以抑郁症状为中介。Buhs 等（2006）对同伴团体拒绝与儿童课堂行为表现和成绩的关系进行深入探讨，结构模型分析表明：不同形式的同伴虐待在早期同伴拒绝与学习成绩变化之间起中介作用；早期的同伴拒绝与递减的课堂分享行为和递增的学校逃避行为相联系，长期的同伴虐待在上述关系中起中介作用；长期的同伴排斥在同伴拒绝与课堂分享行为之间起中介作用，而长期的同伴虐待则是同伴拒绝与学校逃避行为的中介因素。

在同伴关系中，低同伴接纳是导致青少年问题行为和犯罪行为的重要因素，也是导致物质滥用（如吸毒）的危险因素。Lianne 和 David（2002）考察了儿童 9 岁时教师评定的同伴交往问题与其 18 岁时自我报告的心理适应之间的关系，结果发现，同伴交往问题最多的儿童后来沦为少年犯、物质滥用者，其自杀比例是同伴交往问题最少儿童的 8.8 倍。Mitchell 和 Annette（2004）的纵向研究还表明，青少年的同伴接纳可以减缓童年期攻击性的消极影响，而同伴拒绝则可能增加青少年的物质滥用和性冒险行为。

二、家庭处境不利与儿童的心理成长

在我国宏观社会环境、社会结构、社会制度发生巨大变化的背景下，传统的婚姻关系、家庭结构、家庭关系和家庭生活也处于持续的变迁过程中，引发的“家庭问题”和“问题家庭”使儿童生存发展议题的重要性日益突出，并暴露大量处在不同家庭危机下的儿童（刘继同，2007）。一般来讲，家庭危机主要是指一种因家庭发生某种决定性变迁而造成家庭成员在心理上、感情上难以承受，在习惯、行为上与变迁不能适应的状况（李军辉和屠本忠，1999）。这种受到家庭危机影响的儿童长期受家庭经济状况、婚姻状态、成员关系及养育方式的制约，生活在一种难以自控的境况下。可大致分为经济贫困儿童、家庭关系不良儿童、受虐待和忽视儿童三种类型（程绍仁和刘云艳，2015）。

家庭处境不利儿童的问题深植于家庭内部，其家庭功能和父母角色呈现明显的不完整样态。目前我国还有不少儿童生活在贫困线以下，约有 1300 万儿童未进行户籍登记，缺乏足够的家庭关爱和照料，难以得到足够的卫生保健服务和高质量教育；对于单亲家庭、再婚和重组家庭、父母冲突家庭的儿童，大量实证数据表明，不良的家庭关系往往导致他们缺少有品质的父母教育、安全和温暖的家庭环境；而较低水平的家庭收入或不良的父母关系更容易诱发一系列虐待和忽视儿童事件，父母习惯将生活压力、不良情绪传递给不具备保护能力的儿童（Anja et al.，2002）。在世界范围内，目前有近 10 亿 2～14 岁的儿童经常遭受体罚，针对儿童的暴力已成为一个普遍现象，正在影响着每一个国家和每一个社区。

已有不少研究指出，家庭对儿童人格和心理健康有重要影响，其中家庭经济水平对儿童心理健康的影响尤为显著（栾文敬等，2013）。有研究者提出，家庭经济贫困，如收入低、就业不稳定、领取最低生活救助金等情况，会直接导致儿童出现营养不良、病症增加、学习成绩差、行为不良、心理压力增加等问题。同时经济贫困也会间接影响儿童心理健康，如有研究者通过分析加拿大的一项国家调查发现，家庭贫困也会通过单亲家庭的社会地位、较差的家庭教养方式、父母沮丧和家庭功能缺失而间接影响移民家庭中子女的心理健康。这表明家庭经济水平直接或间接地影响儿童的心理健康。此外，父母教养方式与孩子的情绪和成长具有紧密联系。只有父母的情绪稳定，才能有助于其子女发展为人格健全的人。已有研究表明，子女的脾性是父母具有规律性、稳定的教养方式的结果。危险的家庭关系通常具有冲突、敌对特征，而且多表现为冷漠、不支持及忽视等。这些家庭特征导致家庭成员互动脆弱，并最终影响儿童的心理功能。可见，家庭环境是影响儿童精神和心理健康的关键因素。

我国学者主要从家庭环境和家庭教养方式两个方面对子女心理健康进行了研究。家庭环境对子女心理健康的影响方面，有研究发现，如果父母情感温暖并且给予孩子理解，孩子性格就较为外向；如果父亲严厉惩罚、父母拒绝否认、母亲过分干涉保护，孩子性格就较为内向。家庭环境包括家庭教育方式、思想行为、意识习惯和情感态度等，这些因素都会对儿童心理健康的发展和稳定产生重要影响。家庭的破裂或父母关系紧张，容易导致孩子苦闷自卑、孤独无助。家庭教养方式方面，许多学者都指出不良的家庭教养方式是引发儿童情绪问题、神经症状、交往障碍、学业不良、反社会行为的关键原因。此外，也有部分学者研究了家庭关系对子女心理健康的影响。如有学者在 1991 年根据 17 110 例 18 岁以下儿童的调查数据发现，相比与亲生父母两人同住的儿童，单亲家庭的儿童在情感与行为方面存在问题的风险较大。有研究者通过调查研究发现，母亲一生的暴力行为会给儿童带来 30%的患病率，增加子女产生心理健康问题的风险。还有研究者在 1993 年以美国纵向调查的 1986 名儿童为数据源，探讨了贫困与父母行为对儿童身心健康的不良影响，并认为这一结果不受种族差异的影响。

有关家庭环境变化的访谈结果表明，对留守儿童而言，除物质生活的变化整体上为积极变化外，生活照顾、监护人学习管理、家庭气氛、父母关爱的变化均为消极变化；双留守儿童家庭还存在儿童与祖辈缺少沟通、祖辈监管不力、祖辈放任管教三个方面的变化；单留守儿童家庭的消极变化还有母亲的心情变差、命令与训斥增加、严厉惩罚增多。其变化趋势同样出现在“与一般儿童相比，留守儿童家庭环境的异同”的访谈结果中（范兴华等，2012）。上述消极变化置留守儿童于家庭处境不利的境况之中。通常认为，父母外出务工，有利于改善家庭经济状况、提升家庭生活水平及投资教育的能力，因此家庭物质生活条件和生活水平会得到提高。但是家庭收入增加的同时，家庭其他方面的资源却减少了。对双留守儿童而言，他们长期不能与父母生活在一起，得到的父母关爱（如帮助、支持、指导、陪伴）明显减少。日常生活中，祖辈对儿童的行为约束少；祖孙辈的年龄差一般在 50 岁以上，祖孙之间缺乏共同感兴趣的话题，沟通少，家庭气氛变得冷清，祖辈的管教对儿童缺乏效力。对单留守儿童而言，母亲的文化程度普遍低于父亲，父亲外出后家庭对儿童学习管理与辅导能力下降；此外，母亲要承担所有的家庭责任，思想负担重，管教儿童的态度有些粗暴，处理问题时措施较简单，甚至迷信棍棒教育。总之，就留守儿童成长而言，祖辈监护可谓“费力不讨好”，母亲监护是一种“无奈的选择”。父母外出务工后，多数儿童体验到的快乐感与安全感减少了，不开心与不高兴，委屈、伤心与难过，孤独、无助与失落，心烦、心慌与郁闷等负性情感体验增多了；同时，多数留守儿童认为，一般儿童平时比他们更高兴、快乐、开心。父母外出务工后导致留守儿童家庭环境发生了诸多变化，除物质生活变化外，其他变化均为消极变化。这些消极变化置留守儿童于家庭处境不利的境况之中，进而导致儿童产生心理适应问题。

三、学校中的处境不利与儿童的心理成长

学校处境不利儿童，即在学校，在学业成绩、行为表现、心理健康、同伴交往、师生互动等方面处于被贬损、被漠视处境的儿童个体或群体（桂林等，2011）。

1. 就读于薄弱学校的儿童

薄弱学校，指在与某一区域内的基础教育阶段的学校相比较，在办学条件、师资水平、管理水平等方面比较差，由此造成教育质量低下、社会声誉欠佳的后进学校，大多位于农村或城乡接合部。这些薄弱学校的儿童没有良好的教育机会与教育资源，将来就业受到影响，这些学校也存在一定程度的安全隐患。因此，加强改善薄弱学校的办学条件应该成为政府的重大民生工程之一。

2. 隐性辍学儿童

隐性辍学儿童指具有辍学前期的表现但尚未达到辍学界定标准的个体或群体。达到辍学界定标准则为显性辍学。隐性辍学儿童群体的核心部分由“差生”构成，外缘模糊部分则由“中等生”构成，是学校学生群体中的一个庞大部分，已成为免费义务教育后的辍学主流和义务教育的主要矛盾。这个群体的儿童特点是对学习缺乏主动性和对学校生活缺乏热情，表现为厌学和“缺学”。隐性辍学儿童的受教育权受到了不同程度的侵害，主要表现在班级编排受排斥、歧视，教学被遗忘，升学机会被公然剥夺等，身心总是被家长或老师有意无意地通过冷暴力、人格侮辱、定势评价等挫伤，其境况令人忧虑。

3. 班级嫌弃儿童

班级嫌弃儿童指因在学校里人际交往适应不良、性格比较孤僻、几乎没有同伴或经常受到老师的批评或惩罚的孤独、问题儿童，也包括因未适时上学而推迟入校或因学习成绩较差而导致留级的大龄儿童。这些儿童常受到同学们的嘲笑或排斥，因此自尊心受到伤害，从而产生拒绝入学、心情压抑及成绩下降等情况。班级嫌弃儿童根据其成因分为两种：主动型班级嫌弃儿童

和被动型班级嫌弃儿童。主动型班级嫌弃儿童是由于儿童自身性格较孤僻而形成的自愿孤独儿童；被动型班级嫌弃儿童是指那些因其行为或性格方面不受同伴欢迎并总是受到伙伴漠视、讨厌或欺负的儿童，这其中又包含欺负同伴的儿童和受同伴欺负的儿童。

4. 转校生及插班生

转校生及插班生指转入新校或插入新班级后需要进行适应或调整，还未被新环境接纳的儿童。他们需要适应新的学习环境、习惯新老师的教学风格、努力与新同学友好相处，这可能导致其暂时的人际关系与学习适应不良、心理压力过大或在班级中处于被忽略的不利处境，因此需要家人的主动关爱、老师的积极帮助和同学们的热情接纳。

处境不利儿童在社会发展的历史长河中一直存在，他们的家庭或是经济贫困，或是有躯体、心理亚健康状况，或是知识欠缺。我国不仅存在与国外类似的负面家庭环境，还有新时期独特的现象，如留守儿童、随迁子女所处的家庭环境。处境不利不会带来必然的落后，但会为儿童的学业落后制造潜在的危机。透过锐利的新闻报道和身边事例，我们看到处境不利可以导致巨大的教育差距，在此，需要反思在教育均衡发展的时代背景下，应如何为处境不利儿童清除障碍，如何最大限度地利用现有资源缩小差距，如何为他们铺平教育公平的道路。

纵观基础教育的发展历程，国家对处境不利儿童的关注一直有增无减，一系列的政策措施迎来了处境不利儿童获得平等教育机会的春天，从义务教育阶段对农村贫困生实施的“两免一补”和“免费午餐计划”，到高等教育阶段的《关于国家助学贷款的管理规定（试行）》，政策覆盖面纵向上惠及整个教育学制，横向上多措并举。可以看出，一方面，国家主要从宏观的经济层面实施教育补偿，为教育发展的硬伤给予最充足的基础保障；另一方面，在微观的文化层面上，需要思考如何在学生活动的主要场域——学校和班级内创设机会。

第三节　处境不利儿童的心理特点

处境不利儿童受成长环境、人际交往、家庭教养、学业状况等诸多因素影响，在人格发展、社会交往、社会认知与社会性情绪方面较普通儿童有不同之处。

一、处境不利儿童的人格发展

随着毕生（lifespan）心理学研究进入人们的视野，在相关的心理学领域（诸如人格心理、学校心理、发展心理、精神病学及心理健康等），不再仅仅把青少年期看作是从儿童到成人的过渡，而是具有明显特征的独立人生发展阶段（Siegel，1982）。

研究表明，青少年早期的人格失调会对成年期的发展带来十分广泛的影响（Cohen，2008），受虐待儿童的自我韧性的发展特点呈下滑趋势，学习障碍儿童的自我概念得分和外向性得分显著低于正常儿童，而神经质和情绪性得分特别高，且问题行为更多。

家庭环境是影响人格发展的重要因素之一，家庭环境对人格发展的影响一直受到研究者关注。目前研究最为集中的是家庭教养方式与人格发展的关系。总体而言，良好的家庭教养方式会促进人格发展，不良的家庭教养方式会阻碍人格发展，具体表现为：①父母采用民主性教养方式更容易促进幼儿责任心的良好发展；放任性、溺爱性、专制性和不一致性的父母教养方式更容易导致幼儿责任心的不良发展（刘闯和杨丽珠，2007）；②父母教养方式不良会导致病理性人格的发展（杨世昌等，2007）。缺乏情感理解、否认、过分干涉、惩罚等教养方式将不利于儿童人格的发展及适应能力的发展，并且可能导致人格障碍。留守儿童是近年来社会各界都非常关注的群体。范方和桑标（2005）考察了留守儿童的家庭环境与其人格发展的关系，结果发现不良的家庭环境可能会诱发留守儿童不良的人格因素。

自我意识（self-consciousness）是个体对自身及其周围关系的心理表征，表现为认知、情感、意志三种形式，包括自我认识、自我体验、自我控制三个部分，它反映了儿童对自己在环境和社会中所处地位的认识，也反映了其对自身价值观念的评价，对心理活动和行为起调节作用，是实现社会化目标、完善人格特征的重要保证。儿童从婴儿期起自我意识就开始萌芽，至青春期渐趋于成熟。如果自我意识出现不良倾向，则会对儿童的行为、学习及社会能力造成不良影响，使儿童的人格发生偏离。青春期是儿童自我意识的高涨期，同时也是儿童人格形成的关键期。关于社会支持与自我意识的关系研究表明：社会支持与自我意识存在显著正相关，父母支持、同伴支持或老师支持与青少年的自尊存在显著的正相关，不同来源的社会支持在儿童发展中的相对重要性也成为近年来研究者关注的焦点（Barber et al.，2005）。

流浪儿童在低水平的社会支持下，自我意识出现严重偏差，从而表现出特定的行为心理特征（张文新和林崇德，1998）。刘志红（2008）、俞彬彬等（2008）的研究发现：流浪儿童在认知上具有自我否定的特点，典型表现为低自尊、退缩、自我防御性强等；在感情上表现为脆弱、冷漠、封闭；在意志上自控能力差，难于理智地做出选择和判断；在行为上认同反社会的行为方式，说谎、盗窃、有暴力倾向；在社交上表现为不信任他人、拘谨羞涩、结帮拉派等特点。

随着年龄的发展，尽管儿童的评价系统逐步由他人评价到自我评价，但青春期的儿童仍十分关心自己的内心及外表，并且经常把这一想法投射到他人身上，认为别人也同样地关注他们的一切，在心理上制造假想观众，极其重视别人对自己的评价，希望能给关注自己的人一个极好的印象（俞彬彬等，2008）。随着青春期儿童成人感及自尊意识的增强，他人支持对于青少年自我意识的形成显得尤为重要。流浪儿童表现出自卑心重、敏感多疑、情感脆弱、自我封闭的个性特征，其实在他们的内心深处，他们非常希望得到别人的理解与支持，但恰恰在流浪的过程中，获得别人认同与帮助的需要却没有得到满足，这对于流浪儿童的心理健康发展是极为不利的（王惠敏和王玲，2010）。

儿童期受虐待是儿童成长过程中典型而持久的负性生活事件，童年期不论遭受何种类型的虐待，都容易出现各种类型的人格障碍（彭咏梅等，2011；柳娜和张亚林，2009）。根据巴塞洛缪（Bartholomew）的依恋理论，个体的早期依恋经验会逐渐转化为指导个体情感和行为的内部加工模型，包括自我模型和他人模型。自我模型主要是个体感到自己是否有价值，是否值得他人关心爱护。他人模型则是指个体是否认为他人是可靠的，值得信任和依赖的。安全依恋在童年期创伤的心理病理学机制中有保护作用，有过虐待经历的人，如果成年时有良好的亲子和同辈亲密关系，其心理创伤症状将减少，且面对挑战性环境的压力感也会下降；而如果受虐待的经历导致了不安全依恋，形成消极的自我模型，更会加重不良环境因素对心理病理学的危害（Aspelmeier et al.，2007）。

二、处境不利儿童的社会交往

尽管专门针对处境不利儿童的同伴关系、友谊进行的研究很少，但是已经得出了一些一致的见解。首先，与正常发展的儿童相比，处境不利，尤其是曾经遭受身体虐待的儿童，对同伴会表现出更多的敌意和攻击意图。其次，在社会交往过程中，处境不利的儿童比正常儿童缺乏亲社会能力。最后，那些被忽视的孩子在同伴交往中表现出退缩和回避等行为特点。即使对于同伴发出的友好、善意的信号，处境不利的儿童也会做出不恰当的反应（如攻击行为）（Price，1996）。

对于儿童，健康的依恋关系有助于其培养良好的人际关系。绝大多数处境不利儿童的依恋属于矛盾型，这种类型的依恋会让他们认为自己不讨人喜欢，而且形成认知定式：他人不值得信任，会对自己不利。处境不利儿童之所以形成矛盾型依恋是由于抚养者的抚养行为不一致，或者父母经常性地恫吓孩子。因此，处境不利儿童之所以遭遇友谊困难，是由于他们没能与父母建立起积极、安全的依恋关系，从而造成他们出现以下三种情形：第一，缺乏情感的安全基地去探索周围的环境并发展新的人际关系；第二，由于和父母之间的互动方式失调，失去了发展与他人建立亲密的、互助合作关系的能力及观点采择能力的最初机会；第三，关于自我、他人和人际关系的不恰当的描述方式使得他们在建立友谊时面临矛盾而致使他们无法与他人建立友谊关系。

除了与依恋理论一样强调早期亲子互动的重要性以外，有关理论认为，在人的整个生命历程中还存在几种"关键"关系，即与父母、兄弟姐妹、老师和同伴的关系。这些关键关系在个体发展的不同阶段起到满足个体基本的社会需求的作用（如关心需要、被他人接受的需要等），同时它们也为个体社会技能的发展提供了环境。如果不能在某一阶段建立相应的关键关系，或者关键关系出现问题，都可能对个体日后的发展产生消极影响。他们认为处境不利儿童之所以存在交往困难，原因就是由于婴儿期到青春期的"关键"关系——亲子关系出现了问题，使得他们的一些需求没有得到满足，因而获得了不恰当的人际关系概念，从而阻碍他们与同伴建立友谊，也就相应地缺乏适用的交往技能。

社会学习理论流派将家庭对儿童社会性发展的影响分为直接和间接两种。直接影响指的是父母教给儿童如何与同伴交往或者干脆帮助他们处理同伴关系。间接影响则指父母自身的社会行为方式，父母与孩子交往的模式影响孩子与同伴的交往，如家庭规则、亲子互动质量、家庭温暖程度等。该理论流派的研究者发现，与正常儿童相比，处境不利儿童的父母更武断，而且对待孩子的积极行为较少；他们与孩子交往的时间短，情感（尤其是积极情感）投入过少；而且对孩子情绪的敏感性差，很少注意培养孩子的社会情感。除了教养技能缺乏以外，这些父母自身还存在其他一些不能胜任父母角色的问题，如自我控制水平低，社会技能缺乏，压力应对能力差（Price，1996）。因此，他们认为处境不利儿童之所以在建立、维持友谊关系上会存在各种困难，很大程度上是因为他们的家庭无法为他们提供培养建立、维持友谊所必需的心理表征能力、交往方式和行为定向的良好环境。

从认知角度进行的研究发现，由于长期生活在不良环境中，处境不利儿童会形成一些不好的社会认知定向，这些认知定向对他们建立友谊和维持友谊的良好发展有消极影响。

首先，处境不利儿童对他们的社会关系的认知不同于正常儿童。Lynch 和 Cicchetti（1991）让儿童从情感质量和寻求心理接近（即儿童希望与某个体能达到的心理亲密程度）两个维度描述了他们与父母、老师和最好朋友的关系。结果发现，处境不利儿童报告的三种关系在两个维度水平上都没有相关，这就是说他们跟特定个体的感情与他们希望能与其达到的心理亲密程度没有关系。而与处境不利儿童相反，正常儿童的情况则在这两个维度存在显著的负相关：与某人的关系越好，则与其更加亲密的需求就越少。另外，有关同伴关系概念的研究发现，处境不利儿童对同伴的亲密行为期望较低，这种低期望值的同伴关系概念不利于他们与同伴形成互惠行为，从而阻碍了友谊的建立与维持。

其次，处境不利儿童很难信任别人。一项研究考察了受虐待儿童对信任的知觉与推理，他们发现，在信守诺言和保守秘密假设情境中，他们的信任呈现全或无的特点，即无条件的信任或完全不信任，尤其是身体受虐待的儿童。事实说明，完全信任或完全不信任这两个极端都不利于建立和维持友谊关系。

再次，与正常儿童相比，处境不利的儿童敏感性比较差，缺乏准确识别他人情绪的能力。而且，他们不能准确描述引发特定情绪的社会或人际原因。另外，身体曾受虐待的儿童很少对沮丧的同伴表示关心或同情，而倾向于做出消极的反应（如害怕、攻击）。

最后，处境不利儿童对自己的评价也会妨碍他们与他人建立、维持友谊关系。有研究表明，处境不利儿童建立自我系统的过程存在偏差，自尊水平较低，他们大多自我感觉不良，较少谈论自己。这种消极的自我评价，以及不能准确表达自己的感受，对于建立和维持友谊来说都是一种阻碍，尤其是对于处于青春期的青少年，因为在这一时期，自我袒露对于友谊的建立有非比寻常的意义。

青少年能在同伴、朋友身上获得归属感、自主感和亲密的情感支持；通过社会比较，获得自我认同；与同伴、朋友的友好交往能培养青少年健康的自我概念、亲社会行为，并为他们学习新角色、新技能提供机会。友谊，尤其是青春期之前建立起的友谊，能够帮助青少年矫正童年期与父母交往的不良经历（Berndt，1996）。通过前面的论述，我们已经知道，尽管处境不利儿童在建立与维持友谊关系上会存在困难，但是他们中的部分人仍然是能够建立起友谊的。友谊对于处境不良儿童来说，既是一个宣泄负面情绪、心态的场所，又为改变他们不良的人际关系经历提供了机会。因此，帮助这些儿童、青少年建立起积极、亲密的友谊关系对他们能起到保护作用，可以减少伤害发生的可能性或帮助他们免于遭受更严重的伤害，从而促进其身心的健康发展。相关研究发现，如果处境不利儿童能建立积极、亲密的友谊，尤其是在前青春期，将会帮助他们克服不良经历的消极影响，更好地适应学校生活（高琨和邹泓，2001）。

三、处境不利儿童的认知发展

儿童期是遭受虐待的高发期，严重损害个体语言、注意力、工作记忆、抑制控制等高级认知功能的发展，导致个体表现出较多的内外问题行为（Viezel et al.，2015）。抑制控制功能（inhibition control）是执行功能（executive function，EF）的核心部分，是指个体有目的、主动地排除或减少无关信息的干扰，抑制优势思维或反应，包含通达、删除和压抑三个重要成分。通达指在当前的认知加工过程中阻止无关信息的进入，同时允许对相关信息进行加工。删除指将与当前认知加工任务无关的信息进行删除。压抑指对优势思维和反应的抑制。研究发现，受虐待儿童易对分心刺激物进行表征，导致对目标刺激反应失败，即通达能力具有一定程度的缺陷，易对干扰信息进行加工，不能有效地删除当前无关信息和抑制优势反应。儿童期受虐待也损害大脑的前扣带回皮层额下回和颞叶等区域的成熟和联结，而这些脑区是抑制控制功能发展的重要神经生理基础（张桃娟和刘爱书，2016）。可喜的是，研究表明抑制控制功能是可塑的，通过训练可以改变神经生理活动以提高个体在相关任务中的行为表现（如反应时间的降低，反应正确率的提升）。采用停止信号任务训练个体的抑制控制能力，发现训练后额叶皮质纹状体区域激活水平降低，在呈现停止信号时右侧前额叶区域激活有所减少。而以往研究也表明右侧额叶是抑制功能的重要脑区。

Rieder 和 Cicchetti（1989）认为，儿童在信息加工中出现的译码偏差与归因偏向同其认知控制机能有关，处境不利儿童和处境较好儿童存在着认知控制机能的发展差异。他在其巧妙的实验中，发现处境不利儿童在处理无关的攻击性信息时，往往是缺乏效能的，即他们无法抑制对无关信息的注意，其攻击性幻想的特征难以控制地使他们的注意指向攻击性刺激。近年来的事件相关电位测量（event-related potential，ERP）证实了社会信息加工、认知机能控制理论及认知-情绪平衡理论的类似假设。当儿童对表现生气、害怕和高兴的面部表情的图片进行反应时，受虐待儿童对生气表情的图片比对照组儿童出现较大的 P3b 振幅。这说明与虐待有关的异常的情绪经历可能改变了他们注意的分配及灵敏性（Pollak et al.，2001）。

四、处境不利儿童的情绪发展

儿童社会性情绪的发展不同程度地受到各种不利家庭环境的影响，但这种影响往往为儿童年龄、性别、身份等变量所左右。一些研究指出，早期家庭经济贫困或社会文化弱势往往是作为起始原因，持久而深刻地影响儿童社会性情绪的发展。或者说，父母因经济拮据而带来的情绪失调往往具有代际传递的特点。在一项纵向研究中，低收入家庭的儿童在 5 岁和 14 岁时的情绪健康状况总体上具有一致性，焦虑、抑郁、害羞、退缩等特征比一般儿童更加突出（Najman et al.，2004）。

然而，就父母离异的儿童来说，孩提时代的父母离异会作为一件破坏力极大的生活事件影响儿童当时的情绪和行为，但是随着年龄的增长和心理的成熟，这种心理创伤会在其他积极因素的参与下得到治愈。Franklin 等（1990）的研究发现，父母离异的大学生在抑郁及其他一些观测因子上与正常家庭大学生没有显著差异，低自尊和抑郁并不是离异家庭大学生的性格特征。Valarie 的研究也表明，尽管父母离异对子女在成人期的人际信任有负面的影响，但在过去的亲子关系被考虑进来后，这种影响在很大程度上就消失了（Valarie，2002）。

早期受虐经历也会在很大程度上影响学龄前儿童的人际信任、人际情感距离、好奇心、成就欲及情绪的社会性参照寻求（Lawrence & Allen，1987）。从对自我的情绪体验来看，受虐待的婴儿典型地表现出对点红实验中镜子中的自我影像的消极或中立的情绪。这说明受虐待的婴儿对自我的感觉是不好的或是具有羞耻感的（Schneider-Rosen & Cicchetti，1984）。学龄阶段，受虐待的儿童的抑郁症状也比正常儿童显著突出（Toth & Cicchetti，1996）。儿童后期和青少年期的同伴交往的挫败强化了这种早已萌芽的自我体验，他们的自尊感也就受到极大的破坏，有证据表明，受虐儿童自尊感的削弱与其受虐待的类型有关（Kaufman & Cicchetti，1989）。我国学者的研究表明，受虐待儿童具有较低的情绪调节自我效能感（王佳慧和刘爱书，2014），表现出攻击、暴力、退缩、受欺负行为，以及焦虑和抑郁等情绪（李阳曹等，2012）。相比正常儿童，经常遭受欺负会导致注意力分散、学习成绩下降、逃学、自尊心和自信心下降、头疼、失眠等相关问题，极端情况下甚至会导致自伤、自杀。

近年来，随着神经心理学和分子生理心理学的广泛深入，处境不利儿童心理行为问题的神经生理和分子生理机制的研究也得以展开。比如，有研究发现，基因编码中的功能性多态现象，即能产生代谢变化的单胺氧化酶 A（MAOA）能缓和虐待所带来的消极后效。具有高水平 MAOA 表达基因类型的受虐待儿童减少了反社会行为和暴力行为的可能性（Avshalom et al.，2002）。另外，关于这些儿童所处不利环境和不幸经历对脑神经结构和功能的影响的研究也在进行之中。

参 考 文 献

陈少华，周宗奎，2007. 同伴关系对青少年心理健康的影响[J]. 湖南师范大学教育科学学报，6(4)：76-79.

程绍仁，刘云艳，2015. 中美家庭处境不利儿童教育公共治理的比较研究[J]. 中国特殊教育，(12)：16-21.

范方，桑标，2005. 亲子教育缺失与“留守儿童”人格、学绩及行为问题[J]. 心理科学，28(4)：855-858.

范兴华，方晓义，陈锋菊，2012. 留守儿童家庭处境不利的结构及影响：一项质性研究[J]. 湖南社会科学，(6)：85-87.

冯元，2012. 优势视角下流浪儿童救助模式创新与转型[J]. 宁夏社会科学，(6)：59-65.

高琨，邹泓，2001. 处境不利儿童的友谊关系研究[J]. 心理发展与教育，(3)：52-55.

桂林，胡福贞，王秀艳，2011. 试述处境不利儿童的构成[J]. 少年儿童研究，(24)：13-16.

郭本禹，2009. 精神分析发展心理学：发展脉络与思想内涵[J]. 南京师大学报（社会科学版），(5)：94-100.

姜学清，1991. 国外对社会处境不利儿童的研究[J]. 心理发展与教育，(3)：49-51.

姜晓燕，2003. 班集体中处境不利学生的心理调适策略[J]. 教育探索，(7)：97-98.

李宏利，陆慧菁，张雷，2011. 繁衍线索对风险信息加工的影响[J]. 心理学报，(11)：1320-1328.

李军辉，屠本忠，1999. “家庭处境不利儿童”的教育对策研究[J]. 宁波大学学报（教育科学版），21(4)：95-97.

李阳曹，枫林，崔乃雪，等，2012. 儿童期虐待、执行功能与农村青少年情绪行为问题的结构方程模型[J]. 中国临床心理学杂志，20(6)：813-815.

林镇超，王燕，2015. 生命史理论：进化视角下的生命发展观[J]. 心理科学进展，23(4)：721-728.

刘闯，杨丽珠，2007. 父母教养方式对 3～6 岁幼儿责任心发展的影响[J]. 学前教育研究，(1)：56-59.

刘继同，2007. 中国社会结构转型、家庭结构功能变迁与儿童福利政策议题[J]. 青少年犯罪问题，(6)：9-13.

刘志红，2008. 流浪未成年人的心理特征与心理救助[J]. 湖南师范大学教育科学学报，7(1)：123-125.

柳娜，张亚林，2009. 儿童虐待与人格障碍[J]. 中国临床心理学杂志，17(6)：726-728.

栾文敬，路红红，童玉林，等，2013. 家庭关系对流动儿童心理健康的影响[J]. 学前教育研究，(2)：27-36.

玛格丽特·米德，2014. 萨摩亚人的成年[M]. 周晓虹，李姚军，刘婧，等译. 北京：商务印书馆.

彭咏梅，陈哲，蔡蓉，等，2011. 童年期虐待、依恋与青少年 B 群人格障碍倾向关系的结构方程模型[J]. 中国临床心理学杂志，19(1)：63-65.

王国芳，2012. 精神分析客体关系理论的进展路径[J]. 南京师大学报（社会科学版），(1)：114-119.

王惠敏，王玲，2010. 流浪儿童的社会支持及其与自我意识的关系[J]. 广州大学学报(社会科学版），9(9)：49-52.

王佳慧，刘爱书，2014. 儿童期虐待对大学生情绪调节自我效能感的影响[J]. 心理科学，37(4)：888-893.

王丽萍，2012. 同伴关系在中小学欺负问题与自尊及心理健康间的中介效应[J]. 中国特殊教育，(9)：71-76.

王煜，王青筠，2016. “封闭型”场域下青少年同伴关系的变迁[J]. 青年研究，(5)：38-46.

王振宏，郭德俊，方平，2004. 不同同伴关系初中生的自我概念与应对方式[J]. 心理科学，(3)：602-605.

杨世昌，杜爱玲，王新友，2007. 儿童个性特征与其父母养育方式的相关性[J]. 实用儿科临床杂志，22(12)：930-931.

叶浩生，2001. 试析现代西方心理学的文化转向[J]. 心理学报，33(3)：270-275.

俞彬彬，崔丽娟，尹亭亭，2008. 自尊、防御机制与流浪儿童偏差行为的关系研究[J]. 心理科学，31(6)：1369-1372.

张帆，2007. 人类学与社会心理学的结合：玛格丽特·米德之文化决定论综述[J]. 社会科学评论，(3)：114-124.

张桃娟，刘爱书，2016. 儿童期虐待对抑制控制功能的影响及其脑机制[J]. 中国特殊教育，(3)：83-88.

张文新，林崇德，1998. 青少年的自尊与父母教育方式的关系——不同群体间的一致性与差异性[J]. 心理科学，(6)：489-493.

郑发祥，叶浩生，2014. 文化与心理——研究维果茨基文化历史理论的现代意义[J]. 心理学探新，24(1)：7-11.

郑信军，岑国桢，2006. 家庭处境不利儿童的社会性发展研究述评[J]. 心理科学，29(3)：747-751.

朱家雄，2006. 从生态学视野看学前教育[J]. 教育导刊（幼儿教育），(4)：4-6.

Anja T，Lina L，Irma M，et al.，2002. Effects of family interaction on the child's behavior in single-parent or reconstructed families[J]. Family Process，41(4)：693-708.

Aspelmeier J E，Elliott A N， Smith C H，2007. Childhood sexual abuse，attachment，and trauma symptoms in college females：The moderating role of attachment[J]. Child Abuse and Neglect，31：549-566.

Avshalom C，McCLay J M，Terrie E M，et al.，2002. Role of genotype in the cycle of violence in maltreated children[J]. Science，297(5582)：851-854.

Barber B K，Stolz H E，Olsen J A，2005. Parental support，psychological control，and behavioral control：Assessing relevance across time，culture，and method[J]. Monographs of the Society for Research in Child Development，70(4)：1-147.

Belsky J，2007. Childhood experiences and reproductive strategies[M]//Dunbar R，Barrett L. The Oxford Handbook of Evolutionary Psychology. Oxford：Oxford University Press：237-254.

Belsky J，2010. Childhood experiences and reproductive strategies[J]. Psicothema，22(1)：28-34.

Belsky J，Steinberg L，Draper P，1991. Childhood experience，interpersonal development and reproductive strategy：An evolutionary theory of socialization[J]. Child Development，62：647-670.

Berndt T J，1996. Exploring the effects of friendship quality on social development[M]//Bukowski W M，Newcomb A E，Hartup W W. The Company They Keep：Friendship in Childhood and Adolescence. New York：Cambridge University Press：346-365.

Buhs E S，Ladd G W，Herald S L，2006. Peer exclusion and victimization：Processes that mediate the relation between peer group rejection and children's classroom engagement and achievement[J]. Journal of Educational Psychology，98(1)：1-13.

Chisholm J S，1999. Attachment and time preference[J]. Human Nature，10(1)：51-83.

Cohen P，2008. Child development and personality disorder[J]. Psychiatric Clinics of North America，31(3)：477-493.

Del Giudice M，Belsky J，2010. Sex differences in attachment emerge in middle childhood：An evolutionary hypothesis[J]. Child Development Perspectives，4(2)：97-105.

Del Giudice M，Belsky J，2011. The development of life history strategies：Toward a multi-stage theory[M]//Buss D M，Hawley P H. The Evolution of Personality and Individual Differences. New York：Oxford University Press：154-176.

Donald D，Swart-Kruger J，1994. The South African street child：Developmental implications[J]. South African Journal of Psychology，24(4)：169-174.

Ellis B J，Essex M J，2007. Family environments，adrenarche and sexual maturation：A longitudinal test of a life history model[J]. Child Development，78(6)：1799-1817.

Franklin K M，Janoff-Bulman R，Roberts J E，1990. Long-term impact of parental divorce on optimism and trust：Changes in general assumptions or narrow beliefs？[J]. Journal of Personality and Social Psychology，59(4)：743-755.

Griskevicius V，Delton A W，Robertson T E，et al.，2011. Environmental contingency in life history strategies：The influence of mortality and socioeconomic status on reproductive timing[J]. Journal of Personality and Social Psychology，100(2)：241-254.

Kaufman J，Cicchetti D，1989. Effects of maltreatment on school-age children's socioemotional development：Assessments in a day-camp setting[J]. Developmental Psychology，25(4)：516-524.

Lawrence A J，Allen J P，1987. Effects of maltreatment on young children's socioemotional development：An attachment theory perspective[J]. Developmental Psychology，23(3)：406-414.

Lianne J W，David M F，2002. Childhood peer relationship problems and psychosocial adjustment in late adolescence[J]. Journal of Abnormal Child Psychology，27(1)：87-104.

Lynch M，Cicchetti D，1991. Patterns of relatedness in maltreated and nonmaltreated children: Connections among multiple representational models[J]. Development and Psychopathology，3(2)：207-226.

Mitchell J P，Annette M，2004. Childhood peer rejection and aggression as predictors of adolescent girls' externalizing and health risk behaviors：A 6-year longitudinal study[J].

Journal of Consulting and Clinical Psychology，72(1)：103-112.

Najman J M，Aird R，Bor W，et al.，2004. The generational transmission of socioeconomic inequalities in child cognitive development and emotional health[J]. Social Science & Medicine，58(6)：1147-1158.

Pollak S D，Klorman R，Thatcher J E，et al.，2001. P3b reflects maltreated children's reactions to facial displays of emotion[J]. Psycho physiology，38(2)：267-274.

Price J M，1996. Friendships of maltreated children and adolescents：Contexts for expressing and modifying relationship history[M]//Bukowski W M，Newcomb A F，Hartup W W. The Company They Keep：Friendship in Childhood and Adolescence. Cambridge：Cambridge University Press：262-285.

Rieder C，Cicchetti D，1989. Organizational perspective on cognitive control functioning and cognitive-affective balance in maltreated children[J]. Developmental Psychology，25(3)：382-393.

Schneider-Rosen K，Cicchetti D，1984. The relationship between affect and cognition in maltreated infants：Quality of attachment and the development of visual self-recognition[J]. Child Development，55(2)：648-658.

Schwartz D，Gorman A H，Nakamoto J，et al.，2005. Victimization in the peer group and children's academic functioning[J]. Journal of Educational Psychology，97(3)：425-435.

Siegel O，1982. Personality development in adolescence[M]//Wolman B B，Stricker G，Ellman S J，et al. Handbook of Developmental Psychology. Englewood Cliffs，NJ：Prentice-Hall：537-548.

Toth S L，Cicchetti D，1996. Patterns of relatedness，depressive symptomatology，and perceived competence in maltreated children[J]. Journal of Consulting and Clinical Psychology，64(1)：32-41.

Valarie K，2002. Parental divorce and interpersonal trust in adult offspring[J]. Journal of Marriage and Family，64(3)：642-656.

Viezel K D，Freer B D，Lowell A，et al.，2015. Cognitive abilities of maltreated children[J]. Psychology in the Schools，52(1)：92-106.

第二章　受欺负儿童心理特征研究

第一节　儿童受欺负现象描述

对欺负行为的研究最早始于20世纪60年代末至70年代初的北欧斯堪的纳维亚地区。最初研究者借用动物行为学家洛伦兹（K. Lorenz）关于攻击行为的著作中的“mobbing”一词来特指儿童间的侵扰现象和群体暴力现象。其后，由挪威籍瑞典心理学家奥维斯（D. Olweus）用英语国家更为通俗、常用的概念“bullying”取代了它，使这一现象成为广为接受的概念。20世纪80年代后期，各国研究者对儿童欺负进行了大量研究，系统探讨了儿童群体中欺负现象的普遍性、欺负的类型特点、欺负的后果及干预，儿童对欺负的态度，不同儿童的社会关系等方面的情况。

一、关于欺负和受欺负的界定

目前，研究者对欺负、受欺负概念的理解仍有分歧，如有些研究者把对他人恶意的戏弄和嘲弄看作是一种欺负，而另一些研究者却把这种行为排除在欺负范畴之外，欺负概念比较权威的解释来自挪威心理学家Olweus（1993）：欺负行为指的是一个或多个儿童反复和持续地通过身体接触、言语或其他诸如做鬼脸或威胁的手势，在团体中加以排斥等方式故意造成或试图造成对某一个儿童的伤害或不适。奥维斯认为欺负行为具有三个典型的特点：①它属于侵犯行为或故意的伤害行为；②反复和长期地进行；③人际关系之间以力量不对称为特点，并且欺负行为的发生往往总是没有明显的起因。从奥维斯对欺负的定义，可以引申出受欺负即是长时间或反复受到一个或几个同伴欺负或伤害的现象。

另一种比较流行的解释是英国的Smith（1996）的观点，即认为欺负是力量相对较强的一方在未受激惹的情况下对较弱小的一方重复进行的攻击，后者为受欺负。该定义把行为双方力量的不均衡性、欺负者的未受激惹性，或有意性、行为的重复发生性，作为欺负区别于一般攻击行为的三个基本特征。

国内的学者陈世平和乐国安（2002）通过对中小学生及教师的调查，认为欺负行为的典型特征主要是行为双方力量的不对等性、伤害性和故意性（无端性），而反复性属于“不确定”的范围。张文新等（2001）也认为：在体力或人际关系上占相对优势者对较弱者有意进行，并造成了对方生理或心理痛苦的攻击，即使发生并不频繁或只是偶然发生，也同样应列入欺负的范畴，只不过属于非频繁性欺负。可见不同文化背景下对欺负行为的理解会有所差异。

受欺负是欺负行为的承受方。在日常生活、学习、工作中，有的人可能会受到他人的恶意攻击和伤害，使其感到痛苦和不安，我们把这种情况叫作“受欺负”。受欺负是指个体在成长过程中曾经历过被他人（同龄人、老师、家长、成人等）有意攻击和伤害，并造成心理或生理痛苦的现象。受欺负者在体力或人际关系上劣势于欺负者。欺负者往往通过身体伤害、言语或肢体语言威胁、辱骂、排斥、抢夺钱物、剥夺正当权利等手段故意造成或试图造成受欺负者的伤害或不适，受欺负者对欺负的经历有深切的体会。

二、儿童受欺负的普遍性

现今社会，常见到儿童受欺凌的报道，实际的研究结果亦让人深思。陈世平和乐国安（2002）的调查发现，自我报告被欺负的发生率：小学生中经常被欺负的比例为 20.3%，每周至少一次被欺负的比例为 7.2%；初中生分别为 11.8%和 20.3%；高中生分别为 4.0%和 1.5%。国外研究表明，大约有 15%的小学生不时地欺负他人或受他人欺负，其中有 9%的学生是受欺负者（Smith & Levan，2011）。这些研究通常是指遭受同伴的欺负。我们在研究中加入了遭受家长、成年人和老师欺负的情况，结果发现小学生受欺负的发生率上升为 45.3%，其中男、女生分别占 25.4%和 19.9%；初中生受欺负的发生率为 37.5%，其中男、女生分别占 18.1%和 19.4%（吴素梅和蔡欣欣，2006）。我们另一项对大学生的研究中，发现大学生受欺负的比例也达到了 22.58%，皮忠玲等（2013）的研究也显示有 25.3%的大学生卷入欺负他人和被他人欺负的行为中。

家庭和学校是最易出现欺负的场所。调查发现，在小学有 13.3%的学生不同程度上受家长的欺负，有 22%的学生不同程度上受同学或教师的欺负。在初中有 17.6%的学生不同程度上受家长的欺负，有 19.1%的学生在学校不同程度上受同学或教师的欺负（吴素梅和蔡欣欣，2006）。来自于家长和老师的欺负，很多人不以为然，甚至不认为这是欺负，其实来自于家长和老师的语言暴力、体罚等对孩子的伤害是很大的，甚至有的伤害带来的痛苦连时间都无法抹去。由于孩子在亲子关系和师生关系中通常处于劣势地位，对来自于家长、老师的恃强凌弱、发泄自己的怒气和怨气等的暴力、软暴力，通常孩子是无力反抗而又无法回避和逃避的，只能默默忍受。从本质上看，这些行为是没有半点教育成分的，不能为这些言行打上“教育”的外衣。

研究结果表明，中小学生中受欺负现象比较普遍，教育行政部门、学校、家长及社会各界需高度重视和认真对待。从小学生与初中生自我报告受欺负的频率来看，初中生比小学生受欺负的频率明显下降。造成这种现象的原因主要是：①小学生对欺负的理解存在泛化现象，会把一些一般意义上的攻击行为报告为欺负行为，从而导致受欺负者的比例增加；②随着年级的增长及身体和社会能力的发展，儿童有可能逐渐摆脱原来体力上的劣势，减少受欺负的概率；③随着年级的增长，初中生自我控制能力、自我防御能力和道德规范的内化进一步增强，从而导致儿童受欺负行为减少。

值得注意的是，学校中发生的受同伴欺负现象随年龄的增长呈下降的趋势，但儿童在家庭受到欺负的比例到初中后反而呈上升趋势。一方面，随着孩子慢慢长大，家长们对孩子的期望越来越高，对孩子的要求越来越严格，而进入初中后儿童独立意识逐渐增强，但同时又必须依赖父母，他们的心理发展正处于“反抗期”或“仇亲期”，他们对父母过多的管束往往不满，并出现逆反行为，从而易招致父母的打骂或伤自尊的责备。另一方面，也提醒我们家长要多了解青少年的心理，采用正确的教育方法，帮助儿童顺利度过心理危险期。

三、儿童受欺负的方式

欺负者通常采取怎样的方式、手段对儿童实施欺负？儿童受欺负的方式可分为三种类型：受直接身体欺负、受直接言语欺负和受间接欺负。受直接身体欺负是指受到欺负者一方利用身体实施的攻击，如打人、损坏、抢夺等。受直接言语欺负是指受到欺负者一方通过口头言语形式直接实施的攻击，如骂人、羞辱、讽刺等。受间接欺负是指受到欺负者一方借助于第三方面实施的攻击，如造谣离间、社会排斥等。我们调查了来自于同伴、家长、老师的欺负方式，并进行人口学变量的差异考查，得到以下研究结果（吴素梅和蔡欣欣，2006）。

（一）儿童受同伴欺负的方式

受直接言语欺负是儿童受欺负方式的主要类型，受直接身体欺负和受间接欺负的发生比例相对较低。研究发现受欺负儿童中受同学的直接言语欺负最多（78.6%），这说明该类受欺负方式在小学和初中最为普遍或频繁，其次是受直接身体欺负（54.8%），再次是受间接欺负（47.5%）。直接身体欺负容易造成明显的身体伤害，外显性强，在学校这种监控严密的地方其发生会受到较大的限制。同时，老师和其他成人对身体伤害的惩罚比对言语攻击的惩罚更严厉，这也会对儿童身体欺负的发生起到较大的抑制作用，直接言语欺负不易被监控，这为其高发生率提供了“条件”。受间接欺负是借助第三方面对他人实施的攻击性行为，因而它客观上要求儿童具备较高的心理成熟水平，特别是认知和操纵他人心理状态的能力及较强的人际关系技巧。由于小学生和初中生在上述方面的发展水平还不高，尚难以有效运用这类欺负形式，这可能是造成该类欺负行为发生率相对较低的主要原因。

小学生在直接言语欺负方式上不存在性别差异，但小学男生受到同学的直接身体欺负和间接欺负显著高于小学女生。初中生在直接言语欺负和间接欺负上不存在性别差异，但初中男生受到同学的直接身体欺负显著高于初中女生。小学生和初中生在受直接身体欺负和受间接欺负方式上不存在显著差异，但初中生受到同学直接言语欺负显著高于小学生。

男生比女生更易受到同学的直接身体欺负。1980 年泰克（Tiaker）等的综述报告指出，100 多项来自全世界各个国家的研究报告都认为，男性在身体上比女性更富于攻击性。且男孩之间的攻击性冲突要比男孩、女孩之间的和女孩之间的多得多（张文新等，2001）。这可能反映出男孩在体力上的优势，但也不可否认与男孩好动的特点和较强的攻击倾向有关。

Rivers 等（1994）的研究发现，女生间接欺负发生率显著高于男生。但本书发现，男生尤其小学男生的间接欺负发生率显著高于女生，这与国内张文新等（2001）的研究结果一致。由于我国性别观念的变化，独生子女的增多，父母对男女儿童教养方式及教师教育方式的“趋同化”，使男女生都倾向于建立自己广阔而分散的社会人际网络，而男生具备更多使之实施间接欺负的“有利”条件。

调查结果还显示初中阶段的儿童受直接言语欺负的发生率比小学儿童有所增长，这说明随着年龄的增长，儿童动手欺负（直接身体欺负）的越来越少，但他们更多地采用的是逗弄对方、说闲话或嘲笑、给对方起绰号等直接言语欺负的方式。由于初中生更多地受到家庭、学校和社会在行为上的规范，以及自我控制能力进一步增强，这限制了他们对同学进行直接身体上的攻击和伤害，而直接言语欺负有“简便易行”，结果难以“确证”，不造成直接的身体伤害，但却能达到给对方造成心理痛苦的目的，所以初中生更愿意选择直接言语去欺负同学。

（二）儿童受家长欺负的方式

研究发现家长倾向于使用直接身体欺负和直接言语欺负的方式对儿童实施惩罚，间接欺负使用率相对较低（吴素梅和蔡欣欣，2006）。这可能与家长认为使用直接身体欺负和直接言语欺负比间接欺负更直接有效、简单易行，儿童更能体会到家长的处罚意图有关。

在性别差异上，小学男生比女生更多地受到家长的间接欺负，初中女生比男生更多地受到家长的直接身体欺负。这可能是家长认为男生有好动和较强的攻击倾向，如果使用直接身体欺负会导致孩子的攻击性行为的发生。而初中女生随着青春期身体的发育，她们对成人侵犯自己的身体会更敏感。

初中生更多地受到家长的直接言语欺负和间接欺负。由于小学生的知识和生活经验都较缺乏，言语方面的欺负或教训对他们来说效果是不明显的。而初中生则不同，他们对语言已经有了相当的理解力和洞察事物的能力，能够理解间接欺负的内涵。初中儿童进入了“心理反抗期”，家长若对他们进行直接身体欺负，极易造成正面冲突，因此初中生的家长比小学生的家长更多地采用间接欺负，以避免与孩子正面冲突。

（三）儿童受教师欺负的方式

儿童主要受到教师的间接欺负和直接身体欺负，这说明大部分教师认识到体罚是一种错误的教育方式，但仍有部分素质较差的教师或没能很好地控制自己情绪的老师对儿童进行体罚。

小学男生更多受到教师的直接言语欺负，初中男生更多受到教师的直接身体欺负。在小学阶段，一般女生比较乖巧听话，又较为柔弱，所以女生与男生相比更少受到教师的欺负。此外，在我国，小学教师中绝大多数是女教师，女教师更多喜欢使用言语处罚学生，而较少动用武力；到了初中，男教师增多，男教师在处罚男生时容易动用武力。

受到教师的直接身体欺负、直接言语欺负和间接欺负的初中生人数显著高于小学生。说明初中生受教师欺负的比例高于小学生。这跟初中生进入心理“反抗期”有关。另外，很多教师认为小学生身体各种器官功能和心理都还没发育完好、缺乏生活经历、未掌握伦理道德行为规范、语言理解运用能力较差等，所以对小学生犯错更能持宽容态度；而认为初中生已经学习了社会行为规范、伦理道德，掌握了理解和运用语言的能力，因此，如果他们某些行为不符合社会的要求、教师的意愿，他们就会受到责罚。若学生“不服管教”，顶撞老师，容易导致师生的矛盾冲突，矛盾激化时，如果这时教师未能控制自己的情绪和理智，可能会做出或说出伤害学生自尊的行为和言语。

四、儿童受欺负的原因

儿童受欺负源于多种因素，与未受欺负青少年相比，受欺负青少年面临许多情绪、行为、学业上的问题（Aluede et al.，2008；Nansel et al.，2004）。现有研究中主要报告的是同伴欺负、受欺负的影响因素，较少涉及受家长、老师欺负的原因，我们采用自我报告的方法调查了儿童受同伴、家长、老师欺负的原因（吴素梅和何光耀，2006），虽然自我报告的方法可能未能全面反映全貌，但亦能略窥一二。

（一）儿童受同学欺负的原因

Mooij 等（2011）的研究结果显示，外形外貌、个人行为、学习成绩、身体或智力残疾、宗教信仰等因素都是学生受欺负的原因。张矗和常树丽（2016）在其研究中认为因“长相”和“体型”的原因儿童受欺负的比例较高，分别为 17.22%和 15.23%，其次为“学习成绩”、“性格”和“性取向”。具有明显攻击行为倾向或表现出退缩性行为的儿童更容易成为受欺负的对象，此外同伴关系也会让儿童遭受欺负（孙晓军等，2013）。我们的研究发现，很多情况下儿童是无缘无故受同学欺负的。此外，儿童个性懦弱、被欺负者看不顺眼、口误说错话、遭人嫉妒也是儿童受同学欺负的主要原因（表 2-1）。

表 2-1　儿童受同学欺负的原因类型分布

题项		比例/%	等级
10	没有原因（无缘无故）	42.2	1
3	人太善良	28.3	2
9	看我不顺眼（服装、言行等）	24.9	3
6	口误、说错话	23.5	4

续表

	题项	比例/%	等级
8	遭人嫉妒	13.3	5
1	学习成绩差	11.7	6
2	长得不好看，身体弱或有缺陷	10.0	7
7	行为遭人厌	8.9	8
4	经济情况太好或太差	7.8	9
5	挑衅别人	7.8	10

小学男女生在受同学欺负的原因上不存在显著的差异，初中男女生在“人太善良”方面存在显著差异，在“行为遭人厌”方面存在极其显著的差异，在其他几方面则不存在显著差异。初中女生在“人太善良”“行为遭人厌”两方面的百分比都低于男生。脾气比较好的、比较乖巧的男生会被认为没有男子汉的气概与魄力而遭到男女生的排斥与欺负，而“行为遭人厌”的男生则会因为自己的行为不被其他同学认同而遭到男女生的排斥与欺负。研究表明，男生比女生更多地欺负或参与欺负他人，而且女生更为同情和愿意帮助受欺负者（张文新等，2001）。因此，男生就相对更多地受到同学的欺负。

小学生与初中生相比更多的是由于学习成绩差、长得不好看、身体弱或有缺陷、经济情况太好或太差等方面受到同学的欺负。初中生与小学生相比则是更多地由于“人太善良”而受到同学的欺负。学习成绩差的学生往往在小学生中的威信较低，容易成为老师和同学排斥的对象。教师和儿童都倾向于认为漂亮的儿童比不漂亮的儿童更友好、更聪明、更优秀。由于这种刻板印象，使得长得好看的儿童更少地受到欺负。教师通常也倾向于认为家庭经济情况优越的学生受到更多、更好的教养，因此教师会更喜欢这些学生。这就导致了学生的嫉妒和不平衡心理，进而引发同学之间的欺负现象。到了初中，虽然这种由某些事物造成的刻板印象还不会消失，但他们能撇开人的外貌、体型而更多地从言行举止等来评价别人的好坏，开始对自己的情绪进行合理的控制和发泄，因此他们的嫉妒或心理不平衡情绪慢慢减弱，而且他们也开始运用积极的方法，如达到教师或家长的要求、获得优异的成绩等来获得教师或家长的注意，从而减弱、消除嫉妒或心理不平衡的情绪。

（二）儿童受家长欺负的原因

儿童受家长欺负的各种原因的分布比例见表 2-2。结果显示儿童受家长欺负最多的原因是由于没有达到家长的要求，其次是学习成绩差，口误、说错话，不服从家长安排、顶撞家长，家长心情不好等。

表 2-2　儿童受家长欺负的原因类型分布

	题项	比例/%	等级
3	没有达到家长的要求	44.6	1
1	学习成绩差	36.8	2
6	口误、说错话	33.2	3
8	不服从家长的安排、顶撞家长	31.3	4
7	家长心情不好	27.0	5
9	没有原因（无缘无故）	8.9	6
10	看我不顺眼（服装、言行等）	6.5	7
5	人太善良	5.6	8
4	经济情况太好或太差	4.4	9
2	长得不好看，身体弱或有缺陷	2.4	10

小学男生与女生相比更多地由于学习成绩差而受家长欺负，初中女生与男生相比更多的是因为觉得家长心情不好而受到家长的欺负。这与小学生男女个性差异和思维差异有关，女生安静、有耐性，男生好动、贪玩、没有耐性、不能静下心来学习，所以小学阶段女生的学习成绩一般比男生好。在初中，女生更多地受到家长心情的影响，我们都知道在总体上女生都比男生敏感，女生很容易感受到家长不好的心情并进行自我归因，她们更多地从自己身上找原因来解释家长心情不好。

初中生与小学生相比更多的是由于学习成绩差、没有达到家长的要求、不服从家长的安排、顶撞家长而受到家长的欺负。这主要是因为随着孩子长大、生活经历的增长和面临升学压力，家长逐渐对孩子提出了高标准的学习要求，而儿童进入初中后，独立性增强，不再像小学时那样温顺、听话，变得爱顶撞家长、不服从家长的安排所致。

（三）儿童受教师欺负的原因

我们发现儿童受教师欺负最多的原因是儿童没有达到老师的要求，其次是学习成绩差，口误、说错话，不服从老师的安排、顶撞老师和老师心情不好等（表 2-3）。这可能与许多教师过于注重自己的教育权威，缺乏民主和宽容的态度有关，也说明有一些教师心理压力过大，存在一定程度的心理问题。这提示教师不会随意欺负学生，往往是学生自己犯错而又不服从批评，激恼了教师才会招至教师的责罚。教师与家长一样，逐渐以学生的学习成绩的好坏、有没有达到教师的要求、服不服从教师的安排、有没有顶撞教师来评判学生；许多学校把学生的学习成绩作为评价教师工作成绩的主要标准；中国文化强调师道尊严，这使得部分老师把学生对教师的绝对服从看作是教师权威的一种象征，所以学生受教师的欺负更多的是由于以上方面的原因。

表 2-3　儿童受教师欺负的原因类型分布

题项		比例/%	等级
3	没有达到教师的要求	31.4	1
1	学习成绩差	17.9	2
6	口误、说错话	17.8	3
8	不服从教师的安排、顶撞教师	11.9	4
7	教师心情不好	9.5	5
9	没有原因（无缘无故）	7.0	6
5	人太善良	6.2	7
10	看我不顺眼（服装、言行等）	4.6	8
4	经济情况太好或太差	2.7	9
2	长得不好看，身体弱或有缺陷	2.4	10

第二节　受欺负儿童人格特征研究

儿童的人格特征在欺负行为中起何作用，这是很多学者感兴趣的问题。奥维斯等的研究指出，欺负者和受欺负者可能具有某些相应的人格特征，个体的人格特征在很大程度上决定其对待世界的基本方式（张文新等，2001）。欺负的发生更可能是欺负者和受欺负者人格互动的结果，同时，双方某些消极的人格倾向也可能在此互动中得到加强。外国学者斯利（Slee）、拜恩（Byrne）等研究发现，受欺负者在外向性上的得分较低，而在神经过敏性上的得分较高（张文新等，2001）。这样，受欺负者内向退缩、对外界刺激又过于敏感、不易相信周围人的性格倾向将制约其同伴交往、对人处事的态度和问题解决的策略，使其容易沦为被欺负的对象；受欺负后不擅于求助，对他人攻击行为的感受和反应又较强烈，易产生情绪波动和心理挫折感，易为抑郁、焦虑所困扰，而这些反过来又促成其消极人格的发展。总之，一方面，受欺负会影响到当事者人格的发展；另一方面，受欺负又可能与受欺负者本人的人格特征有关。

为了进一步验证已有的研究结论，并进一步探讨受欺负行为与儿童人格特征的关系，下面分别介绍对小学生、中学生、大学生三个年龄段受欺负者的人格特征进行的研究。

一、小学生受欺负与人格特征的关系研究

为了研究小学生欺负者和受欺负的人格倾向及其与欺负发生的影响，谷传华（2001）采用艾森克人格问卷（儿童版）和儿童自尊问卷对 872 名小学生（其中未卷入儿童 461 名，欺负者 120 名，受欺负者 288 名，3 名填写问卷是无效问卷）进行了调查研究，发现结果如下。①小学男女生中，欺负者和受欺负者情绪稳定性得分、男生中的欺负者精神质得分均显著高于常模，受欺负者的精神质显著低于常模。②一方面，欺负者的精神质得分极其显著地高于受欺负者、未卷入儿童，而受欺负者的精神质得分也显著高于未卷入儿童。欺负者的情绪稳定性得分显著高于未卷入的一般儿童，欺负者情绪更不稳定，而欺负者与受欺负者之间并未发现显著差异。同时，欺负者和受欺负者的掩饰性得分均显著低于未卷入儿童。另一方面，在内外向维度上，各类儿童之间未发现显著的差异。③未卷入儿童的自尊极其显著地高于欺负者和受欺负者。④小学生欺负、受欺负的发生频率与精神质、情绪稳定性之间均存在极其显著的正相关，与自尊、掩饰性均存在显著或极其显著的负相关，而与内外向得分之间的相关性未达到显著性水平。Logistic 回归分析进一步发现，精神质、掩饰性、性别变量对预测欺负发生的概率，具有极为重要的作用。精神质水平越高，掩饰性越小，欺负他人的可能性越大；同时，男童欺负他人的概率显著高于女童。自尊、情绪稳定性和年龄对预测受欺负发生的概率作用极为显著，儿童的自尊越低，情绪越不稳定，受欺负的可能性越大。

可见，小学生受欺负者存在某种情绪稳定性问题或情绪健康性问题，受欺负的发生与精神质倾向、情绪易变性、较低的自尊等因素密切相关。小学生的人格正处于迅速的发展变化中，相对稳定的人格结构尚未形成，但作为人格重要方面的气质，却具有较大的先天性，它是心理活动的动力特征，在很大程度上与个体的高级神经活动类型相联系。儿童版的艾森克人格问卷所测量的 4 个维度，即精神质、情绪稳定性、内外向与掩饰性均属于气质的内容，它是考查儿童在一般情境的心理动力特征。所以该研究的研究结果还是能较客观地反映小学生受欺负者的人格特征的。

埃里克森认为人格的发展是渐成的，人的一生是一个生命的周期，可划分为 8 个阶段，每个阶段都有其特定的发展任务，发展任务完成得成功或不

成功，会形成积极或消极的品质，如果不能形成积极的品质，就会出现发展的“危机”。小学生处于埃里克森所划分的第四发展阶段，该阶段的发展任务是获得勤奋感，克服自卑感，体验能力的实现。这里的勤奋感不仅是学习和工作上的能力，还包括对人与人之间相互接触的信任感。严重的受欺负体验可能妨碍儿童勤奋感的发展，使儿童感到无能和自卑，产生情绪困扰。而这些人格发展危机反过来又会促成其受到进一步的欺负，形成因果互动。

二、中学生受欺负状况与人格特征的关系研究

为了探讨中学生受欺负状况与人格特征的关系，本书使用首都师范大学心理系雷雳教授等修订的《多维度受欺负量表》对初中生进行调查，筛选出393名受欺负者，并采用艾森克人格问卷（儿童版）（适用于7～15岁的儿童）测查其人格特征（表2-4、表2-5）。

表2-4　受欺负男生人格特征各维度得分与常模的比较

		初中一年级	常模	初中二年级	常模	初中三年级	常模
内外向	M	11.73	18.82	12.76	18.85	12.50	17.58
	SD	2.98	3.04	2.67	33.4	2.84	4.22
	T	T=−18.796***		T=−19.073***		T=−13.590***	
神经质	M	8.96	8.61	8.84	9.71	9.54	9.35
	SD	2.55	4.7	2.39	4.90	2.91	5.06
	T	T=0.981		T=−3.039*		T=0.466	
精神质	M	10.47	5.84	10.61	4.85	11.04	5.51
	SD	4.91	2.94	3.76	2.80	3.82	2.86
	T	T=7.888***		T=12.832***		T=10.438***	
掩饰性	M	9.43	13.07	9.51	13.82	9.94	13.22
	SD	2.13	3.88	2.00	4.59	2.31	4.38
	T	T=−12.209***		T=−18.029***		T=−10.219***	

注：M表示平均数，SD表示标准差；*表示$P<0.05$，***表示$P<0.001$。

表2-5　受欺负女生人格特征各维度得分与常模的比较

		初中一年级	常模	初中二年级	常模	初中三年级	常模
内外向	M	11.92	18.82	12.35	17.22	11.92	18.56
	SD	2.31	3.04	2.73	4.34	2.90	3.24
	T	T=−21.113***		T=−15.358***		T=−17.585***	

续表

		初中一年级	常模	初中二年级	常模	初中三年级	常模
神经质	*M*	8.48	10.29	9.07	9.78	9.03	10.45
	SD	2.38	4.61	2.62	4.90	2.77	5.72
	T	T=−5.369***		T=−2.340*		T=−3.923***	
精神质	*M*	12.10	3.36	12.58	4.02	12.75	3.91
	SD	3.14	2.15	3.58	2.37	3.36	2.30
	T	T=19.698***		T=20.589***		T=20.193***	
掩饰性	*M*	9.88	14.21	9.22	14.29	8.97	14.09
	SD	1.98	4.30	2.25	4.08	2.21	4.13
	T	T=−15.497***		T=−19.425***		T=−17.788***	

注：*M* 表示平均数，*SD* 表示标准差；*表示 $P<0.05$，***表示 $P<0.001$。

由表 2-4、表 2-5 可以看出，受欺负初中生在内外向、精神质、掩饰性得分上与常模呈极其显著差异，内外向、掩饰性显著低于常模，精神质显著高于常模。受欺负女生神经质得分显著低于常模。说明了初中生受欺负与其内外向气质、神经质和精神质的人格特点有关。受欺负者在内外向的得分较低，在精神质上得分较高，说明了受欺负者通常表现为内向、富于自省的性格特点，且对外界刺激又过于敏感，有强烈的情绪反应。

本书为考查受欺负与人格特征的关系，把受欺负与未受欺负者的人格特征进行比较，结果如表 2-6 所示。

表 2-6　受欺负与未受欺负者人格特征的差异

受欺负类型	内外向		神经质		精神质		掩饰性	
	M	*SD*	*M*	*SD*	*M*	*SD*	*M*	*SD*
受身体欺负	12.48	2.98	9.35	2.79	11.91	3.93	9.57	2.18
未受身体欺负	11.85	2.67	8.61	2.34	10.97	3.54	9.23	2.15
T	2.216**		2.838**		2.493*		1.543	
受言语欺负	11.40	3.11	9.01	2.60	11.70	3.75	9.51	2.16
未受言语欺负	12.26	2.77	8.62	2.45	9.62	3.26	8.65	2.09
T	−2.100*		1.033		3.877**		2.722**	
受人际欺负	12.611	2.92	9.48	2.78	12.47	3.62	9.42	2.16
未受人际欺负	11.83	2.73	8.60	2.38	10.70	3.68	9.36	2.18
T	2.687**		3.339**		4.681**		0.269	
受财产欺负	12.61	2.85	9.41	2.75	11.98	3.92	9.55	2.07
未受财产欺负	11.85	2.78	8.66	2.43	11.04	3.60	9.28	2.23
T	2.608**		2.807**		2.432**		1.205	

续表

受欺负类型	内外向		神经质		精神质		掩饰性	
	M	*SD*	*M*	*SD*	*M*	*SD*	*M*	*SD*
被迫	12.45	2.77	9.60	2.73	11.92	3.80	9.57	2.26
未被迫	11.87	2.86	8.38	2.30	10.9	3.65	9.23	2.08
T	2.048*		4.828**		2.610**		1.562	

注：*M* 表示平均数，*SD* 表示标准差；*表示 $P<0.05$，**表示 $P<0.01$。

结果显示，受欺负与未受欺负者在人格特征上除掩饰性外各维度的得分均存在差异。

通过受欺负与未受欺负者人格特征的差异性比较，可以得出，受欺负者在受言语欺负上表现出比未受言语欺负更低的内外向得分，说明受言语欺负的学生由于其内向的人格特点，而不擅于言语上的表达，当与人发生争执时他们通常处于弱势，又由于其情绪的敏感性，这时这一类学生就会感到受了言语欺负。除了受言语欺负外的其他受欺负类型上，受欺负者的内外向得分却表现出比未受欺负者更高的得分。这说明，受欺负与内向性人格特征有关，但并不表示，越内向的学生越容易受欺负。有时候，性格外向争强好胜的学生也容易与他人发生冲突或不恰当的引发他人关注，或招惹是非而导致受到他人欺负。在神经质与精神质得分上，受欺负者得分均高于未受欺负者。显然，在初中阶段，初中生较高的神经质倾向与其对外界刺激过激的敏感反应密切相关，人格的过敏性特点使之更易为他人的某些并无激惹性的行为所激惹，表现出“反应性”的欺负行为。同时，某些易于激动、情绪过敏的初中生具有较高的感受性，更易感受到来自他人的并无欺负意图的行为，甚至不恰当地视之为欺负，而成为受欺负者。

在掩饰性得分上，受欺负初中生的得分与常模相比明显较低，同时女生又显著低于男生，这表明初中生可能在行为和情绪表达上较直接，较少掩饰，而女生尤甚；也有可能初中生对测验意义的认识较为清晰，因而产生较高的兴趣，进而降低了其掩饰性。受欺负与未受欺负者在受言语欺负方式上的掩饰性得分存在差异，这表明那些受到言语欺负的初中生有可能在行为、言语等方面具有很大的自我隐蔽性或自我修饰性，给人以言行不一致或说谎的印象，因此招来同伴的议论，甚至是言语上的攻击。

综上所述，受欺负者表现出退缩、顺从的行为，出现焦虑、抑郁的倾向。受欺负者的这种人格倾向，一方面与其人际交往模式是相应的，制约着其人际交往。受欺负者的人际交往表现为不合群，其社会悦纳性减弱，获得的社会性支持减少，在社会关系中缺乏基本的安全感，对周围的成人具有某种疑虑或不信任感，从而不愿求助父母和教师对欺负行为的干预，这与其内向和退缩的人格特征是一致的。另一方面，与其消极的自我概念、缺乏自信、自尊感低、具有较低的自我评价有关，他们甚至认为自己应该受到欺负，从而在欺负行为中处于弱势，并且受到欺负时不进行反击，因此，他们容易成为欺负者选择的欺负对象。

本书研究结果表明受欺负与受欺负者的人格特征有关，同时，受欺负也有可能影响受欺负者的人格特征。因为人格是个体在适应环境过程中形成的稳定的行为和反应倾向，而受欺负对受欺负者的消极后果是相当持久和稳定的，受欺负容易使受欺负者形成消极的情绪体验。已有研究表明，经常受欺负会对受欺负者的心灵造成伤害，影响其心理健康，更严重的是会使受欺负者的自我发展出现偏差，形成消极的人格特征。

三、大学生受欺负经历与人格特征的关系研究

同样采用艾森克人格问卷（成人版）对 403 名大学生进行调查，发现有受欺负经历的大学生和无受欺负经历的大学生在艾森克人格问卷各维度得分的差异（表 2-7）。有受欺负经历的大学生在神经质量表中的得分显著高于无受欺负经历的大学生，表现出高神经质；在精神质量表中的得分也显著高于无受欺负经历者，表现为高精神质；在内外向量表中却不表现出差异性，但是从平均数上来看，有受欺负经历的大学生在内外向上得分低于无受欺负经历者，说明有受欺负经历的大学生在个性上倾向于内向型。

表 2-7　是否有受欺负经历在艾森克人格问卷各维度得分的差异性检验

项目	是			否			T
	N	M	SD	N	M	SD	
内外向	91	10.68	3.95	312	11.16	4.21	–0.962
神经质	91	15.31	4.20	312	12.07	4.45	6.387**
精神质	91	7.36	3.24	312	6.28	3.34	2.793**
掩饰性	91	8.76	3.14	312	9.79	2.87	–2.806**

注：M 表示平均数，SD 表示标准差，**表示 $P<0.01$。

研究结果表明，受欺负者在内外向上的得分较低，而在神经质的得分较高，表现出了低内外向和高神经质的特征。有受欺负经历者在神经质的得分是 15.31，明显高于无受欺负经历者的得分 12.07，根据艾森克的研究这应该是高度焦虑、抑郁和各种神经症的一种表现，对外界社会性刺激的反应倾向更为强

烈、敏感，情绪的波动较大，适应不良。大学生的高神经质和高精神质的人格特征，易于在实际问题中形成一些问题倾向，他们可能更容易在日常生活中表现出缺乏自信、学习困难等问题。

受欺负者通常具有内向、过敏性、情绪性的气质特点，因此大量的研究发现，受欺负者的社会悦纳性或同伴身份通常很低，他们缺乏人际吸引力，在同伴交往中表现出社会行为退缩，而这种行为退缩反过来会导致其社交技能更差，从而不被同伴喜欢，因此也更显出焦虑和敏感，对外界的反应可能会更敏感，也就是表现了神经质和精神质的特点。经常受欺负的个体，他们的身体不仅受到伤害，更严重的是他们的心灵也遭受严重创伤，这些使这些个体自我的发展出现偏差，以致在人格上出现严重的问题，影响其一生的健康发展。

第三节　受欺负经验对儿童心理的影响

笔者由于多年从事心理咨询的临床实践工作，接触了大量的咨询个案，强烈地感受到许多来访者的心理问题均起因于过去的挫折体验，尤其受欺负的经历影响甚大。一个患强迫症的来访者说："读小学时，经常有几个高年级的同学在没人的时候围着我，他们用仇视的眼光怒视我，我也用不屈服的眼光跟他们对视，有时这种情形可维持 1 个小时，最后我败了下来。我的眼睛也因此坏了，我现在看人都觉得是异样的。"一位有自虐倾向的患者挽起她那刀痕斑斑的双臂，哭着说："这条手臂是我为我母亲（读高中以前母亲经常责打她）刻的，这条手臂是我为我自己刻的，我恨我母亲，更恨我自己的无能。"

精神分析治疗家们非常重视早期经验对人的心理的影响。认为个体的性格、人格等强烈地受其早期的经验的影响，多数神经症都是由于被压抑在无意识中的那些早期的精神创伤和痛苦体验所造成的。弗洛伊德认为神经症形成的根源，是那些未能得到解决而被压抑到无意识中的欲望，早期所形成的症结在人生的其他时期则往往会以神经症或精神疾患的形式在精神上反映出来。因而，弗洛伊德十分重视对早期经验的分析，这些早期经验包括早期的各种体验、亲子关系和家庭环境的状况、生活的地区情况及在学校时所受到的对待等。

精神分析的社会文化学派的领袖人物霍妮认为神经症的病因在于人格结构，而人格结构是由个人的生活环境决定的，她还认为："在全部环境因素中，涉及性格形成的最主要的因素是一个孩子成长于其中的人际关系，‘神经症’最终是由人际关系的障碍决定的。”（叶浩生，1998）美国著名精神医学家沙利文认为精神疾病是由人格障碍引起的，而人格障碍则是由人际关系困境造成的，他认为精神分裂症是失败的人际关系造成的，可能是早年与一个“坏母亲”的关系，也可能是以后生活中的其他人际关系，这种经历使个体产生严重焦虑，导致自我系统的防御功能失灵，个人的自信、自尊遭到严重破坏。

受欺负经验对个体心理的影响是无可置疑的。尽管精神分析家们没有提到受欺负经验，但笔者认为受欺负经验如同早期经验一样，是人格障碍和神经症形成的重要原因之一，是人际关系不良的一种表现。受欺负会引起儿童的不安全感和自信、自尊受损，自我价值感降低，使一些儿童产生焦虑、孤独、抑郁、退缩、学习成绩下降、逃学等一系列的心理及适应问题，使其身心健康受到严重的伤害。当然，受欺负对儿童来说也是一种挫折经历。儿童经历一定的挫折，可提高其心理承受能力，锻炼其坚强的意志，为适应未来社会激烈的竞争奠定良好的基础。所以受欺负经验对儿童心理的影响并非只有消极影响，在一定程度上还具有社会适应意义（这部分内容将在第五章详细讨论）。这里探讨受欺负经验对儿童心理产生的消极影响。

一、受欺负经验对儿童心理产生的消极影响

受欺负经验对人产生的影响很大，对受欺负者的身心健康具有很大的伤害性。一个人遭受欺负，这种经历成为其对现实生活体验的一个部分，严重的欺负行为或经常受欺负会导致其消极、缺少朋友、丧失自尊、情绪抑郁，被伙伴欺辱的经历会长期影响儿童，这种影响会扩散到成人时期。本书通过问卷调查和典型个案分析，试图找到受欺负经验带给受欺负者的消极影响。

（一）受欺负经验对儿童心理影响的问卷调查结果和分析

笔者（吴素梅，2005）曾调查了两所初中和两所小学共 792 名学生，其中初中生 286 名，小学生 506 名。剔除未受过欺负或偶尔受欺负的学生的答卷，剩下时常受欺负和频繁受欺负的学生的答卷，共有 585 名学生，其中小学生 381 名，初中生 204 名。调查量表含 12 个项目，其内部一致性信度系数（克伦巴赫 α 系数）为 0.61，分半信度系数为 0.68，具有较高的信度。

结果发现，有过受欺负经历的儿童认为受欺负经验对心理有消极影响的占 65.6%，认为没有影响的占 34.4%（表 2-8）。调查显示，受欺负后儿童通

常会生气、愤怒，选择该项目的高达58.3%，高过排在第二的选项近26个百分点。其他选项比例较高的依次是：不想跟别人说话（32.7%），感到孤独、无助（28.1%），长久不能忘掉这不愉快的事（27.6%），脾气变得很坏（23.3%），怨恨自己、觉得自己没用（21.1%）。

表2-8　受欺负经验对儿童心理消极影响调查结果

消极影响	选择比例/%	排序
（1）生气、愤怒	58.3	1
（5）不想跟别人说话	32.7	2
（7）感到孤独、无助	28.1	3
（4）长久不能忘掉这不愉快的事	27.6	4
（11）脾气变得很坏	23.3	5
（2）怨恨自己、觉得自己没用	21.1	6
（6）恐惧害怕、没有安全感	15.1	7
（10）学习成绩下降	14	8
（3）不想回家	10.6	9
（8）害怕与人交往	7.8	10
（9）不想上学	6.0	11
（12）没有影响	34.4	—

大多数儿童受欺负后，受欺负经验均会对其心理产生不良影响。一方面，受欺负后儿童通常会产生生气、愤怒等负性情绪，并把自己封闭起来。多数受欺负者一般比较内向，对外界刺激过于敏感，并表现出孤独倾向。有些受过欺负的儿童认为受欺负后对心理没有什么影响，这可能与其受欺负的频繁度小、受欺负严重程度较轻、受欺负后及时得到心理援助有关。另一方面，受欺负经验对儿童心理的消极影响可能与受欺负者本人的人格特征、认知图式有关。本书后面会有详细论述。

（二）受欺负经验对儿童心理消极影响的个案分析

案例一：发生在家庭里的受欺负

莉莉（化名）4岁时，因母亲有外遇，父母离婚，莉莉归父亲抚养。在探视莉莉的问题上父母发生了严重的分歧：母亲认为尽管莉莉归父亲抚养，但自己依然有探视权；而父亲则因对母亲恨之入骨，就是不让母亲探视。于是经常发生悲剧性的一幕。

父亲把莉莉领回家，看见她母亲拎着吃的来看望她，父亲就把她关在卫生间，并不准她出声，而他自己则对她母亲谎称孩子到姑姑家去了。母亲坚持认为明明看见孩子刚回家，但父亲就是不让她见，于是两人在门口拼命吵架。莉莉很想见母亲，但又怕严厉的父亲，不敢出声，只能一个人捂住嘴，在卫生间偷偷地流泪。

有时莉莉的外婆故意提早把莉莉从幼儿园领出来，带着她到公园玩，并和她母亲一起在饭店吃饭。由此导致她父亲与幼儿园老师争吵，到处找她。其实莉莉既爱父亲，也爱母亲，她多希望有一个温馨的家庭。但现实是父母无休止地争吵，她成了他们手中互相捉弄对方的棋子。望着伙伴们无忧无虑的笑脸，莉莉的心充满了怨恨，随着时间的推移，她对父母的爱渐渐变成了对父母的恨。莉莉幼小的心灵里留下了深深的创伤。

莉莉 10 岁时，父亲又结婚了。生活对她来说又形成了一个新的旋涡。继母有一个孩子，为了与莉莉的父亲一起生活，她把孩子寄养在母亲家。而莉莉则和他们住在一起，所以从结婚的第一天起，继母的心理就有些不平衡。父亲对莉莉多讲几句话，父亲多关心些莉莉的学习，父亲为莉莉买一件新衣服，作为一个父亲，所有关心自己女儿的正常言行，都会引起继母的嫉妒。父亲为了求太平，渐渐疏远了女儿，父女间应有的交流越来越少，此时她的父亲根本没有注意到女儿内心的失落。家庭的起伏，生活的旋涡，造成莉莉的学习成绩开始下滑，而父亲从不分析莉莉学习成绩下滑的原因，不是打就是骂，父亲的简单粗暴，引起了莉莉内心的逆反和反抗，她开始破罐子破摔。

按照马斯洛的需要理论，人的需要分为五层，依次为物质的需要、安全的需要、爱的需要、人格和尊严的需要、自我价值实现的需要。当时莉莉在家里，除了物质的需要基本能得到满足之外，既无安全感，也得不到正常孩子所需要的爱，更谈不上人格和尊严。特别是莉莉的学习成绩滑坡以后，继母的讥讽，父亲的打骂，随时随地都会降临。

家庭的不幸，家庭教育的失误，造成莉莉较为严重的心理障碍和个性缺陷。她自卑、忧郁、焦虑、冲动。心理测试（SCL-90）结果如下：总分：313 分，阳性症状分 3.47，躯体化 3.08，强迫症状分 3.6，人际关系敏感分 3.89，抑郁症状分 3.38，焦虑症状分 3.8，敌对分 3，恐怖症状 3.43，偏执 4.0，精神病性 3.5。从测试结果可以看出，各项因子和总分显示该生心理问题已到严重程度，属比较严重的心理障碍。

都说“心罚”比体罚更可怕，而同时遭受体罚和“心罚”的孩子更远远大于“心罚”所带来的心灵的创伤。许多家庭在家教中存在“三大”问题：不尊重孩子的人格，粗暴施教；对学习成绩极为重视，而对孩子的情感、道德品质却很少了解和关心；亲子关系紧张，家长与孩子缺乏沟通。许多父母忽视孩子的内心需求，家教观念、教养方式存在问题。调查显示，22.2%的学生“在家里感到最烦心的事情”是父母吵架和受父母打骂；22.9%的中学生认为是父母唠叨。值得注意的是，当被问及“如果有家教专家来教你爸爸妈妈，你希望怎样教”时，14%的小学生、15.5%的中学生认为，希望专家教父母学会控制情绪，不要用武力教育子女。

很多家长认为体罚孩子不对，而对另一种对孩子身心危害更大的“心罚”却“浑然不知”。有家长表示，因“恨铁不成钢”，常对孩子冷脸相待，压制孩子的好奇心。很多家长当着孩子的面在亲朋好友面前数落自己孩子，孩子的点滴进步却得不到家长的表扬。“心罚”是一种“软体罚”，其恶果不像体罚那样“立竿见影”，因此常被忽视。经常“心灵被施暴”的孩子，很容易丧失对父母的感情，产生严重的道德问题。残酷的“心罚”会使孩子的心灵扭曲，造成行为障碍和个性弱点。

案例二：受同龄人的欺负——摘自一位高三学生的日记

12 月 25 日　　　　星期四

我的脑海里经常会出现一些打打杀杀的场面，当见到一些神态较凶的人时，我就会提防对方，生怕对方会以武力来威胁自己。话说回来，这还是事出有因的。初中时，我虽受过别人的欺负，但我没有一遇凶恶的人就感到草木皆兵呀。我清楚记得，我读高一下学期时，一天晚上，我到学校上晚自习，在路上，我突然看了两个社会青年一眼，正好他们也向我看来，可能是看到我这个人老实吧，他们就走过来问我要 5 块钱用，我当时身上一分钱也没有，我说了没有，他们不相信，于是就搜了我的身，当时我很害怕，更别说反抗了，就这样眼睁睁地看着他们搜自己的身，当时还有路人，我也不敢吭声。现在我一想起这事，就觉得很窝囊，也觉得非常后悔。我知道这件事已经过去了，我也不必再斤斤计较，但就因为那事后，我就开始对周围的人注意起来，我非常注意他们的眼神、脸色。如果他们的眼神凶煞，脸色严峻，我就神经质地怀疑他们是否迁怒于自己，一种莫名的恐惧感就袭上心头。那时候，我非常怕上街，特别是经常听到有人在街上打架，我一走在街上，就有一种草木皆兵的恐惧感。那时我痛苦至极，再加上身体一直不好，面对一些外界因素的影响，我无法控制自己的感情。因此，我一直感到很压抑，不知不觉中我患上了抑郁症。加上繁重的学业，我的感受更是雪上加霜。

到现在，我的问题一直没有得到解决。我常感到紧张、愤怒、恐惧等，我觉得自己胆小自卑，怕这怕那。我并不想这样，但我也没有办法呀，我有时会对人生、对社会产生一种绝望的情绪……

该生从外地特地前来寻求心理帮助并带来其平常写的日记。咨询中曾对其进行卡特尔 16PF 人格测验，其心理健康因素（Y1）得分 10 分，一般认为低于 12 分者即为情绪显著不稳定。在 16 个因子中，C（稳定性）和 Q1（批判性）得分极低，I（敏感性）和 O（忧虑性）极高。而其他各项因子的得分也超出了正常值。表明其具有情绪激动，易生烦恼，心神动摇不定，易受环境支配；保守、敏感、感情用事；忧虑抑郁、烦恼自扰等人格缺陷。

该生由于天生体弱瘦小，个性懦弱胆小，在初中时就是同学欺负的对象，高一时又被社会青年欺负，其原本脆弱的心理遭受了更严重的创伤。加上受欺负后没有得到及时的心理援助和社会支持，使其形成了恐惧、焦虑和抑郁的心病，严重影响了他的学习和生活。

案例三：发生在校园中的受欺负

小王是小学一年级的学生，班里的同学一致给他提意见，说他有 18 个缺点。小王放学带回一张 16 开的纸给家长看，上头密密麻麻写满了铅笔字，都是小学生的笔迹，主题是“我们大家评小王”，共列出 18 条，还有歪歪扭扭的签名。“我们大家评小王”是在一场班会上进行的，根据班主任的说法，因为小王又迟到了，所以临时改变主意，将班会的主题改为让大家来评小王，就这样，在老师的发动下，同学们给小王评出了 18 条“罪状”。

打手心、抽耳光、揍屁股……种种老师体罚学生的手段，我们已经“耳熟能详”，随着教育改革的深化，教育人性化要求的提出，体罚在学校中已逐渐减少。但像这样类似的教育“软欺负”却不断出现。如果说强大的“硬欺负”摧残的是肉体的话，那么温柔的“软欺负”摧残的就是心灵，幼小的心灵。研究证明，承受欺负的孩子日后产生焦虑症、抑郁症和反社会行为倾向的可能性会增加。孩子是真正的社会的弱者，由于其身体力量的弱小，才导致老师敢于施之以硬——体罚；由于孩子不懂得自己有哪些权利，不知道怎样维护自己的权利，所以老师才敢于施之以软——精神欺负。在这起“评小王”的事件中，还有两个危险的情形。其一，老师发动学生评议，通过“评议”，在这些小学一年级学生的眼中，小王真的成了“最坏的人”，在孩子幼小的心灵里，早早就埋下了“极端评判”的种子。其二，校方并没有认识到事情的本质，当家长拿着纸条去找学校，校方劝她：“这种小事，不要看得太严重。”

通过问卷调查、访谈和个案分析，本书认为，受欺负经验对儿童心理的消极影响主要表现在以下几方面。

1）产生消极情绪体验：生气、愤怒、恐惧，失去安全感。

2）会损伤儿童的自尊心和自信心，产生内疚感和自卑感。

3）会使儿童行为退缩或攻击，从而进一步影响其人际交往，让儿童感到孤独和无助。

4）经常受欺负通常会导致儿童情绪抑郁、焦虑及出现头痛、失眠、做噩梦等相关症状。

5）经常受欺负还会导致儿童注意力分散，学习成绩下降。

6）出现反复性的想象性回忆，即对受欺负时的情景回忆，在回忆时往往伴随出现当时的情感体验及躯体反应。

7）特定的害怕，即对与受欺负有关事件人物的害怕，从而对这些事件采取回避态度，同时，害怕还有泛化趋势。

8）对人、对生活、对将来的态度发生改变，这样的儿童对人、对社会采取不信任的态度，对前途感到悲观失望，将以后的生活看成到处是陷阱，导致要么自我封闭，要么自暴自弃。

二、受欺负经验引发儿童心理问题的中介机制

受欺负经验对学生心理乃至其整个一生心理发展的影响，受一系列因素所制约，它和学生个人的特点、所涉及的心理和行为领域，受欺负经验发生的时间，经验本身的性质和种类，学生以后的生活经验等有关。总之，受欺负经验对学生心理的影响是由个体内部因素和社会环境之间的互动机制促成的生态学现象。其中，人格特征、认知特点、自我防御机制、负性情绪和社会支持系统是受欺负经验引发心理问题的重要中介因素（吴素梅，2007）。

（一）受欺负学生通常具有某些认知偏差和消极的人格特征

认知是指个体对一件事情或某对象的认识与看法。它往往具有主观性。正因如此，有的人会表现出对人、对己、对事的歪曲的、不正确的认知，我们称其为“认知偏差”。受欺负学生通常具有某些认知偏差和消极的人格特征，从而导致产生有问题的情绪和心理困境。

1. 受欺负经验易导致学生产生认知偏差

一些研究指出，受欺负学生通常身体瘦弱，有某种身体缺陷。但大量的

研究进一步证实，有生理缺陷的学生不是一定会遭受欺负，缺陷带来的较低的自我评价、浓重的自卑感、怀疑或否定自己的能力才是导致受欺负的直接原因（魏晓娟和姜雪凤，2002）。与一般儿童和攻击性儿童相比，受欺负学生对自己的智力及社会交往能力评价偏低。这些消极的自我认知可能是受欺负学生在长期的社会生活、人际交往中形成的，并非是受欺负的直接后果，但消极的认知导致这些学生经常地遭受欺负，受欺负的经历进一步加重了这种低自我评价的倾向。比如自尊心较低的学生容易遭受欺负，受欺负严重减弱了这些学生的自尊心，降低了其自我评价或自我价值感。消极的自我认知使受欺负学生陷入了受欺负的恶性循环当中。在长期遭受同伴羞辱而又无力自卫时，受欺负学生极易产生认知偏差，过于关注或扩大自己的不足之处，对人、对事缺乏自信，并可能形成习得性无助感。

心理困境是由于个体认知偏差的负面图式、自动化思维及机能障碍假设的结果。受欺负学生的认知偏差包括三种负面图式：对自我、世界和未来的看法——自我是个失败者、世界令人沮丧、未来没有指望。他们易于加工有错误的信息，比如把日常的困难夸张为灾难，从一件小事中就过度类化为“没人喜欢我”这种信念。而这些图式和信念一旦成为一种稳定的思维方式，便具有无意识性和自动性。自动化的错误信念（图式）和适应不良的信息加工（如错误估价）造成了消极的、痛苦的情感和适应不良的行为反应。正是适应不良的认知导致了有问题的情绪和心理困境。

2. 受欺负学生通常具有消极的人格特征

消极的自我认知往往会导致消极的行为方式，进而沉积为消极人格特征。研究显示，受欺负学生在社会交往中往往表现出顺从、退缩的行为，他们的“外控点”得分很高，易于服从他人（并非仅限于权威）的命令，缺乏自我防御的能力和动机。在竞争和合作的情境中，受欺负学生表现出较多的顺从行为，他们愿意服从攻击性儿童的支配。遇到困难时，受欺负学生大多具有易哭、退却、不反抗的特征，很少向家长或老师求助，并且越频繁受欺负的学生越是不向家长、老师报告。受欺负学生的这些表现与其低自我价值感、顺从、怯懦的人格特征是一致的，而顺从、不求助强化了攻击行为，让这些学生再次置于遭受攻击的情境中。研究发现（魏晓娟和姜雪凤，2002），受欺负者在人格方面表现出某些“共同性”，即在外向性的得分较低，在神经过敏性的得分较高。这说明受欺负学生通常比较内向，对外界刺激又过于敏感，因而对他人攻击行为的感受和反应较强烈，易产生情绪波动和心理挫折感，为抑郁、焦虑、恐惧等负性情绪所困扰。

受欺负学生的顺从、怯懦、内向、过敏性和情绪性的人格特点制约了他们人际交往的模式。研究发现，受欺负学生的社会悦纳性较低，在同伴中的地位较低，通常不受人欢迎，缺乏人际吸引力，易被同伴拒斥，因而在同伴交往中表现得自卑、退缩，难以与人正常交往，表现出明显的社交技能缺乏和人际关系适应不良。人际关系不良又常常使他们处于孤独、被动的地位，成为其他儿童欺负的对象。可见，受欺负学生的这些消极人格倾向制约着其同伴交往、对待自我和外界的态度和问题解决策略，在特定的情境下，就可能构成欺负发生的“客体条件”，使其沦为欺负的对象，而受欺负又进一步促成了其消极人格的发展。恶性循环的结果不仅影响学生心理的正常发展，而且制约着其成人后人格的正常发展，受欺负程度严重的甚至导致学生产生严重的心理问题。

（二）受欺负情境使受欺负学生产生负性情绪，负性情绪恶性循环或外化

个体受到欺负后，总会产生各种各样的负性情绪，比如痛苦、不安、焦虑、恐惧、抑郁等，这些负性情绪常常会使其陷入恶性循环中不能自拔，负性情绪如果得不到有效排解，沉淀、郁积下来，会在潜意识中形成持续不断的紧张和不安，长期积累就会转化为心理疾病。

许多研究表明，个体在社会生活中总是面临大量的关于情绪、情感状态的特定情境，其中包括许多其他个体、群体及社会的不利情况引起的与个体的痛苦、不安、烦恼有关的情境，这些相关特定情境的信息输入大脑，并通过大脑的认知加工系统对特定社会情境信息的知觉分析，可以唤起个体在过去生活经验中形成的对特定社会情境的情绪反应模式（如受虐待—愤怒，受伤—痛苦等负性情绪），从而使个体在心理和情感上处于一种非平衡状态（宋凤宁等，2005）。受欺负情境引发的负性情绪在其发展过程中，常常会陷入恶性循环的怪圈。

1. 由于无法直接有效地控制负性情绪而陷入恶性循环

当受欺负者受到相应的情绪刺激时，先是自动的负性情绪产生。负性情绪产生后个体感觉不快和痛苦，而人天生具有避免痛苦、追求快乐的本能，所以受欺负者千方百计地要摆脱这种不愉快的体验，然而，情绪的产生、发展，更多地受制于人的自主神经系统，其活动并不直接受人的主观意志所控制，这样就形成一个恶性循环：痛苦—想摆脱—强化痛苦—痛苦更甚。实际上，许多情绪失调或情绪问题症状的出现恰是情绪控制的结果（侯瑞鹤和俞

国良，2006）。例如，避免消极内部情绪体验促成了部分情绪紊乱的出现，同时，限制情绪表达还会提高个体生理唤醒水平，抑制消极情绪表达增强了消极情绪体验（Gross & Joho，2003）。受欺负学生由于缺乏安全、持久的人际关系而导致认知和社会发展滞后，在与他人的关系中出现情绪和行为调节问题，情绪表达（如哭喊或痛苦的表达）可能会引发谴责、嘲笑或再受欺负，因此，受欺负学生更能抑制他们的情绪表达和调节。同时，由于抑制情绪表达需要耗费认知资源，从而对其他认知活动产生消极影响。比如，社会交往目标难以有效达成，可能因此导致人际关系、社会关系的破坏，反过来，对个体的心理健康又可能产生消极影响。内部和外部双重的消极影响使抑制情绪表达的受欺负学生心理健康水平较低。

2. 由于对负性情绪失控的预期导致恶性循环

在人的发展中，随着经验的累积，对于负性情绪控制的失败经验，将使情绪具有预测的信号作用，因此也就对负性情绪的发生、发展形成一种失控的预期，这是一种非常具有摧毁作用的信号，在这种信号的作用下，各种负性情绪都将被大大强化，以致形成恶性循环，难以自拔。一旦人们对自己的负性情绪及其失控或者失控预期有了意识，他们将陷入一种继发性的焦虑之中，他们为抑郁而焦虑，为无法控制抑郁而焦虑，为对抑郁的失控预期而焦虑。如此环环相扣，相互交织，终成一个解不开的死结。

3. 负性情绪导致无效行为强化了负性情绪

负性情绪之所以会恶性循环，还有一个重要原因：负性情绪使个体思维狭窄，常常导致无效行为。抑郁让人提不起劲，凡事拖拉，任务累积，欠账越来越多；焦虑让人心神不宁，手忙脚乱，不知所措；恐惧使人逃避、退缩；愤怒让人暴跳如雷，甚至大打出手，导致难以收拾的后果。这些回避行为、低效行为、错误行为及特征性的神经症行为，都会反过来强化负性情绪、情感。

负性情绪、情感积累到一定程度，将成为一股巨大的身心能量，这种能量如果没有正常的渠道加以疏导，它将以各种不同的形式外化，即身体的反应成为“排泄口”。最常见的一种外化是躯体化，即心理能量转化成了身体能量，表现为各种躯体症状，如手脚发麻、头痛恶心、胃痛、腹泻、失眠、食欲不振，最终导致身心症的产生，并可能引发更严重的身体疾病，如癌症等。另一种外化则表现为特征性的行为方式：固执强迫、退化、自我惩罚、攻击等，以致形成行为障碍。

（三）受欺负经验易使受欺负学生过度使用消极的自我防御机制

自我防御机制是指个体在遭受挫折时，常常会使用一些心理上的措施或机制，把个体与现实的关系进行修整，以减轻或消除人格内部的冲突，降低情绪上的痛苦与不安。它分积极和消极两种形式。受欺负经验对学生来说是一种严重的挫折，甚至产生心理创伤，形成消极的人格特点。而这些消极的人格特点可能导致他们常常采用消极的心理防卫机制。

1. 受欺负经验使个体产生心理创伤

一种经验如果在一个很短暂的时期内，使心灵受到一种高度的刺激，以至于不能用正常的方法谋求适应，以致危害或损害个体的身心健康或发展，那么，这种经验就称为“创伤”。一个人生活的整个结构，如果因有创伤的经验而发生根本动摇，会丧失生气，对现在和将来都不发生兴趣，而永远沉迷于回忆之中。受欺负经验会使个体产生“心理创伤”。个体经由早期的创伤性生活事件获得焦虑、抑郁等消极心理的易感性，当有新的应激性生活事件出现，使个体处于与受欺负经历相似情境时，个体已获得的消极心理易感素质就会被激活，由此会产生相应的焦虑、抑郁、恐惧、愤怒等负性情绪。

2. 受欺负学生易于过度使用消极的自我防御机制

当焦虑、抑郁、恐惧、愤怒等负性情绪水平太高或持续的时间过长时，个体往往会无法忍受，严重的焦虑会导致人格的分裂和精神病。所以，为了减轻或消除人格的内部冲突，降低或避免焦虑，以保持人格的完整和统一，自我发展了许多保护性的机制，即自我防御机制。

受欺负学生最常用的防御机制是“压抑”，它是自我防止引起负性情绪的思想观念进入意识领域的一种方法，通过它，那些会带来负性情绪的观念和欲望被禁闭在潜意识之中，人们意识不到它，负性情绪自然会大大减轻。所以，人们往往回忆不起引起创伤的生活经验，或不知道引起自己创伤的经验事件，从而减少个体的负性情绪。因此，受欺负者往往也不知道自己的某些行为缺陷是由受欺负经验引起的。然而，虽由于“压抑”的缘故记不清楚但并不等于没有记忆，潜意识的东西会在个体以后经历相似情境时以投射的形式反映出来。只是由于投射的隐晦，个体无法意识到投射的真正含义，所以也无法抚平创伤。当受欺负学生习惯于采用投射的防御机制进行自我解脱时，就会将自己受欺负归咎于他人或者自身，而没有进行合理归因。

由于焦虑等负性情绪，受欺负学生还会采用逃避或退缩等消极的防御机制，常常以身体上或心理上离开与受欺负有关的环境来寻求焦虑等负性情绪的消除，他们远离众人，封闭自己，正如他们自己所说“不想跟人说话”“自己默默忍受”，不以任何方式与他人发生感情上的联系，在自己周围筑起一道任何人都无法穿透的魔圈。他们认为“如果我隐退，那么什么也不会伤害我”。逃避、不能面对现实，是许多受欺负学生常采用的应对方法。当过度的逃避对自尊和自我效能产生消极影响时，这种行为会对机体增加压力而不是消除压力。

因此，受欺负经验作为一种创伤，便长期性地一直影响着个体。当在面对有问题的社会情境时，他们的消极人格特点和认知偏差使他们不能有效地控制消极的情绪状态和运用合理、积极的心理防御机制，由于防御机制运用不适当，且慢慢形成习惯，就会影响身心神经系统的正常发展，使人格产生扭曲、变异，于是导致各种神经症状的出现。

（四）缺乏有效的社会支持是受欺负经验引发学生心理问题的重要条件

社会支持是指来自社会各方面的，包括家庭、亲属、朋友、伙伴、同学、老师等，所给予个体的精神上和物质上的帮助、支援。良好的社会支持可减弱个体应激评价过程，使个体低估压力情境的伤害性，通过提高感知到的自我应对的能力，降低对压力事件严重性的评价。同时，社会支持可以提供问题解决的策略，降低个体心理应激水平，从而减轻压力体验的不良影响。社会支持是帮助强烈心理应激状态下的人摆脱困境的重要外部力量。那些缺乏有效社会支持的受欺负学生更易出现心理问题。

1. 缺乏同伴支持使受欺负学生孤立无助

社会支持系统中的同伴友谊对减轻受欺负经验对学生的伤害，使学生从受欺负的阴影中走出来有特殊的意义。众所周知，青少年能在同伴、朋友身上获得归属感、自主感和亲密的情感支持；通过社会比较，获得自我认同；与同伴、朋友的友好交往能培养青少年健康的自我概念、亲社会行为，并为他们学习新角色、新技能提供了机会。Sullivan 指出，友谊，尤其是青春期之前建立起的友谊，能够帮助青少年矫正童年期与父母交往的不良经验（高琨和邹泓，2001）。Hodges、Malone 和 Perry 的研究发现友谊对受欺负儿童更加有帮助：友谊能削弱儿童同伴欺负和危险的行为（张玲玲等，2005）。积极的友谊能矫正学生以往的不良经历。友谊对受欺负学生来说，既是一个宣泄消极情绪的场所，又为他们改变不良的人际关系提供了条件。

但是已有研究发现，受欺负学生的同伴地位是最糟糕和最不利的。受欺负者的同伴接纳水平低于一般儿童，而同伴拒绝水平又高于一般儿童，受欺负与同伴拒绝存在正相关（王美芳和张文新，2002）。遭到同伴拒绝的学生可能会有长时间受欺负的危险。受欺负学生的朋友少，他们不知道如何向朋友求助或朋友不能提供有效的支持，社会联系上的孤立或社会网络的弱小构成了他们受欺负的客观背景。由于受欺负学生经常遭到攻击和面对消极评价，易被同伴认为懦弱或者活该受欺负，这样就导致了群体欺负，从而加重了对受欺负学生的伤害。他人的消极评价和个体的不正确认知，会使受欺负学生更加自卑、抑郁和孤独，从而产生情绪障碍和行为障碍等心理问题。

2. 家庭和学校关注错位或不力使受欺负学生的心理伤害未得缓解

家庭是个体社会化的基本动因，家长的教养方式、态度和家庭的情绪氛围都会影响学生的观念和行为，也必然会影响学生受欺负后造成的影响程度。单亲家庭的增加，亲子关系的疏离和沟通障碍，使很多受欺负学生觉察到，当自己遭到危机或感到无助时，很难从家庭那里获得强有力而有效的支持和帮助。当很多家长得知孩子受欺负后，未能理智地对待，或过于冷漠不在意，或严厉训斥，或教唆孩子打击报复等，家长的这些处理方式丝毫不能减轻孩子内心的焦虑和恐惧，反而会适得其反，使问题变得更糟糕。在学校里，发现欺负事件，教师的工作也更多的是针对欺负者，对他们进行教育、批评和惩罚，而较少关注受欺负学生，尤其是忽视受欺负学生的心理伤害，未给予及时的心理疏导和援助。

总的来说，学生受到欺负后，来自家庭、老师、同伴及社会各方面的关心、理解、支持和帮助可以有效地降低或缓解受欺负所带来的消极影响。受欺负经验引发心理问题与缺乏有效的社会支持有关。

综上所述，受欺负经验与受欺负学生人际关系不良是一种循环、互为因果关系，同时受欺负经验还会对当事者构成创伤体验。受欺负使受欺负学生产生认知偏差和负性情绪，形成消极人格特征，并过度使用消极的防御机制。如果受欺负后没有有效的社会支持，受欺负经验往往通过以上中介因素对受欺负学生心理产生影响，继而会出现人格障碍或心理问题（图 2-1）。

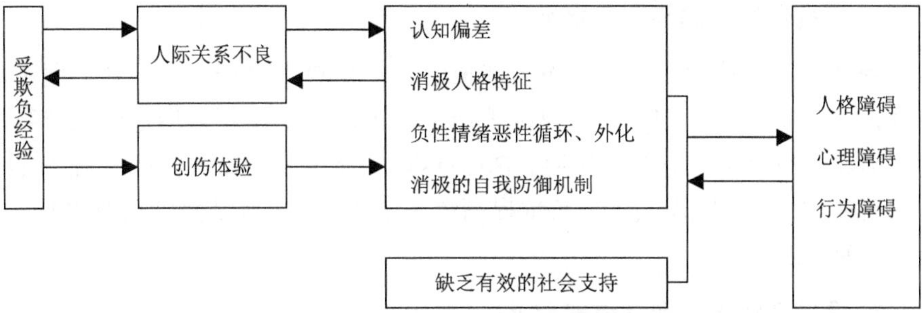

图 2-1　受欺负经验引发学生心理问题中介机制示意图

第四节　维护受欺负儿童心理健康的干预策略

今天，受欺负现象已引起了社会的广泛关注，针对欺负行为也提出了很多干预措施。在反对欺负行为，构建良好社会环境，对欺负者实行必要的教育和惩戒的同时，为受欺负者提供必要的心理干预，以减少受欺负者心理的伤害也是十分必要的。

一、帮助受欺负儿童建立良好的同伴友谊和社会支持系统

社会支持对个体身心健康的有益影响，已得到研究和临床的证实，它可在应激条件下与个体身心健康发生联系，缓冲压力事件对身心状况的消极影响，以保持和提高个体的身心健康水平。同伴友谊是儿童极为重要的社会支持来源。随着年龄的增长，他们更加重视友谊和同伴接纳。尽管受欺负儿童在建立与维持友谊关系上会存在困难，但是他们中的部分人仍然是能够建立起友谊的。那么，这来之不易的友谊对于这些儿童有什么特殊意义和作用呢？

1. 提供学习具体社交技能的机会，矫正以往形成的不良的人际关系概念

受欺负儿童不良的家庭交往模式使他们失去了建立积极的亲密关系的机会，而友谊则提供给他们一个“补救”的社会环境。他们可以在其中学习并练习那些他们本应从父母那儿获得的社交技能。除此以外，他们还可以通过与朋友的亲密交往重新理解友谊关系，从而矫正他们从父母那儿得来的最初的、歪曲的人际关系概念。

2. 提高自我概念与自尊水平

受欺负经验使得受欺负儿童自我概念差、自尊水平低，与同伴、朋友的交往，尤其是在小学和青春期早期形成的友谊，对于重新塑造他们的自我概念，提高其自尊水平有重要作用。Bukowski、Hoza 和 Newcomb 曾在为期 1 年的研究过程中，发现友谊显著地提高了小学四、五年级儿童的自尊水平（高琨和邹泓，2001）。

3. 提供情感支持和获得安全感

在家庭中受欺负的儿童，由于家庭不能给予他们所需要的情感支持和安全感，因此友谊就成了这些儿童获得安全感和满足亲密情感需求的“替补”源泉。尤其是当他们面对压力，如家庭关系紧张、家庭动荡，或者面对生命的重要转折点，这种支持就显得更为重要。有朋友陪伴与否并可以倾诉感受将决定着他们如何应对所面临的压力及能否渡过难关。

4. 友谊在早期不良家庭环境与今后在同伴群体内受欺负之间充当调和因素

近来对儿童受欺负的预测研究所使用的“互动”模型假设，危险因素的影响会随着其他影响因素的出现或消失而发生系统性的变化。也就是说，在个体发展中存在一些“保护性”因素，这些因素可以减少危险因素的影响。Schwartz 等（2000）也发现，幼年期曾生活在规矩严厉、苛刻，压力大和有潜在暴力倾向的家庭环境中的儿童很可能在日后成为同伴群体中受欺负的对象。他们将友谊分为高、中、低三个水平，回归分析发现由于友谊因素的干预，早期不良家庭环境与日后受欺负状况的相关程度下降。在低友谊水平下，每个家庭因素所建立的回归预测方程都是显著的，而在高友谊水平下，这些方程都不显著。这就是说，形成积极的友谊能矫正儿童以往的不良经历，保护他们不受或少受欺负。

5. 友谊可以防止受欺负的儿童受到更严重的伤害

长期被同伴欺负将会导致很多消极后果，如焦虑、压抑、孤独、低自尊，以及引起学校恐惧症、学习成绩差等问题。因此，研究同伴欺负的影响因素，帮助受欺负儿童摆脱不良境地有重要的意义。友谊可以帮助这些儿童逐渐免受或少受欺负。而且由于有朋友一起分担受欺负后的负面情绪，以及能得到朋友的情感支持，有朋友的受欺负儿童出现各种内隐、外显行为问题的概率显著低于没有朋友的，而且，原先没有朋友的儿童在建立了稳定、亲密的友谊关系后，其内隐、外显行为问题的发生率也都有所降低。

因此，应重视受欺负儿童同伴交往技能的训练，提高其人际适应能力。可采用一些训练和干预措施，如言语指导、榜样示范、行为训练和练习、角色扮演、社会性强化等各种程序和技术。在运用这些干预措施时，必须把理论和实际结合起来，尽量在真实的情境中进行，注意技能的概括化（在现实中能够应用）。另外，教师也可以在正常的教学过程中帮助受欺负儿童提高交往能力。在班级中创设一个友好、热情、合作的气氛，有意安排开朗、友好的同学和受欺负儿童结成“对子”，在集体气氛的感染和别人的带动下，受欺负儿童可能表现出合作、积极的行为。教师先在小范围操作，后推广到大范围，引导受欺负儿童与全班同学接触。通过这种方式，锻炼受欺负儿童的交往技能，提高其与人交往的积极性和自信心，培养其外向、乐观等积极的心理品质。受欺负的行为也会因此得到减少。

二、传授知识和策略，学会运用积极的心理防御机制，培养健全人格

对受欺负儿童进行教育，不仅要教给他们掌握减少受欺负行为发生的知识或策略，以避免再次遭受欺负，还要培养其健全的人格，尽量减少受欺负所带来的伤害。教师和家长要针对受欺负儿童的心理特点和人格特征，积极关注受欺负儿童，帮助受欺负儿童正确认识欺负行为并学会避免，培养其外向、乐观、自信等积极性格特征。

（一）教给儿童避免受欺负的知识或策略

1）多参加体育活动，积极锻炼身体。体育锻炼不仅可以增强体质，避免因身体瘦弱而导致的受欺负，还可以锻炼儿童的意志力，降低对欺负后果的自我感受程度，增强韧性和承受能力，减少攻击行为所产生的心理伤害，缓解受欺负经历带来的一系列心理问题。

2）注意自身行为的表现方式，减少外部行为问题。不嘲笑、敌视易产生攻击行为的儿童；不做易被攻击者看作是“挑衅”行为的事情，如保持安静，不制造紧张气氛等；不和攻击性儿童接触和玩耍，避免攻击情境。

3）在受到身体或心理上的侵犯时，及时运用应对或防御策略。要坚持自己的“正义”立场，合理提出自己的要求，并陈述自己解决冲突的方案，如报告老师等，学会正当防卫。在对方要大打出手时及时躲避，不再进一步激

怒攻击性儿童。受到别人欺负时，应保持镇静，不做出流泪、恐惧等消极反应，这样，对方的欺负行为就可能会自动停止。对于经常欺负别人的人，受欺负者有时可以做出一些料想不到的行为反应，给对方以极大的震动，使其改变对受欺负者的看法，让他们以后不敢再欺负。儿童对防御策略及自我保护知识的学习是其人生的一门必修课，教师、家长不能对儿童过于干预，应让儿童学会独立解决日常生活的冲突问题。

（二）教会受欺负儿童合理发泄自己的不良情绪

儿童受欺负后会产生焦虑、气愤、耻辱等情感，这些不良情感会吞噬儿童幼小的心灵，应引导他们通过合理的方式发泄出来，如跑步、跳高等体育活动的形式，也可适时转移他们的注意力，以减少对内心的关注，如参加集体游戏，和好朋友一起玩耍等。欺负发生后，教师要及时对攻击的儿童提出批评或进行惩罚，以满足受欺负儿童的情感需要，给予他们心理上的“补偿”。

（三）培养受欺负儿童的自信心

受欺负儿童的自信心增强，不仅可以使他们避免再次沦为攻击的对象，还可以减轻受欺负所带来的心理伤害程度，有利于其人格的健全发展。培养受欺负儿童的自信心，实际上就是提高他们的自尊水平和自我评价能力，使之认识到自己的价值和能力。这就要求教师和家长在日常生活中善于发现受欺负儿童的长处并及时给予鼓励和表扬；在布置任务时，有意地分配一些较容易、符合他们能力水平的任务，让受欺负儿童体验到成功的欢乐和自己的价值；针对其自尊心脆弱的特点，在众人面前要多鼓励、少批评，注意讲话的方式，保护其自尊心。特别是教师要注意和受欺负儿童建立良好的师生关系，让他们体验到关心和重视，在长期的熏陶培养和塑造中提高受欺负儿童的自信心。

三、提高教师的教育素养，改善教师的心理健康水平

在教育教学过程中，教师因采用不恰当的教育方法和教育手段，直接或间接地对学生的心理造成伤害，甚至导致学生产生心理障碍。这除了与某些教师显性的职业道德、自我修养和专业技能有关，还与隐性的更易为人们所忽视的不健康的心理和教师在当时情景中的心理状态高度相关。国家中小学

心理健康教育课题组用 SCL-90 心理健康量表对辽宁省 14 个地市 168 所城乡中小学的 2292 名教师进行了抽样调查。结果显示：有 51.14%的教师存在心理问题，其中 32.18%的教师属于“轻度心理障碍”，16.56%的教师属于“中度心理障碍”，2.4%的教师已构成“心理疾病”；69%的被检测教师自卑心态严重（理卫，2003）。调查还表明，目前我国普通人群心理障碍的发生率在 20%左右，而受调查教师的心理障碍发生率竟高达 50%。心理疾病和心理障碍的存在，极易导致教师在工作中对学生的行为缺乏必要的宽容和耐心，动辄即以粗暴的方式打骂、体罚学生。此外，不健康的心理也会使教师直接或间接地把转型期维护社会价值和秩序的高期望，以及把在工作、生活中所遭遇的竞争压力及挫折宣泄给学生，当学生表现出不情愿或反抗姿态时，暴力或欺负行为便出现了。严重的是，教师的心理健康水平与学生的心理健康水平成正比，施暴不仅不会达到预期的教育效果，反而会在被惩罚的学生和其他学生的心灵中播下暴力的种子，造成一种暴力的恶性循环。因为依据班杜拉的社会学习理论及其相关的“目睹攻击行为”实验，儿童的暴力攻击行为是通过观察、模仿习得的。而特定的年龄发展阶段所决定的强烈的模仿心理、“依恋性”及“向师性”特点无疑使得儿童更易在“耳濡目染”“潜移默化”中习得暴力或存有一份报复心理，从而导致儿童对同学或老师做出暴力攻击行为。于是，素以“教人为善”为职志的教师，竟充当了校园欺负和暴力的导火索，这怎能不引起我们的思考。

所以提高教师心理健康水平，能有效地减少儿童受到欺负和由此产生的负面影响。教师心理健康的维护与促进是一个系统工程，需要全社会的大力支持和全体教师的不懈努力。本书提出以下几条建议，希望能对改变目前教师心理健康不良的现状，切实而有效地提高教师心理健康水平有所裨益。

1. 做好教师的职前筛选、职前培训工作

教师这一职业非常特殊。教师自身的心理健康问题，将对学生的发展造成重要的影响，因此，教师职前筛选至关重要。我们可以采用相关的量表，对将要从事教师这一职业的师范生进行测量，测量其人格特征、自我意识、情绪自控能力、人际交往能力、社会适应能力及与教学有关的知识、角色意识、职业期望、教育观念等，确保这些准教师，能具备做一名合格教师的基本素质，并且符合职业的特殊需要。

教师的职前培训，不仅需要对教师的学科内容知识、教育教学知识进行培训，而且还要帮助他们构建作为教师所必需的信念系统和角色意识。后者尤其重要，因为教师的信念系统和角色意识直接与教师的心理健康状况相关。教师的信念系统和角色意识决定了教师对学生的态度、对教学工作的态度。建议我国教育行政部门形成一整套关于教师筛选、培训和资格认定方面的标准，以促进教师群体的专业化。

2. 做好教师的职业培训工作

教师的职业培训同样很重要。教师的工作效果如何、工作满意度的高低、教师士气的强弱，这些都需要进行测评，并随时对教师进行培训，调整教师的状态，提高教师的专业能力、教学反思能力和压力应对能力，预防、减少和杜绝职业倦怠的出现。各级教育行政管理部门应该尝试各种方式，促进新教师尽快向专家型教师转化。如采用小组合作的方式给新教师提供必要的教学实践支持、教育信息支持和社会情感支持；成立“教师中心”，由几个学校或行政区组成服务于该区域教师的机构，为教师提供一个可以与同行讨论种种教育教学问题、获得新的教学技巧和心理支持的场所；为新教师配备一个具有丰富教学经验的指导教师，提供个人和职业的指导；等等。

3. 学校要为教师创造良好的工作条件和工作环境

学校的管理方式、领导的工作作风、教师的士气都与教师的工作满意度有关。学校应该为教师提供更多的社会支持、更多的晋升机会以满足教师的成就动机。学校管理者如果能对教师持一种理解的态度，会帮助教师更有效地处理工作负担。学校领导的帮助与支持，是教师社会支持系统中很重要的成分。学校管理者尤其是校长的支持与关心能有效地减轻教师的心理压力，减少教师心理健康问题的发生。

4. 从政策上提高教师的待遇和社会地位

提高教师的社会地位和工资待遇，使教师这一职业，最终成为真正意义上受人尊敬的职业，这样能减少教师的心理不平衡感，建立起职业自豪感，从而最终提高教师的工作满意度。

5. 建立教师心理健康的社会支持系统

从社会的角度形成尊师爱生的良好风尚，塑造良好的教师形象，这是解决教师心理健康问题的根本途径。当然，要做到这一点，需要全社会的努力，这是一种社会支持系统，也是促进教师心理健康的一条根本之路。有了良好的教师形象，教师就有了行为的标准，也有了社会的监督。

四、提高家长的教育素养，改善亲子关系

家庭作为儿童社会化的基本动因，家长的教养态度和方式、家庭的情绪氛围在儿童的社会化程度方面会有很大影响。作为父母，应该为孩子创设一个温暖、平等、友好的家庭环境，关心孩子，采用正确的方法教育孩子，避免让孩子受到欺负，才能让孩子健康、正常地发展。

（一）家长应运用恰当的行为控制方式

行为控制首先应从家长做起，身为家长有必要、也能够承担得起控制自己行为的责任，他们在管教孩子时任何一次失控的行为都表明他们是不懂得负责任的人。作为家长应尽量不用以下失控的教育方式。

1）对孩子歇斯底里地大喊大叫。

2）命令、控制孩子的一举一动，对孩子颐指气使。

3）把对孩子的讽刺、挖苦作为对孩子控制的一种手段。

4）嘲弄、责备、批评孩子的任何努力。

5）简单地、不负责任地给孩子贴上“粗鲁”“顽固”“愚蠢”“糟糕透顶”等打击孩子自信心的标签。

6）对孩子进行体罚甚至殴打，倾向于用暴力解决问题。

7）孩子即使犯一点很小的错误也要给予严重的惩罚。

8）总是拿孩子和其他孩子做比较，对孩子寄予太多的期望。

9）对孩子的每一次失误都严加惩罚，对孩子变得越来越冷淡，甚至不再喜欢他。

那些经常处于失控状态，对于孩子的一举一动都很严厉和挑剔的家长，表面上看起来高高凌驾于孩子之上，但实际上恰恰给了孩子控制他们的手段和机会。在这样的家庭里，面对这样的家长，孩子们知道他们可以不断地指责家长的行为和举动，并且由于孩子在家里并没有获得太多的权利和自由，所以他们往往会充分利用他们这仅有的一点作为攻击家长的武器，特别是当他们的自信心受到威胁的时候。有时候孩子的行为充满了挑衅，家长会很恼火，这个时候就是对家长是否能保持镇定、是否能控制自己行为的一个极大的考验。通常，对于家长来说，最好的对策就是离开孩子，让他安静一会儿，家长自己也安静一会儿。除此之外，家长的任何举动都无异于火上浇油，只会使问题变得越来越糟。如果家长和孩子针锋相对，那么不是导致孩子用更

离谱的举动来对待父母，就是使孩子心灰意冷，情绪受到很大的打击，并且家长这样的行为一定会伤害到父母和孩子之间的亲密关系，这是毋庸置疑的。家长如果有很难克服的嗜好，如嗜酒如命，甚至达到无法克制的地步，或者总是很粗暴地对待自己的孩子，一点都不关心和体贴，或者家长对孩子不负责任的行为不闻不问，种种现象都表明家长在自信心方面存在着严重问题，需要一些专业的心理咨询和治疗方法来帮助解决这方面的问题。甚至在某种程度上来说，存在这些问题的家长，寻求帮助来解决他们这些问题是他们应尽的义务，因为这不仅关系到他们个人的问题，还直接影响孩子是否能够健康成长，能否培养健康的心态。现在家长学校比比皆是，家长可以在那里获得自己想要的知识和帮助。如果没有时间或者条件上家长学校的话，还可以通过阅读有关书籍、看电视节目和听广播等多种途径来学习。

作为家长千万不要觉得自己是家长就可以控制和操纵孩子在家里和外面的任何举动。在一个家庭里的有效控制方式，不是试图去控制孩子而是应该使家庭里的每一个成员都能对自己的行为负责，发展和培养他们的自我控制能力。如果家长采取了一种比较合适的行为控制方式并且能起到模范带头作用，那么发生在家庭里的受欺负现象就会减少。

（二）避免夫妻间的矛盾对孩子造成不利影响

一对夫妻经常吵吵闹闹，会极大地挫伤孩子的自信心并使孩子缺乏安全感，尽管这些吵闹根本不会对婚姻形成任何威胁。如果夫妻二人经常“兵刃相见”，却没有分居或离婚，由于孩子经常看到父母吵架甚至大打出手，会对孩子造成非常大的负面影响。而如果夫妻二人尽管已经分居，但孩子仍然可以看到那些不愉快的场面，这对孩子的影响也比上一种情况小不了多少。当一对夫妻很无奈地选择分道扬镳的时候，对孩子来说，最好的情况就是让孩子看到父母亲临别时友好的、无敌意的分手场面。另外，夫妻尽管已经分手，仍然要很友好地对待对方，保持比较亲密的关系，最重要的是像往日一样依然给孩子无微不至的关爱。当然，最理想的模式还是夫妻两人顺利地解决他们之间的矛盾，“化干戈为玉帛”，夫妻关系融洽并且给予孩子世界上最无私的爱，这恐怕是每个人都向往的。

（三）孩子在外受到欺负或遇到麻烦后伸出援助之手

随着社会的发展和生产力的不断进步，一些社会问题也变得日益严重，比如离婚率不断攀升，出现越来越多的单亲家庭，利己主义和唯物质主义被大肆宣扬，伦理道德出现大幅度滑坡，人们不再有统一的信仰等，这一切都表明多元化的时代和社会已经来临。居高不下的失业率、社会对学历越来越高的要求，以及来自各个方面的压力都导致孩子问题行为的发生。对孩子心灵和情感的伤害是久已存在的问题——它主要源于危机重重的婚姻和家庭所带给孩子的消极影响。通常，当孩子在家里表现出他的那些问题行为时，得到的往往不是父母的理解而是父母严厉地训斥。父母没考虑他们的这些申斥根本就不会发挥任何作用反而会使问题变得越来越糟糕。过分地控制和管教孩子会使孩子产生一种畏惧心理并且日渐沉默寡言，不但丝毫不能减少孩子内心的焦虑和恐慌，而且往往还会适得其反，使孩子的心理问题变得愈加严重。

家长应学会识别孩子内心的苦闷，并对孩子的苦闷做出积极的回应。如果孩子在情感方面、处理人际关系及行为方面遇到麻烦，他们会用很多种方式来表现他们心中的不满和恐惧。不管孩子采用哪种行为方式来表达他内心那些未被满足的需要及由此带来的不安，只要家长能及时发现并且给予有效地解决，都非常有利于化解孩子内心的危机。

如果家长和邻居之间的关系很糟糕，那将会直接影响孩子，会使得孩子甚至一走出家门就会觉得紧张，这样下去，会导致他们无法处理好和其他孩子的关系，社交能力、情感及身体的发展都会受到严重的阻碍。同时，如果孩子受到邻居家小孩的欺负，那么他们也就不能处理好和邻家小孩的关系。无论是哪种情况，家长都需要采取一些措施，让孩子真切地体会到安全，消除孩子的恐惧感。有的时候和家长关系很好的成年人也许会伤害到孩子的身体和情感，甚至还会对孩子进行性骚扰和侵犯。这些伤害不容易被家长发觉，但会对孩子的心理健康产生极坏的影响。对于父母来说，给孩子营造一个安全的生活环境是至关重要的，在那里孩子可以尽情地倾吐他在和成年人打交道时遇到的任何困难，这样孩子再受到侵犯的可能性就会小很多了。如果孩子在家庭里不能感到安全，他就会尝试从同伴那里寻求安全感，因此拉帮结派的现象就出现了。而讲究江湖义气，往往会使孩子无法清楚地认识他所在团体的性质，有时候甚至会包庇一些违法的事情。为避免孩子沾染这种习气，除了营造和谐的家庭氛围使孩子有安全感外，别无他法。

此外，还应为儿童创设一个良好的成长环境。人总是在一定环境中成长和发展。良好的家庭、社会环境必然有利于儿童的健康发展。关于家庭对儿童成长的影响，已得到广泛的认可。父母应为孩子创设一个温暖、平等、友好的家庭环境，关心孩子，采用正确的方法教育孩子，儿童才能健康、正常地发展。由于儿童的模仿性，他们更易受外部环境刺激的影响。电影、电视、报刊等大众传媒充斥在社会生活的各个角落。越来越多的证据表明，暴力等不良内容的影视宣传会促进儿童攻击行为的产生。而暴力电子游戏危害更甚，因为它是一种刺激的、互动的，需要儿童及时做出反应的活动。因此，带有暴力的影视、游戏等都应远离儿童。这就需要整个社会的努力，多给儿童展现出真、善、美的一面，使他们远离暴力与攻击，趋善、近美。

除家庭、社会之外，学校是儿童学习、生活的一个主要的活动场所。研究证明，学校校风、校园环境与学生的发展有着密切的联系。学校应为儿童提供足够的空间、各种娱乐器材、有益的书籍等，为儿童创设积极向上的学习环境，使儿童的需要得到满足。教师是学生行为的主要塑造者。在平时的教学过程中，教师应平等对待每个学生，尊重学生发展的主体性，鼓励学生和别人交往，学会与人合作，对于“不合群”有攻击他人行为的学生及时给予个别指导和帮助。对受欺负者及时给予支持和保护。对于出现严重临床症状的受欺负者，应及时送往心理咨询室进行心理辅导和治疗。国外中小学十分重视心理咨询在受欺负事件中的作用，我国也应充分发挥心理咨询和辅导在促进受欺负儿童人格健康发展方面所起的作用。

参 考 文 献

陈世平，乐国安，2002. 中小学生校园欺负行为的调查研究[J]. 心理科学，25(3)：355-356.

高琨，邹泓，2001. 处境不利儿童的友谊关系研究[J]. 心理发展与教育，(3)：52-55.

谷传华，2001. 小学生欺负与人格倾向关系的研究[D]. 济南：山东师范大学.

侯瑞鹤，俞国良，2006. 情绪调节理论：心理健康角度的考察[J]. 心理科学进展，(3)：375-381.

理卫，2003-12-03. 调查显示：中国半数教师存在心理问题[J]. 教育文摘周报.

皮忠玲，江叶萍，夏丽荣，等，2013. 大学生欺负行为现状及其与移情的关系[J]. 中国学校卫生，34(10)：1200-1202.

宋凤宁，黎玉兰，方艳娇，等，2005. 青少年移情水平与网络亲社会行为的研究[J]. 广西师范大学学报（哲学社会出版社），(3)：84-87.

孙晓军，张永欣，周宗奎，2013. 攻击行为对儿童受欺负的预测：社会喜好的中介效应及性别差异[J]. 心理科学，(2)：383-389.

王美芳，张文新，2002. 中小学中欺负者、受欺负者与欺负-受欺负者的同伴关系[J]. 心理发展与教育，(2)：1-5.
王耘，叶忠根，林崇德，1993. 小学生心理学[M]. 杭州：浙江教育出版社：47-51.
魏晓娟，姜雪凤，2002. 受欺负儿童的人格特征及其教育[J]. 教书育人，(12)：4-5.
吴素梅，2005. 受欺负经验对儿童心理的消极影响[J]. 中国医疗杂志，(45)：2-4.
吴素梅，2007. 受欺负经验引发学生心理问题的中介机制探究[J]. 广西师范大学学报（哲学社会科学版），43(1)：105-109.
吴素梅，蔡欣欣，2006. 广西中小学儿童受欺负现象调查研究[J]. 天津市教科院学报，(3)：77-80.
吴素梅，何光耀，2006. 中小学儿童受欺负原因探析[J]. 钦州学院学报，21(6)：120-124.
叶浩生，1998. 西方心理学的历史与体系[M]. 北京：人民教育出版社：385，397.
张矗，常树丽，2016. 深圳市宝安区初中生受欺负现状及原因分析[J]. 现代预防医学，43(7)：1210-1212.
张玲玲，张文娟，李小玲，2005. 同伴支持：学校欺负干预的新视角[J]. 教育科学研究，(1)：37-40.
张文新，谷传华，鞠玉翠，2001. 儿童欺负问题与人格关系的研究述评[J]. 心理科学进展，9(3)：215-220.
张文新，谷传华，王美萍，等，2000. 中小学生欺负问题中的性别差异的研究[J]. 心理科学，23(4)：52-56，127-128.
张文新，王益文，鞠玉翠，等，2001. 儿童欺负行为的类型及其相关因素[J]. 心理发展与教育，(1)：12.
Aluede O，Adeleke F，Omoike D，et al.，2008. A review of the extent，nature，characteristics and effects of bullying behaviour in schools[J]. Journal of Instructional Psychology，35(2)：151-158.
Gross J J，Joho O P，2003. Individual differences in two emotion regulation processes：Implications for affect，relationships，and well-being[J]. Journal of Personality and Social Psychology，85(2)：348-362.
Herbert C，Wetmore A，2001. 抚平创伤[M]. 周晓林，袁文涛，吕晓薇，译. 北京：中国轻工业出版社.
Mooij T，2011. Differences in pupil characteristics and motives in being a victim，perpetrator and witness of violence in secondary education[J]. Research Papers in Education，26(1)：105-128.
Nansel T R，Craig W，Overpeck M D，et al.，2004. Cross-national consistency in the relationship between bullying behaviors and psychosocial adjustment[J]. Archives of

Pediatrics and Adolescent Medicine，158(8)：730-736.

Olweus D，1993. Bullying at school：What we know and what we can do[M]. Oxford：Blackwell.

Rivers I，Smith P K，1994. Types of bullying behaviour and their correlates[J]. Aggressive Behavior，(20)：359-368.

Schwartz D，Dodge K A，Pettit G S，et al.，2000. Friendship as a moderating factor in the pathway between early harsh home environment and later victimization in the peer group[J]. Developmental Psychology，36：646-662.

Smith P K，1996. What progress are we making in understanding and reducing bullying in schools？[C] Conferencia presentada en International Conference on violence in schools and public policies.

Smith P K，Levan S，2011. Perceptions and experiences of bullying in younger pupils[J]. British Journal of Educational Psychology，65(4)：489-500.

第三章　流浪儿童心理特点及干预研究

第一节　流浪儿童的心理特点研究回顾与展望

因流浪儿童成因和特点的复杂性，流浪儿童的定义没有统一的界定。在联合国儿童基金会的救助儿童项目中，流浪儿童被称为“街头儿童”（street children），分为两种类型：一类是与家庭有一定联系的流落在街头，白天在街上流浪乞讨或从事某种工作以帮助维持生计，夜晚回家与家人同住的儿童（children on the street）；另一类是几乎完全与家庭脱离关系，居住在街头，如无人居住的废弃房屋里，没有任何监护人照管的儿童（children of the street）。我国政府将流浪儿童界定为年龄未满 18 岁，脱离家庭或离开监护人流落社会连续超过 24 小时，失去基本生存和可靠保障而陷入困境的少年和儿童（安怀世，2002）。我国学界多采用该定义，该定义以儿童与监护人失联状态为判断标准，突出了儿童脱离家庭保护、监护后失去基本生存保障的困境状态。

不论是发展中国家还是发达国家，流浪儿童问题都是共同存在和需要面对的问题。儿童流浪不仅导致流浪儿童个体的社会化中断，他们的生存权、发展权、受保护权和参与权受到损害，而且会使他们的家庭结构和家庭发展能力受到损害，进而使社会稳定与社会发展能力受到不良影响（冯元和彭华民，2014）。为治理这一问题，以期消除儿童流浪现象，我国一直在加强对流浪儿童的救助工作。对于流浪儿童的救助，提供基本的物质资料救助当然重要，但是关注其心理和精神的需要才能够进一步落实流浪儿童应有的权利，促进其健康成长。许多研究者从不同的视角对流浪儿童的心理健康状况、心理发展特征及其影响因素等进行研究，得出许多有价值的结论（常保瑞和方建东，2014）。

一、研究视角

研究的视角是我们看待问题的基本出发点，不同的视角形成不同的关注点和不同的解决问题的思路。在不断变化的社会哲学思潮影响下，研究思想也在不断发生变化，新的研究视角也逐渐形成。流浪儿童的研究正经历这样的视角变化过程。

（一）传统心理学的研究视角

在传统研究视角上，一个社会问题的形成需要两个条件：一是可以证实的客观情景，另外一个是主观界定，即在什么情况下人们把客观情景界定为问题。当把某一现象界定为问题之后，就循着这一思路致力于解决问题，这属于问题取向的视角。对于流浪儿童的研究来说，从这一视角解决问题侧重于教育、矫治，将流浪儿童视为存在缺陷和不足的群体，需要通过救助服务，让他们回归到主流社会，应对其进行集中式管理，实施补救性服务（高万红和郭柏众，2009）。冯元指出，在这种视角下，社会普遍聚焦于评估流浪儿童所处的环境和面临的各种问题，通过特定的诊断系统为他们贴上“偏差行为”“不良心理”等标签，然后对其进行治疗和康复训练（冯元，2012）。在此情况下，我们看到的就是处于不利境地中流浪儿童的缺点、不足，但问题真的是我们所看到的那样吗？

在建构主义者看来，客观情况也许并非如此。很多情况下是我们建构了问题，在改变对于问题的建构之后，解决问题的思路就会更开阔。这并不是说，对流浪儿童的不利处境视而不见，而是说关于他们的许多因素可以被赋予多重含义。所有的问题都是人们根据自己的经验世界对社会现象的一种描述。在界定问题的时候，弄清楚是谁在描述，他的经验世界是什么，把谁描述成有问题，根据什么来描述，谁控制了话语权等更重要（李晓凤，2012）。因此，国外有学者强调要框定问题背景或者厘清问题界定，着重对问题进行分析，而不是直接把问题看成是有些人所描述的样子。

（二）积极心理学的研究视角

和传统的心理学过分强调个人生活的消极层面，强调心理疾病的识别和矫治不同，优势视角（strength perspective）是 20 世纪 80 年代兴起于美国的一种理论，注重发现个体自身或环境里的优势资源。问题取向的解决模式容易给服务对象贴上标签，从而改变自己或身边的人对于自己的看法（张和清等，2008）。优势视角着眼于对个体发展有利的资源，而不是仅仅关注其问题和病理。它要求社会工作者通过关注服务对象的“我是”“我能”“我有”三类保护性因素，提升对象的抗挫折能力，激活其内在能量，激发其自尊自信，从而战胜困难（田国秀和侯童，2012）。20 世纪 90 年代塞利格曼等开启了以研究人类的力量和美德等积极方面的一种心理学思潮——积极心理学（positive psychology）。积极心理学研究者主要是对最理想的人类机能进行研究，主张发现能让个体、团体和社会得到良好发展的因素，主张从逆境当中发现个体的积极品质，认为个人的某些心理品质可使他们远离不良行为和心理疾病，认为需要培养和发展这样的心理品质。因为积极的心理品质多了，病态的心理相对就少了，整个人也就健康了。对于流浪儿童心理弹性的研究正是处于这样一个积极的研究视角下，个体良好的自尊、韧性、人际交往能力和处理情绪的能力等是战胜逆境的良好心理品质。心理弹性通过一系列的保护性因素起作用，如果我们能从积极视角出发，注意培养儿童的这些保护性因素，他们就能在逆境中发现转机。心理弹性的研究能为流浪儿童的研究带来积极影响（丁沁南和崔丽娟，2012）。程福财（2010）研究发现，流浪儿童能够机智地发现、利用可以汲取的谋生机会，有意识地通过非正式经济活动、低风险的越轨活动和社会关系网络去谋生。在城市街头，流浪儿童以一种能动的面貌存在，展现了他们令人瞩目的能动性与生存智慧。

传统的研究视角到积极的研究视角的转换可以为流浪儿童心理特点和发展状况的研究带来更加多元化的理解。积极心理学倡导者着眼于经历逆境而依然表现良好的个体，对这类个体积极心理品质的关注可以为处境不利儿童的健康成长提供借鉴。

二、研究领域

（一）与流浪儿童相关的个体因素研究

1. 流浪儿童的自我意识研究

自我意识反映了儿童对自身及和自身相关的社会关系的认识，对其健康成长有重要影响，是儿童实现社会化目标、建立健全人格的重要保证。王惠敏发现家庭支持、朋友支持和他人支持对自我意识的发展预测作用比较好（王惠敏和王玲，2010）。张雪琴等研究认为流浪儿童自我意识水平均低于常模组，其总分和行为、合群、幸福与满足、焦虑 4 个分量表得分也均低于当前在校学生组，14～16 岁流浪儿童组的自我意识总分和智力与学校情况、躯体外貌与属性、焦虑、合群 4 个分量表得分高于 11～13 岁流浪儿童组，不同文化程度的流浪儿童的自我意识水平存在差异（张雪琴等，2011）。自我意识的下降容易使流浪儿童出现消极态度和退缩行为。与上述调查有所不同，关颖的调查表明流浪儿童自我评价积极的方面高于消极的方面（关颖，2008），这反映了他们对自己的看法并不像社会所认为的那样糟糕。以上的研究均使用了自我报告的方式，为什么会有这样的不同还需要进一步澄清。

2. 流浪儿童主观幸福感研究

程福财等的研究指出：和我们通常所认识的有所不同，尽管流浪儿童的生活满意度显著低于普通儿童，且常为负面情感困扰，但一些流浪儿童也常保有积极的正面情感。流浪儿童的自尊水平与其主观幸福感水平显著相关。流浪儿童的自尊水平高，体会到的正向情感就多，同时经历的负面情感就少（程福财，2008）。可以看到，在处于不利境地的流浪儿童当中，有些儿童体验到生活带来的快乐。这些研究同时暗示提高流浪儿童的自尊水平有助于提高其正面的情绪体验。

3. 流浪儿童对流浪的感受

关颖的调查表明多数流浪儿童离家出走、浪迹街头是迫不得已的选择，七成以上的流浪儿童不喜欢街头生活。他们积极的感受是流浪生活自由、自主，这从一个侧面说明在家庭和学校环境中这种需要难以得到满足；消极的感受是“不安全”“孤独”“被人看不起”，这说明他们离不开最基本的衣食住行等基本的生活条件、医疗服务和安全保障。流浪儿童除了有吃、穿、住等基本需求外，他们还有强烈的学习知识、与人交际和受尊重的需要，调查中“教我知识和本领”“有人和我说说话”“不要让别人歧视我”的需求排在前列。在关于未来的打算上，流浪儿童进取、务实的态度多于被动、消极的态度。故此，营造宽松的成长环境，关注流浪儿童的家庭问题，根据其心理需求提供有针对性的帮助是体现流浪儿童权利的重要方面(关颖，2008)。

4. 流浪儿童的认知、情感和行为研究

刘志红等研究指出，在认知方面，流浪儿童有自我否定的特点，表现为退缩、低自尊、自我防御性强等；在感情方面，他们表现为冷漠、封闭；在行为上，他们表现为说谎、盗窃、有暴力倾向、不信任他人等（刘志红，2008；俞彬彬等，2008）。赵莉在研究中提到流浪儿童由于过早地接触社会，沾染了一些不良行为，如偷盗、打架或被人利用进行违法犯罪活动。对流浪儿童说谎和与人建立信任关系的研究得出和上述研究相似的结论（赵莉，2006）。顾宏翔等（2012）调查发现不管是哪个年龄段的孩子，被动流浪的比例都远远高于主动流浪的比例。

随着年龄的增长，被动流浪的比例不断下降，主动流浪的比例不断升高。流浪时间、流浪距离变量可以在一定程度上预测重复流浪行为（顾宏翔等，2012）。这些研究揭示了不利处境对于流浪儿童心理特点具有的消极影响，是否也暗含着这些影响在很大程度上是环境的产物的逻辑呢？初步看来，处于不利处境下的流浪儿童看待自己比社会看待他们要积极一些，他们中大多数人不喜欢流浪生活，但是迫不得已。在缺乏基本的物质和医疗情况下，他们有保证安全、渴求平等对待、与人交流和学习知识的需要，说明他们有积极的态度。他们中的一些人，在不利处境中也常抱有积极的正面情感，似乎不是环境因素造成他们在认知、情感和行为方面的消极心理特点。

（二）与流浪儿童相关的外部因素研究

1. 流浪儿童的家庭关怀和社会支持研究

辛自强等在对普通儿童社会支持的研究中发现，普通儿童的家庭支持显著高于朋友支持与他人支持。但是，王惠敏在对流浪儿童的研究中发现，流浪儿童获得的朋友支持要显著高于他人支持。王惠敏认为可能在流浪之前的家庭生活中流浪儿童获得的温暖与支持偏少。流浪儿童遭受社会歧视，获得的他人支持也相当少。流浪儿童通过从同辈流浪群体那里获得经济、情绪和心理的支持（王惠敏和王玲，2010）。这说明在和流浪儿童的交流当中，平等、尊重、真诚的态度相当重要，这有助于他们获得良好的社会支持，对于流浪儿童来说朋友对他们的影响更大。

2. 流浪儿童的应对方式和父母教养方式的相关研究

付慧鹏等通过问卷调查得出，普通儿童采用解决问题、求助等积极的应对方式较多，流浪儿童选择自责、逃避等消极的应对方式较多。两者父母的教养方式也有明显差别，理解、关爱是普通儿童父母较多采用的方式，惩罚、拒绝在流浪儿童父母那里使用较多，后者对儿童的理解、关心不够。教养方式与应付方式的相关分析表明，父母的情感、温暖与解决问题、求助呈正相关，说明父母的关爱和理解能够使儿童形成正确的应付方式（付慧鹏等，2006）。研究表明良好的父母教养方式有助于儿童成长和形成正确的应付方式，暗示进行应付方式的训练可以提高流浪儿童应对问题的能力。

3. 流浪亚文化对流浪儿童的影响

崔丽娟等认为流浪儿童首先是因为种种原因从主流文化脱离，其次经历对流浪亚文化的认同与融合的过程，流浪亚文化提供的归属感和需要满足等具有极大的牵引力，这使得回家之后的儿童又可能踏上流浪之旅（崔丽娟和黄敏红，2009）。任何一个人都生活在特定的文化环境当中，文化塑造着人，只有在主流社会当中满足儿童的归属感和需要才能改变流浪亚文化对他们的影响，培养健全的人格。郑州市流浪儿童救助保护中心采取的“类家庭”模式或许正是对这一理论的运用。进入“类家庭”的儿童将24小时和“父母”（辅导员）生活在一起，“父母”通过言传身教，潜移默化地引导孩子树立正确的生活观念。

由上述研究看来，家庭对于儿童的养育负有不可推卸的责任，父母的教养方式可以影响儿童的应付方式，从而影响到一些问题是否能有效解决。在和流浪儿童的交流当中，是否能够采取合适的态度是帮助他们能否获得良好社会支持的重要方面。对于流浪儿童来说朋友间的相互影响更大，而我们对这些影响还了解得不多。培养流浪儿童的健全人格，需要在主流社会当中满足儿童的归属感和需要。

（三）关于流浪儿童的心理干预研究

让流浪儿童回到家庭，回归主流社会，健康成长，成为遵纪守法的普通公民，是流浪儿童救助的主要目标之一。对于流浪儿童的心理干预的研究整体上宏观论述较多，实证研究较少。胡昆认为要满足流浪儿童多层次的需要，掌握儿童身心发展规律，用常见的行为矫治方法、认知方法、支持性心理疗法对流浪儿童进行干预（胡昆和吴丽月，2011）。尽管常用的方法具有共性，但是流浪儿童更有自己的特殊性。顾宏翔对流浪儿童进出救助站的几个环节的心理干预做了探讨。进站时，被救助流浪儿童普遍会出现急迫、焦虑、惊恐、疑虑、疑惑、慌张等不安全的心理反应，需要采取注重沟通的方法，缓解其压力。住站期间，要根据流浪儿童离家出走的原因，如贫困、受虐待、失散、拐卖（拐骗）、家庭的压力、与家人和学校的恶劣关系等，评估他们不同的心理需求，采取有针对性的帮助措施。出站时，有的流浪儿童急需还家，有的存在各种担心和疑虑，有的不想回家，也需要区别对待（顾宏翔，2012）。表达性艺术疗法是近年来兴起的疗法，它以各种艺术素材表达人们内心的思绪、感受及经验，并且不受文化水平和语言表达能力的限制，运用灵活。杜丽丽发现音乐心理剧可以有效提高流浪儿童的自尊水平。对于流浪儿童，音乐心理剧既是一种治疗方法，也为他们提供了安全环境和自我展示的机会（杜丽丽，2009）。

当我们从积极的视角去看问题的时候，个体的感受和心理干预的效果就会有所不同。李晓凤等根据优势视角理论，对个案辅导模式进行了探讨，认为辅导的核心理念可以细化为赋权增能、抗逆力、人在情境中三个方面。具体的辅导过程，就是解构与重构，把原先形成的刻板印象加以修正，用新的“授权”“赋能”的观点让当事人体会生活和自身优势，在咨询室加以练习，到生活中去检验，最终找到困境下自我强大的信心，并努力去行动。其实，在流浪生活当中，流浪儿童为了生存和发展，需要适应所处的环境，在表现出研究中所提到的消极方面的同时，还会表现出许多不同于普通儿童的生存智慧，这或许是流浪生活赐予他们的痛苦而又珍贵的财富。如何发掘和运用这一资源也是摆在我们面前亟待研究的课题。

三、展望

流浪儿童的救助工作体现了对儿童权利的保护和落实，这不只是救助中心的事情，更需要社会多部门参与，全社会来关心，是一项关系到青少年一代健康成长，甚至关乎整个社会发展的事情。心理学研究在这一领域理应肩负起自己的责任，未来心理学研究者还需要继续努力，需要在以下方面开展更多研究。

首先，对流浪儿童的群体结构、特点、基本状况及流浪儿童成因和教育对策等方面做调查与分析，同时开展针对流浪儿童的心理与行为特点的系统规范的实证研究。此外，还应开展比较研究，寻找流浪儿童与处境正常儿童在心理和行为等方面的差异，为解释和预测流浪儿童的心理与行为提供实证支持。

其次，扩大流浪儿童心理特点的研究范围，对家庭问题的早期评估、儿童人格和流浪行为之间的关系、流浪儿童的社会接纳和融入等内容进行研究。传统视角的心理学研究依然有很重要的现实意义，而积极心理学视角的研究则可以开启解决问题的新思路。

最后，在实践中，还需要对现有的一些干预措施做进一步深入研究，摒弃生搬硬套其他辅导对象的辅导方案的做法，根据流浪儿童的特殊经历和心理感受，设计针对性强的心理援助流程和方案，提供专业的心理支持，为使流浪儿童健康成长，尽快回归到主流社会做出应尽的努力。

第二节 流浪儿童现状特点调查

一、流浪儿童人口统计学状况及流浪的原因

在世界范围内，流浪儿童的数量正在不断增长，约有 1 亿儿童常年流浪街

头。我国处于社会经济急速发展的时期，社会经济的变革、生产方式的变化使得流浪儿童问题更为突出，有统计显示，2000年我国流浪儿童数量为15万人次，2006年上升至20万人次，2008年已上升至100万人次（鞠青，2008）。依据民政部《2014年社会服务发展统计公报》的数据，官办流浪儿童救助机构共计345个，床位1.2万张，全年救助生活无着的流浪儿童17万人次。

我国流浪儿童的年龄集中于青春期阶段，11～16岁居多，14岁为流浪儿童年龄的最高峰（刘继同，2002；关颖，2008；胡莹，2011；顾宏翔等，2012）。来自农村地区的流浪儿童占70%～80%（孙莹，2005；赵维泰，2005；关颖，2008；刘志红，2008；顾宏翔等，2012），谢琼（2007）的调查研究发现，83%的流浪儿童来自偏远贫困的农村。流浪儿童中绝大多数为男性，占七成左右（孙莹，2005；关颖，2008；顾宏翔等，2012）。诸多学者的研究发现，流浪儿童的受教育程度普遍较低，没有完成九年义务教育的占七成以上，其中未完成小学教育的占半数以上（刘继同，2002；谢琼，2007；关颖，2008；刘志红，2008；顾宏翔等，2012）。甚至有的研究发现未完成九年义务教育的流浪儿童高达96.89%（谢琼，2007）。

我们研究团队查阅了某省、某自治区三个城市救助管理站近5年（2011—2014年）保存下来的流浪儿童受助档案，共1089份，其中受助流浪儿童男生739人，占67.9%；女生350人，占32.1%。流浪儿童高发年龄段为14～17岁，并且人次从14～17岁依次增多，平均年龄为14.33岁，其中4人年龄不详。文化程度记录清楚的有629人，其中，小学以下文化学历256人，占40.7%；初中文化340人，占54.1%；高中（中专）学历33人，占5.2%。对各调查点内的流浪儿童进行现场施测。问卷发放103份，回收100份，剔除明显规律作答和没有提供完整数据的问卷后，有效问卷97份，有效回收率为97%。调查被试男生74人，占76.3%；女生23人，占23.7%。年龄最小为9岁，最大17岁，人数最多为15岁，平均年龄为14.5岁。有从未上学的1人，小学文化以下45人，初中文化（包括初中未毕业）47人，高中文化4人，平均文化程度为六七年级水平。调查被试86人来自农村，占88.7%；11人来自城镇，占11.3%。有14人为独生子女；83人为非独生子女，占85.6%。有31人仍在校读书，占32%；66人已辍学，占68%。有63人父母为共同抚养人，占64.9%；有34人非父母共同抚养（包括单亲家庭、亲戚抚养、独自生活），占35.1%。

档案中流浪儿童自述进入救助站的原因主要有：外出务工无果、外出（游玩或见网友等）失窃、离家出走、被骗、随父母流动、主动流浪。安怀世（2002）认为，儿童与家人分离的原因包括：贫困、家庭问题、虐待、失散、拐卖/拐骗、家庭的压力、与家人和学校的关系恶劣等。张明锁（2002）通过对郑州市流浪儿童的调查发现，贫穷和落后的生存环境、过分强调升学率的应试教育、破碎的家庭、家庭暴力行为、低水平的儿童福利是儿童流浪的主要原因。刘继同（2002）根据儿童流浪原因将其分为 5 种类型：一是外出务工赚钱的流浪儿童；二是主动流浪儿童；三是因偶然性或暂时性因素流浪儿童；四是被动流浪儿童；五是主动流浪并沾染偷盗恶习的长期流浪儿童。胡林成等（2010）根据成因将流浪儿童分为 4 类：贫困型流浪、教育问题型流浪、家庭问题型流浪、主动型流浪。这些结果说明青春期是儿童流浪的高发期，除了家庭、经济的影响外，儿童的自我意识的发展、追求自由独立的心理也与儿童流浪有很大的联系。同时“出走”“失窃”“被骗”等原因说明流浪儿童缺乏必要的保护意识和能力，行为偏激。我国学者薛在兴（2005）指出，流浪儿童问题的本质是社会对流浪儿童的排斥，如家庭排斥、教育排斥、社区排斥和住房排斥等，各种排斥相互联系、相互影响，其中家庭排斥是流浪儿童遭受各种社会排斥的起因。关颖（2008）认为流浪儿童背离家庭的根本原因是家庭排斥，包括家庭环境不佳、监护职责缺失、教育不当等问题。

本书也发现超过 1/3 的流浪儿童非父母共同抚养，即来自单亲家庭或是孤儿。而在访谈中了解到，流浪儿童的父母教育文化普遍较低，在家务农或在外务工，与孩子交流较少，教育意识薄弱，对孩子疏于管教。流浪儿童过早地离开学校，脱离正常的学习生活，后因各种原因导致流浪。在流浪的过程中，儿童生活没有保障，为了生存或被坏人诱骗，会做出打架斗殴、偷窃、抢劫等越轨行为。

二、流浪儿童社会生活事件状况

生活事件是指在生活中能够引起个体心理（情绪）反应的事件，需要个体一定的适应性努力和社会再调节才能有效应对的社会应激源。主要生活事件，尤其是不可控、不可预测的创伤性事件，会引起个体的心理情绪反应，持续的时间和强度受个体应对能力的影响，承受能力较弱的个体受到的影响较强烈。生活事件通常被作为应激源变量进行研究，研究发现，生活事件应激量累积到一定程度，会影响个体的身心健康。

为了考察流浪儿童的生活事件发生状况，本书采用刘贤臣编制的《青少年生活事件量表》，对 103 名流浪儿童进行现场施测。该量表内容为 27 项可能给青少年带来心理反应的负性生活事件，分为 6 个因子：人际关系（5 题）、学习压力（5 题）、受惩罚（7 题）、丧失（3 题）、健康适应（4 题）、其他（3 题）。对于发生过的负性生活事件采用 5 级评分：1 表示无影响，2 表示轻度影响，3 表示中度影响，4 表示重度影响，5 表示极重度影响。该量表的统计指标包括事件发生的频度和应激量。结果发现，流浪儿童生活事件发生的频次较多的前 5 类事件依次是：考试失败或成绩不理想、家庭经济困难、与同学或好友发生纠纷、遭父母打骂、被别人误会或错怪（表 3-1）。流浪儿童生活事件应激量较大的前 5 项依次是：长期远离家人不能团聚、家庭经济困难、遭父母打骂、考试失败或成绩不理想、家庭内部有矛盾（表 3-2）。调查结果显示，流浪儿童生活事件中主要的应激量来源于人际关系和学习压力方面，流浪儿童应激量较大的生活事件与频次较多事件并不一一对应，但主要还是体现在人际关系和学习压力方面。

表 3-1　流浪儿童生活事件发生频率（N=97）

生活事件	发生频率/%	频度顺序
1.被人误会或错怪	78.4	5
2.受人歧视、冷遇	75.3	8
3.考试失败或成绩不理想	82.5	1
4.与同学或好友发生纠纷	81.4	3
5.生活规律（如饮食、休息）等发生变化	74.2	10
6.不喜欢上学	76.3	6
7.恋爱不顺利或失恋	47.4	17
8.长期远离家人不能团聚	75.3	9
9.学习负担重	75.3	9
10.与老师关系紧张	63.9	16
11.本人患急重病	32.0	20
12.亲友患急重病	44.3	19
13.亲友死亡	46.4	18
14.被盗或丢失东西	69.1	13
15.当众丢面子	67.0	14
16.家庭经济困难	82.5	2
17.家庭内部有矛盾	76.3	7
18.预期的评选（如“三好学生”）落空	55.7	16
19.受批评或处分	74.2	10
20.转学或休学	70.1	12
21.被罚款	41.2	19
22.升学压力	62.9	17
23.与人打架	73.2	11

续表

生活事件	发生频率/%	频度顺序
24.遭父母打骂	81.4	4
25.家庭给你施加学习压力	63.9	16
26.意外惊吓，事故	64.9	15
27.其他挫折事件	74.2	10

表 3-2　流浪儿童生活事件影响程度（*N*=97）

生活事件	影响程度（*M*±*SD*）	应激量顺序
1.被人误会或错怪	2.07±1.529	6
2.受人歧视、冷遇	2.03±1.564	8
3.考试失败或成绩不理想	2.16±1.505	4
4.与同学或好友发生纠纷	2.04±1.414	7
5.生活规律（如饮食、休息）等发生变化	1.53±1.353	19
6.不喜欢上学	1.95±1.631	11
7.恋爱不顺利或失恋	1.22±1.630	24
8.长期远离家人不能团聚	2.19±1.685	1
9.学习负担重	1.97±1.591	10
10.与老师关系紧张	1.41±1.398	21
11.本人患急重病	0.74±1.348	27
12.亲友患急重病	1.26±1.691	23
13.亲友死亡	1.57±1.963	18
14.被盗或丢失东西	1.80±1.585	13
15.当众丢面子	2.00±1.774	9
16.家庭经济困难	2.19±1.563	2
17.家庭内部有矛盾	2.08±1.633	5
18.预期的评选（如“三好学生”）落空	1.20±1.441	25
19.受批评或处分	1.73±1.418	14
20.转学或休学	1.69±1.570	17
21.被罚款	0.97±1.388	26
22.升学压力	1.40±1.448	22
23.与人打架	1.76±1.499	15
24.遭父母打骂	2.16±1.592	3
25.家庭给你施加学习压力	1.53±1.487	20
26.意外惊吓，事故	1.69±1.570	16
27.其他挫折事件	1.82±1.422	12

注：*M* 表示平均数，*SD* 表示标准差。

三、流浪儿童社会支持状况

社会支持是个体获得的来自外界的实际帮助和心理支援，包括个体所能得到的客观和主观的支持，以及个体对社会支持的利用度。很多研究发现，内部、外部保护资源的不同使流浪儿童在逆境中的适应情况表现出差异，来自家庭、同伴、社会的支持可以帮助流浪儿童更好地适应危机情境，有利于流浪儿童的适应与恢复（黄敏红等，2009；Donald et al.，1994）。

为了考察流浪儿童的社会支持状况，本书采用肖水源编制的《社会支持评定量表》（考虑流浪儿童的实际情况，对量表进行了修订），对 103 名流浪儿童进行现场施测，结果见表 3-3。

表 3-3　流浪儿童社会支持描述性统计（*N*=97）

项目	最小值	最大值	*M*	*SD*
社会支持	20	46	30.08	5.590
主观支持	9	24	15.95	3.051
客观支持	3	14	7.22	2.530
支持利用度	3	12	6.90	1.917

注：*M* 表示平均数，*SD* 表示标准差。

流浪儿童社会支持的均值为 30.08，流浪儿童社会支持属于中等偏上水平。张雯和郑日昌（2004）采用同样的测量工具在对初中生社会支持的调查中发现，初中生的支持水平为 39.31。赵笑梅和李婷（2010）的研究中流动儿童和非流动儿童的社会支持水平均高于 40。可见，流浪儿童的社会支持水平相对较低。胡莹（2011）对越轨流浪儿童的社会支持的研究也发现流浪儿童的社会支持水平与社会支持主观感受水平明显较低。本书中访谈发现，流浪儿童的家庭功能不完整，因父母离异或长期外出务工等原因，亲子沟通较少，流浪儿童缺少家庭关怀，在遭遇困难和挫折时较多地寻求朋友帮助。王惠敏和王玲（2010）的研究也发现流浪儿童获得的家庭支持与朋友支持、他人支持差异不显著，但获得的朋友支持却显著地高于他人支持。而辛自强等（2007）的研究发现，普通儿童的家庭支持显著高于朋友支持与他人支持。崔丽娟等（2010）的研究发现，流浪儿童因家庭关怀的缺失会更多地寻求家庭以外的社会支持。

在访谈的过程中，流浪儿童普遍表示自己与家人沟通较少，存在亲子矛盾，其中矛盾产生的主要事件依次是：长期分离、不上学、干坏事（如偷窃等）、泡网吧、打架、不听话。在遇到困难和挫折的时候，流浪儿童表示自己可以信任和寻求帮助的人不多，主要是家人和朋友，家人和朋友出现的频次相当。对于流浪儿童来说，朋友提供的支持和帮助占据相当大的比例。流浪儿童表示信任自己的人主要是亲人和少数朋友，其中个别流浪儿童表示自己不信任任何人，也没有任何人信任自己。

儿童在成长的过程中存在对安全、爱、归属、认同等的心理需要，而来自家庭、社会、学校及同伴群体的支持是满足这些需要的重要来源。流浪儿童的社会支持系统是不完整的，尤其是家庭支持严重缺失，这使得流浪儿童成长动力不足。因此，为了流浪儿童的健康成长，流浪儿童的社会支持水平需要提高，尤其是家庭方面的支持。

四、流浪儿童自尊、危机脆弱性心理特点状况

（一）流浪儿童的自尊心理特点

Rosenberg 认为自尊是对自我的积极或消极态度，Coopersmith 将自尊解释为个体对自我的肯定或否定的评价（张静，2002）。林崇德（1995）指出自尊是与自尊需要相联系的态度体验，是自我意识中的评价成分。魏运华（1997）认为自尊为个体在社会比较过程中产生的对自我价值的积极情感体验。

自尊作为人格发展的重要特质，其发展状况对个体的人格和行为发展有着重要的影响。自尊是反映心理健康状况的重要标准，低水平的自尊可能会降低个体对环境的适应能力，自尊水平较低的个体应对负性生活事件时容易形成不健康的心理行为。

本书采用问卷调查法和访谈法对 103 名流浪儿童进行调查，自尊量表由 Rosenberg 于 1965 年编制，量表结果反映了个体关于自我价值和自我接纳的总体感受，由 10 个条目组成，分 4 级评分，1 表示非常符合，2 表示符合，3 表示不符合，4 表示非常不符合。问卷中第 3、5、9、10 题为反向计分。根据量表得分情况分为 4 类：10～15 分为自卑者，10～15 分为自我感觉正常者，26～35 分为自信者，36～40 分为超级自信者。

结果流浪儿童自尊平均分为 27.46，总体处于中等偏上水平。97 名流浪儿童中，自卑者 1 名，占总数的 1.0%；自我感觉正常者 32 名，占总数的 33.0%；自信者为 62 名，占总数的 63.9%；超级自信者为 2 名，占总数的 2.1%，超过 1/3 的流浪儿童自信心不足。在访谈的过程中，让流浪儿童使用“我是_______的人”的句子来评价自己，在评价的结果中（含重复出现词语），中性评价词 19

个，正性评价词使用了44个，占44.4%，负性评价词36个，占36.4%，说明部分流浪儿童对自我评价不高。其中，重复出现的正性评价词依次是：活泼（5次）、自信（5次）、开朗（3次）、知恩图报（2次）、有用（2次）、懂得珍惜（2次）。重复出现的负性评价词依次是：使家人担心或伤心（5次）、沉迷上网（4次）、不顾他人感受（2次）、脾气不好（3次）、虚荣心强（2次）。此外，访谈发现不少流浪儿童对自己当前的状态怀着无所谓或放弃的态度，对未来比较迷茫。

结果显示超过1/3的流浪儿童自信心不足。在访谈中也发现流浪儿童对自我评价不高。康国贤（2013）采用相同自尊量表对留守初中生与非留守初中生进行了调查，留守初中生自尊均值为27.6，非留守初中生自尊均值为29.8，两者的自尊水平差异显著。流浪儿童的自尊水平更接近留守初中生的水平。张雪琴等（2011）研究发现，流浪儿童自我意识水平均低于常模组。流浪儿童的自尊是在成长的过程当中不断发展形成的，流浪儿童自尊水平相对较低与不完整的家庭结构与流浪经历有很大的关系。

（二）流浪儿童危机脆弱性状况

危机脆弱性（crisis frangibility）被当成心理危机的外显指标，是描述个体危机承受能力的概念。面对同样的危机事件，不同个体的危机承受能力各有差异。危机脆弱性高的个体容易出现消极结果，而危机脆弱性低的个体则容易表现为积极结果。

本书采用帕里编制的危机脆弱性问卷对103名流浪儿童进行调查，主要用来揭示个体容易被危机事件危害，还是具有较强的免疫力。问卷共15个项目，每个项目有“是”“不确定”“否”三个选项，其中第2、5、8、11、12、14、15项答“是”记0分，答“不确定”记1分，答“否”记2分；其他项反向计分。得分越高个体在面临危机时越脆弱，低于5分表示个体几乎不受危机影响；5～10分表明个体能有效应对大多数危机；11～15分表明个体在应对危机时可能无法保持平衡；15分以上则表明个体遭遇危机时可能非常脆弱。

调查结果为：危机脆弱性平均分为13.25，表明流浪儿童承受危机时较脆弱。其中，有58人得分处于11～15分之间，表明流浪儿童在面临危机时可能无法保持平衡，占56.3%；有20人得分在15分以上，表明个体遭遇危机时非常脆弱，占19.4%。在访谈中发现，流浪儿童在遭遇危机的时候经常会有焦虑、抑郁的情绪。通过对40名流浪儿童的危机应对方式进行调查发现，流浪儿童的危机应对方式没有存在显著差异，而他们通常采取的危机应对方法依次是寻求支持和处理问题，期盼，控制情绪。

周虹等（2010）的研究中青少年的危机脆弱性均值为10.68，其中五成左右的青少年具有较高的危机脆弱性。吴素梅和吴沁巍（2013）对普通中学生的研究中，中学生危机脆弱性的均值为 10.82，50.5%的中学生在应对危机时无法保持平衡，农村中学生的危机脆弱性显著高于城市中学生。可见，流浪儿童比普通青少年在应对危机时表现得更脆弱，这与流浪儿童大部分来自农村有一定的关系。农村经济落后，中青年为了生存普遍外出务工，绝大部分儿童长期留守，亲子沟通少，教育条件差，导致儿童人格发展相对缓慢，挫折应对能力不强。

第三节　流浪儿童情绪特征研究

一、流浪儿童情绪特征的问卷调查结果和分析

本书采用便利抽样的方法，抽取 2014 年 5—11 月两个省（自治区），4 个城市救助站接受救助的流浪儿童为研究对象，共发放问卷 90 份，收回问卷 90 份，其中有效问卷 84 份，问卷有效率为 93%。为了考查流浪儿童与普通儿童在情绪表现方面是否有差异，本书还选取了 151 名非流浪的普通儿童进行对比调查。

本调查选取《正性负性情绪量表》（positive and negative affect scale，PANAS）为研究工具。该量表由 20 个反映情绪的形容词组成，包含正性情绪因子和负性情绪因子。量表对正性情绪和负性情绪两个因子进行统计分析，即正性情绪分（positive affect，PA）和负性情绪分（negative affect，NA）。正性情绪分高表示个体精力旺盛，能全神贯注和快乐的情绪状况，而分数低表明淡漠。负性情绪分高表示个体困惑、痛苦的情绪状况，而分数低表示镇定。该量表中文版正性情绪同质性信度为 0.85，负性情绪同质性信度为 0.83。

问卷调查所得数据采用 SPSS20.0 软件包进行数据管理和统计分析。

（一）流浪儿童与普通儿童正负性情绪的比较

独立样本 t 检验的结果表明（表 3-4）：流浪儿童与普通儿童的正性情绪差异显著，流浪儿童的正性情绪得分要低于普通儿童；流浪儿童与普通儿童的负性情绪差异并没有达到显著，但也达到边缘显著，流浪儿童的负性情绪

得分要高于普通儿童。

表 3-4　流浪儿童与普通儿童正性情绪、负性情绪的差异性检验

		M	*SD*	*t*	*p*
正性情绪	普通儿童	28.5762	6.82978	2.373	0.018
	流浪儿童	26.4524	6.08455		
负性情绪	普通儿童	22.9735	5.81372	−1.656	0.099
	流浪儿童	24.3095	6.12909		

注：*M* 表示平均数，*SD* 表示标准差。

研究发现（表 3-5），在正性情绪得分上，30 分以上的分数段，流浪儿童组所占的比例明显低于普通儿童组，前者为后者的一半不到；在负性情绪得分上，30 分以上的分数段，流浪儿童组所占比例明显高于普通儿童组，且前者几乎是后者的两倍。这表明，相比普通儿童群体，流浪儿童群体的正性情绪水平偏低，负性情绪水平偏高。

表 3-5　流浪儿童与普通儿童正性情绪、负性情绪不同分数段的百分比比较

（单位：%）

		20 分以下	21～30 分	30 分以上	合计
正性情绪	流浪儿童	16.7	59.5	23.8	100
	普通儿童	12.6	51.0	49.0	100
负性情绪	流浪儿童	28.6	53.5	17.9	100
	普通儿童	37.1	54.3	9.6.	100

（二）流浪儿童正性情绪、负性情绪在人口统计学变量上的差异比较

1. 不同性别流浪儿童情绪差异比较

对不同性别的流浪儿童的正性情绪、负性情绪进行独立样本 *t* 检验（表 3-6），结果显示：在负性情绪总分上，流浪女生的负性情绪得分显著高于流浪男生；在正性情绪总分上，流浪男生和流浪女生不存在显著差异。

表 3-6　流浪儿童正性、负性情绪性别差异比较

	男（*n*=67）		女（*n*=17）		*t*	*p*
	M	*SD*	*M*	*SD*		
正性情绪	26.33	5.915	26.94	6.887	−0.369	0.713
负性情绪	23.45	6.143	27.71	4.883	−2.649	0.01

注：*M* 表示平均数，*SD* 表示标准差。

2. 不同年龄段流浪儿童情绪差异比较

对不同年龄段的流浪儿童的正性情绪、负性情绪进行单因素方差分析（表 3-7），结果显示：不管是在正性情绪总分上，还是在负性情绪总分上，7～11 岁的流浪儿童、12～16 岁的流浪儿童和 17～18 岁的流浪儿童均无显著差异。

表 3-7　流浪儿童正性、负性情绪年龄差异情况

	年龄	人数	*M*	*SD*	*F*
正性情绪	7～11 岁	2	26.50	2.121	0.482
	12～16 岁	67	26.84	5.780	
	17～18 岁	14	25.07	7.770	
负性情绪	7～11 岁	2	18.00	0.000	1.192
	12～16 岁	67	24.66	6.183	
	17～18 岁	14	23.93	6.057	

注：*M* 表示平均数，*SD* 表示标准差。

3. 不同离家时间的流浪儿童情绪差异比较

对离家时间长短不一样的流浪儿童的正性情绪、负性情绪进行单因素方差分析（表 3-8），结果显示：不管是在正性情绪总分上，还是在负性情绪总分上，离家时间分别在 1 个月以内、1～6 个月和 6 个月以上的流浪儿童均无显著差异。

表 3-8　不同离家时间的流浪儿童情绪差异比较

	离家时间	人数	*M*	*SD*	*F*	*p*
正性情绪	1 个月以内	43	26.35	5.810	0.152	0.859
	1～6 个月	31	26.35	5.958		
	6 个月以上	9	27.56	8.457		
负性情绪	1 个月以内	43	24.49	6.613	1.062	0.350
	1～6 个月	31	24.71	5.478		
	6 个月以上	9	21.44	5.790		

注：*M* 表示平均数，*SD* 表示标准差。

（三）讨论

1. 流浪儿童情绪特征的总体情况

本书对流浪儿童与普通儿童正性情绪、负性情绪进行独立样本 *t* 检验，结果显示：流浪儿童与普通儿童的正性情绪差异显著，流浪儿童的正性情绪得分要低于普通儿童；流浪儿童与普通儿童的负性情绪差异并没有达到显著，但达到了边缘显著，流浪儿童的负性情绪得分要高于普通儿童。这与程福财（2008）的研究结果相似，即压力和沮丧等负面情绪普遍存在于流浪儿童内心，他们的焦虑、抑郁、侵犯行为、暴力行为等不良内性、行为的发生概率、严重程度远远大于普通儿童。李晓东等（2007）的研究也表明，与普通儿童相比，流浪儿童自我控制能力较低、冲动性强、自我评价较低，倾向于追求一时之快，更容易走上犯罪道路。从二者不同分数段的百分比比较上来看，在正性情绪得分上，30 分以上的分数段，流浪儿童占总体比例的 23.8%，普通儿童占总体比例的 49.0%，流浪儿童所占比例明显低于普通儿童；在负性情绪得分上，30 分以上的分数段，流浪儿童占总体比例的 17.9%，普通儿童占总体比例的 9.6%，流浪儿童所占比例明显高于普通儿童。由此可见，流浪儿童群体的正性情绪水平低于普通儿童，负性情绪水平高于普通儿童。

2. 人口学变量对流浪儿童情绪的影响

首先，流浪儿童负性情绪在性别上存在显著差异，正性情绪无显著性别差异。这可能与青春期女生的身心发展特点有关，相比男生而言，女生胆子较小，生性腼腆、敏感、多疑，容易对不确定的环境产生不安全感，这在流浪儿童性别比例上也得到验证，流浪男生所占比例为 66.7%，女生仅为男生的一半，即 33.3%。而且青春期的女生比男生的自尊水平要低，更容易自我怀疑和自我否定。因此，流浪女生的负性情绪得分要比男生高。至于在正性情绪上差异不显著，这可能与人类进化过程中遗传下来的文化习惯有关。负性情绪也被定义为适应性情绪，人类的某些消极特征在人类的一定发展阶段有利于我们祖先适应环境，获得生存。这种情绪的适应性使今天的我们仍受影响，即人们更容易选择、注意消极的东西，而往往忽略对积极的事物进行内化和维持。

其次，流浪儿童正性情绪、负性情绪在年龄、离家时间两项人口学变量上均无显著影响。从年龄上来看，流浪儿童主要集中在 12～16 岁，其次是 17～18 岁，这两个年龄段都属于青春期，儿童的情绪波动比较大，都是儿童负性情绪产生的高峰期，所以流浪儿童负性情绪得分在年龄段上体现不出差异。离家时间的人口学变量差异不显著，这可能与儿童内化的心理行为问题的内隐性、复杂性有关。例如，在对流浪儿童档案资料的整理中发现，18.5%的流浪儿童因家贫辍学外出务工，6.8%的流浪儿童因家暴、和家人吵架、沉迷网络等原因离家出走；对流浪儿童负性情绪现状的质化研究中同样发现：父母关系不良、离异、父母对孩子监护责任缺失、教育方式简单粗暴是儿童心理行为问题产生的关键因素。另外，这还可能跟被试数量太少，不具有代表性有关，这都得在后续的研究中进一步验证。

二、流浪儿童负性情绪特征的质化研究

（一）研究方法

1. 研究对象

本书所采用的取样方法是质性研究中的理论性取样，也叫“目的性取样”，按照研究目的抽取能够为研究问题提供最大信息量的研究对象。由于质性研究注重对研究对象（特别是他们的内在经验）获得比较深入细致的解释性理解，所以，其研究对象的数量一般比较小，不可能也不必要采取概率抽样的方式。

研究对象主要是从 2014 年 7—9 月到某救助管理站接受救助的未成年人中进行筛选。入选的被试分为两类：一类是在救助站做短暂停留的，3 天之内就被送走的、具有流浪经历的未成年人，他们通常只能在救助区内活动；另一类是在救助站待上一个星期甚至更长时间的典型个案，由于停留在站内的时间比较久，通常这类研究对象可以到救助区外的健身娱乐室兼教室内上课或自由活动。这两类研究对象均为健康状况良好，智力正常，具有正常的沟通、交流能力的流浪儿童。

根据研究目的面谈，告知受访者访谈目的及内容范围，以及征求受访者同意后，共成功访谈了 16 名流浪儿童。具体情况见表 3-9。

表 3-9　流浪儿童负性情绪现状质化研究对象的基本情况

编号	代号	性别	年龄	学历	离家时间	流浪原因	正性情绪分值	负性情绪分值
1	I01	男	12	小学	1	网瘾、家暴	38	19
2	I02	男	13	初中	1	网瘾	17	13
3	I03	男	16	初中	2	厌学、外出务工	25	33
4	I04	女	13	初中	2	厌学、外出务工	22	25
5	I05	女	13	小学	1	无人照管	26	28
6	I06	女	15	初中	1	外出务工	24	32
7	I07	男	13	文盲	1	随父外出，走散	33	30
8	I08	女	13	初中	1	和家人吵架后离家出走	24	26
9	I09	男	15	小学	2	离家出走，寻母	18	30
10	I10	女	14	初中	1	失恋，外出游玩	17	33
11	I11	女	12	初中	1	离家出走	28	28

续表

编号	代号	性别	年龄	学历	离家时间	流浪原因	正性情绪分值	负性情绪分值
12	I12	男	15	初中	2	外出务工，被骗传销	27	26
13	I13	男	17	初中	3	外出务工	24	23
14	I14	男	16	小学	3	外出务工，受骗	28	19
15	I15	女	12	小学	1	被家人赶出来	22	31
16	I16	男	15	初中	1	外出游玩	23	24

注：离家时间：“1”代表1个月以内；“2”代表1～6个月；“3”代表6个月以上。

2. 研究工具

研究数据收集主要采用质性研究中最常用的方法：访谈法、观察法、生活日志。

1）访谈法。访谈使用与研究内容相对应的半结构式访谈提纲辅助，形式为面谈。由于救助站能提供的访谈环境比较有限，在结合救助站工作环境的基础上，受访时间和地点尽量让访谈对象方便，并且访谈对象都是单独接受研究者本人的访谈。对于在救助站滞留时间在 3 天以内的访谈对象，均只进行一次访谈，访谈时间为1～3 小时不等。对于在站内滞留时间有一个星期甚至更长时间的受访者，则进行多次访谈，每次访谈时间 50～60 分钟。访谈前向访谈对象说明要进行录音及处理方式，并保证为访谈对象的隐私保密，征得访谈对象的同意后开始进入访谈。

2）观察法。主要包括初次接触时对研究对象的观察、访谈过程中对研究对象的观察、对研究对象日常生活的观察。如语言的形式、音调、语速，整体的姿势与呼吸模式等。这些信息有助于研究者理解和感受受访者的内心世界。流浪儿童是一个特殊的弱势群体，较少被人了解和理解，参与观察可以保证研究获得相对“真实”的信息。

3）生活日志。主要针对在救助站滞留一个星期以上的研究对象采取的研究方式。让研究对象以写日志的方式讲述自己的故事、当下生活和内心感受、接受团体辅导后的改变等。

3. 数据分析方法

本书采用质性研究中的“扎根理论”研究范式。在扎根理论研究法中，观察（或是深度访谈）和资料分析及文献阅读是一个不断交错进行、成螺旋形向上攀升的过程。运用扎根理论对资料进行分析，其实就是把收集的原始资料打散，赋予概念及意义，以新的方式重新将资料组合为概念类别，并且创造主题或概念，以此作为日后分析资料。那么，扎根理论的研究方法的数据分析有以下几个基本步骤：阅读原始资料；开放编码；主轴编码；选择性编码；资料的归类与深入分析。必须强调的是，扎根理论分析是一个迭代和递归的过程：每个步骤都在影响着下一个步骤，所有的步骤在研究项目的进程中都会被重复。

因此，本书的研究数据分析步骤就是：首先是转录，然后对访谈资料和田野笔记进行分析，即初始编码，产生大量的类目和次级类目，继而进行主轴编码、选择性编码（其中 Level 1 代表开放编码，Level 2 代表类目，Level 3 代表主轴编码，Level 4 代表选择性编码）。

（二）结果与分析

流浪儿童负性情绪的表现主要为激惹冲动类情绪、孤独感、恐惧感、内疚感，即选择性编码（Level 4）情绪类属包括 4 个主轴编码（Level 3）：激惹冲动类情绪、孤独感、恐惧感、内疚感。这 4 个主轴编码共有 12 个类目（Level 2）和 50 个开放编码。其中，Level 3 激惹冲动类情绪包括 3 个类目（Level 2）和 12 个开放编码（Level 1）；Level 3 孤独感包括 3 个类目（Level 2）和 17 个开放编码（Level 1）；Level 3 恐惧感包括 3 个类目（Level 2）和 10 个开放编码（Level 1）；Level 3 内疚感包括 3 个类目（Level 2）和 11 个开放编码（Level 1）。

1. 情绪类属下的激惹冲动类情绪

研究发现，流浪儿童激惹冲动类情绪主要表现为偏激冲动、怨恨、愤怒、生气不满等情绪。Level 3 激惹冲动类情绪包括 3 个类目（Level 2）和 12 个开放编码（Level 1）。详细说明见表 3-10。

表 3-10　流浪儿童情绪类属下的激惹冲动类情绪

Level 3	激惹冲动类情绪
Level 2 偏激、冲动	I03　我在来宾读书，因为自己是外地的，总被一些学生欺负，他们动不动就推我一下打我一下，我脾气不好，就跟他们打起来。 I13　我去派出所办身份证时，那里的工作人员就叽叽歪歪地说：“你前前后后不知道办了多少次身份证了，你办这么多身份证是拿来卖的呀。”我听了就很不爽，就说：“你办不办就给一句话，说那么多干吗，我身份证就是被抢了我有什么办法。”
Level 2 怨恨	I01　最重要的三样东西是“人、钱、衣服”。人是指我自己，不是家人，家人有什么用，一点意义都没有，打死我都不会再回那个家了。 I06　从 13 岁开始，我就强烈地渴望离开那个村庄，现在死都不想回去了。 I11　在我的记忆中，我的父母就没对我好过，动不动就拿我当出气筒，不是打我就是骂我，不是骂我就是骂我奶奶，我现在很恨他们。 I15　我出来是奶奶让我写字条，我就写：“我的生死与你们无关”，然后签字。我恨家人，恨全家。 I15　每次我没钱了，她就说我最恨的那句话，“你有爸爸妈妈，你为什么不去找他们”，每次她一这么说，我就受不了

续表

Level 2 生气不满	I07　我不会再想她了，以后见到她也不会叫她妈妈。她走了都不和我打声招呼。 I09　亲爸有家暴。父母复合，但是只生活了几个月，有一次爸爸不知道发了什么疯打了妈妈几巴掌，还凶妈妈："滚回你家去。"这次我是来南宁找我妈妈。 I13　我在小姑家过得并不是很开心，周末在家的时候，她叫我一个人做卫生、擦桌子凳子，从七楼到一楼；犯点小错她就嚷嚷。 I15　我在那里读书一点自由都没有。想出去找朋友她不让，我又不敢。 I16　一天被关在救助区里不能出来，什么也做不了，觉得很烦，没有自由

2. 情绪类属下的孤独感

研究发现，流浪儿童的孤独感主要来源于缺乏玩伴，缺少家人的关爱、理解和支持，缺乏一定的社会支持和依靠，并依此而产生孤独、委屈、难过、失落、无助、悲观彷徨等情绪。Level 3 孤独感包括 3 个类目（Level 2）和 17 个开放编码（Level 1）。详细说明见表 3-11。

表 3-11　流浪儿童情绪类属下的孤独感

Level 3　孤独感	
Level 2 缺少玩伴产生的孤独感	I02　在家没人和我玩，白天我爸妈出门卖东西、送货，把我和妹妹关在房间里，我的活动范围就在这房间里，一圈又一圈，就像坐牢一样。我想读书啊，读书就有同学和我一起玩，就不会那么无聊了。 I05　在家我都没有什么可以玩的朋友，只有一个。 I06　我很想交朋友，其实我也是一个开朗的人。我希望大家不要再讨厌我。 I15　我们一整年都在山上割油，没有电视看，也没有朋友可以玩……有个朋友会好一点。我之前在家都没有什么朋友，最亲的就是家里的那条母狗，它叫妮妮。 I16　我都不喜欢跟他们玩的，不怎么和他们说话。跟人交往会不那么自然
Level 2 缺少家人的关爱、理解和支持而委屈、难过、失落	I01　小时候和爸爸一起在农村生活，他经常出门喝酒，不管我，我在家经常饿得没饭吃，有时候他喝酒回来还打我。后来 6 岁的时候住到外公家，相比起来外公更疼我哥。其实我哥也去网吧玩游戏，只是比较会装而已，不在大人面前表现出来，晚上回家住。 I02　被爸爸骂的时候心里会难受，想哭但是不敢哭，也不敢乱动。 I05　我想回家也永远回不了了，因为我是没有户口本和家的人，也许我有了户口本也没有家。永远都没有。 I10　我觉得我还是缺乏父爱、母爱。我在自己的 QQ 空间里也写过大量的这类说说，说自己是一个缺少父爱和母爱的孩子。有一次我为了考验我干爹是不是真的关心我，我就让小爽给他带话，说我骨折躺在医院快要死了。 I13　在外务工这么多年，其实挺希望有个人能够理解自己、支持自己。 I15　别人也说我爸妈都走了，靠两个老人养。我听了心里很难受，然后心很懒，学习成绩越来越差。有烦心的事不知道跟谁说，在家爷爷奶奶也不理解我……所以我一般都是忍着，忍久了心里会难受。 I15　我爸跟我妈离婚后，我妈改嫁了，我从来没见过我妈。然后我爸就去柳州创业，现在很久都不回来了。他也没有一个电话，一打电话就是说要钱的事；从来不照顾我们，也没问好过。长这么大，他们离婚之后就没买过衣服给我
Level 2 无依靠、无助、难过	I02　外面就是生病的时候觉得不好，没有医生，没有人关心。 I05　其实他们不想养我，我知道。每次我表姐把我送到福利院那里，他们走了我都觉得很伤心难过。为什么别人可以回家而我不可以，是因为我没有户口吗？姐姐我想回家，不是钦州救助站。 I07　我现在不想回老家，老家没有人也没有吃的，叔叔婶婶他们说他们也没有吃的，养不了我，也不管我们了。我想我爸爸，不知道他现在怎样了。

续表

Level 2 无依靠、无助、难过	I09　后爸走了，我很伤心难过，对我影响很大，因为最爱我的人走了……想回家，在外吃不好睡不好。 I13　退学出来务工的这几年，我前前后后不知道做了多少份工……但是很多次被老板拖欠工资或者直接不给工资。现在我伯伯去世了，我觉得生活没有什么是特别值得牵挂的了，也没有什么值得期待的

3. 情绪类属下的恐惧感

研究发现，流浪儿童情绪类属下的恐惧感主要源于家暴，以及孤身一人在外缺乏保护而产生的恐惧、不安和被威胁感，部分儿童在流浪的过程中有过受骗受害的经历。流浪儿童的恐惧感主要包括担心、害怕、被威胁感、不安、焦虑等情绪。Level 3 恐惧感包括 3 个类目（Level 2）和 10 个开放编码（Level 1）。详细说明见表 3-12。

表 3-12　流浪儿童情绪类属下的恐惧感

Level 3　恐惧感	
Level 2 对家暴的恐惧	I01　不用说，这次回去的话肯定先被我外公打一顿，因为每次我离家出走再回去，首先是被他一顿拳打脚踢。 I02　上次我从救助站回去，我爸爸把我打得很厉害，当时心里害怕到手脚完全没办法动弹……怕后妈，因为后妈有点凶。 I09　爸爸很爱喝酒，有时会喝得烂醉如泥。喝醉了会把桌子饭菜打翻，让我收拾；喝醉了看到我就打。 I15　我听说我姑姑要来接我了，我很害怕。所以我就躲到床底去了。回去肯定要被她们打的。以前她们就把我打得很厉害，疼了还不许哭，哭了又要挨打。一听说家里人要来接我，我就害怕得发抖
Level 2 孤身一人在外的恐惧、不安、被威胁感	I05　养父母去世之后，姨父姨母不要我之后，我突然很害怕，以前从来没有这种感觉。现在觉得自己没有家，不知道以后要怎么办，心里很害怕……现在她们都回去了，我一个人在这里（救护区）很害怕。 I07　和爸爸走丢了，不知道怎么找到爸爸。如果见不到爸爸，想见他都不知道什么时候才能见到。 I16　后来我以为这个小孩也要走，我就开始烦躁起来了。有个小孩在这里总比没有的好吧
Level 2 因受骗产生的害怕情绪	I04　因为 KTV 的老板拖欠我们工资两个月后跑了，我们报了案，但是公安部门一拖再拖，我在政府那里闹了一个星期仍然未果。 I12　今年 6 月我辞工不干后，被人骗去传销。我发现自己受骗了，当时有点害怕。 I16　人利用人，这个社会都没有爱心了，太可怕了，我都不敢想

4. 情绪类属下的内疚感

研究发现：流浪儿童的内疚感主要包括耻感、自责心理、自卑心理、无地自容、后悔等情绪。Level 3 内疚感包括 3 个类目（Level 2）和 11 个开放编码（Level 1）。详细说明见表 3-13。

表 3-13　流浪儿童情绪类属下的内疚感

Level 3　　内疚感	
Level 2 自卑、低自尊	I03　转学是因为发生了一件让我觉得是丢脸的事……女生趁我喝醉的时候把我衣服扒光，把我弄到厕所，还拍了照片发到网上。而且我觉得这件事之后，同学们看我的眼神怪怪的，连我最好的朋友也说我。 I05　我每天去上学人家都说我是一个没有爸爸妈妈的孩子，还叫我“男人婆”。我爸爸妈妈都不要我，别人还说我是一个畜生，是一个没人要的孩子。为什么别人都是这么说我，全村人都这么叫我“男人婆”。我真的是吗？ I06　家里很穷，小的时候我连一件新衣服都没有，我六年级了还得穿以前小时候的衣服，又不合身，很难看，很丢脸。 I09　我很害怕回去看到那些脏脏的衣服，我在家连件像样的衣服都没有。以前的七分裤现在穿起来好比短裤一样，我不想穿那些衣服。 I14　现在两手空空地回去，觉得很丢人。出来务工，回家至少也应该买点糖果、买几包烟给家里的老人啊
Level 2 内疚、自责	I02　我本来出去玩的时候并没有打算不回来的，可是在家真的很无聊，所以一玩的时候就忘了要回家了。我也知道自己出去玩不应该夜不归宿，只是当时没能克制住。 I05　我怕连累我哥。现在我的脚又受伤，我怕我哥嫌弃我。 I13　来救助站多了，觉得挺惭愧。之前大家都挺帮我的，现在又没了工作。 I15　我答应朋友帮她说说，让姐姐把钱退给她，结果姐姐去柳州了没能把钱给她。她就责怪我，让我捡了几天的瓶子，然后拿去卖，还了一部分之后还欠几块钱。后面没有还得上
Level 2 后悔	I10　手机、包包被偷这件事对我影响挺大的，原来这个社会真的很黑，有点后悔跑出来了。 I11　我现在心情很复杂，回去不知道该怎么面对我的同学、我的家人。这次我离家出走，是自己太冲动了，我现在很后悔离家出走

（三）流浪儿童的内在期望

流浪儿童身上存在不同程度的情绪问题，与他们内在需求的缺失不无关系。研究者对流浪儿童的内在期望进行了调查，具体情况如下。

I01　我最大的愿望就是能够和妈妈一起生活。

I02　我希望回去之后的情况就是和以前反过来就可以了。比如不用被关，爸爸不要再打我，对我好一点啊，希望可以上学，希望爸爸能给我适当玩下电脑。

I03　我想回老家读书，那里有朋友可以一起玩。或者辍学去海南和我爸妈一起务工。

I04　未来的打算是在家好好种田，供弟弟读书。以后再嫁个好人家。

I05　我现在只想要一个户口本和一个幸福的家。我现在只想有几个小伙伴和一个户口本。

I06　去东莞找李某某，他对我很重要，我真的很喜欢很喜欢他。

I07　我想赚钱，回去盖房子；我爸还说让我以后不要像他这样奔波，在老家先找个老婆，生个孩子，之后再出来务工。

I08　我曾经梦想当作家。现在是希望好好读书，未来选一个自己喜欢的专业，好好工作，改善家庭经济条件。

I09　我最大的希望是爸爸妈妈能够复合，妈妈回家住，妹妹也回家住，我们一起幸福地生活在一起。还有希望爸爸把烟戒了，把酒戒了，好好工作，努力赚钱，不要打妈妈。

I10　我希望有个平凡的家，有一份正式的工作，好好生活。希望干爹赶紧找个干妈，这样干奶奶就不用总是担心了，我们也可以有干妈的疼爱。

I11　我现在的愿望是好好学习，以后考上大学，最好是学医科专业，然后找一份工作，救助病人。如果考不上大学，我就去务工。我目前最想改变和爸爸妈妈的关系，希望我们可以相亲相爱地生活在一起。

I12　这次回家先问家里要点资金，然后去广东找我的一个朋友，他在那边开了一个小厂，我过去帮他一起做。对未来没有计划，先上班，最想做的事是上网。

I13　希望有个人能理解我，支持我。

I14　我现在主要是想多赚点钱，改善家里的经济状况，让家人过得好一点，幸福一点。未来打算创业，自己做老板。

I15　我现在也不知道还能做什么，反正不要靠奶奶来养就可以了。宁愿捡垃圾，我也不想回家了。

I16　我想去广东务工赚钱。

对流浪儿童内在期望进行调查，结果发现，对于单亲家庭或者没有和亲生父母生活在一起的流浪儿童，内心的渴望倾向于渴望回归家庭，有父母的关爱，有一个温暖的家。对于还在校读书的流浪儿童，他们内心的渴望是好好学习，长大后凭自己的能力改善家里的经济条件，改善父母的关系，使家庭变得更美好。对于已经在外务工的流浪儿童，他们内心的渴望有的是希望自己能够改善家里的经济条件，有的并没有具体的打算，还有的只是希望有个理解自己的人。个别流浪儿童表示当前自己只想逃离家庭。这表明，流浪儿童“爱和归属”的需要得不到满足。

（四）讨论

质化研究的结果发现：流浪儿童负性情绪主要表现为偏激、怨恨、愤怒、生气、不满、孤独、恐惧、厌烦等。这与刘志红（2008）关于流浪儿童个性特征的研究结果相似。相比处境正常的儿童，流浪儿童的自我评价较低，他们更倾向认为他们自卑、孤独、没人疼爱、难以与他人维持良好关系，这可能与他们长期生活的不确定性、缺乏父母的关爱和理解，或是在流浪过程中涉及人身安全的威胁等有关。在行为方面，流浪儿童存在攻击行为、偷窃行为、撒谎行为、默默忍受、防御等问题。谢琼（2007）的调查对此有所验证，流浪儿童的行为多与违法犯罪活动有关，以撒谎为主要自我保护手段。陈曦和钟华（2012）对流浪儿童负面情绪的相关研究中同样有所表述，即个体在经历压力事件时，都可能感觉到愤怒、生气、受挫、失望或恐惧，此类负面情绪会迫使个体采取应对策略以降低这些情绪带来的冲击。

流浪儿童之所以出现这样或那样的情绪困扰或心理问题，与其背后存在的“爱和归属”需要的缺失有着很大的关系。社交需要理论（social needs theory）认为，人生来就有与人保持交往和被关爱的需要。如果个体的人际关系未能满足这种固有需要，孤独感就会产生。认知加工理论（cognitive processes theory）主张，孤独感的产生不是因为人类固有的社会交往需要得不到满足，而是因为个体对知觉到的人际关系现状不满意而产生的。与重要他人保持亲密感与联结是个体的一种基本需要，这种需要得不到满足将损害健康。父母关爱是儿童社会化的重要支持资源，很多流浪儿童缺父母的关爱，而且，在他们看来，父母是不可替代的，任何机构与他人均不太可能提供太多帮助。“爱和归属”的需要在儿童的成长中有着至关重要的作用，缺乏父母的关爱、理解、温暖和支持的儿童往往比较自卑、悲观、敏感、脆弱、缺乏安全感，并存在一定的人际交往困难和行为问题。流浪儿童由于缺乏一定的社会支持，因此他们在遇到困难和挫折时，往往不知道也不善于运用积极的应对方式去解决问题，更多的是选择逃避、退缩、抑制等消极的方式去应对。

第四节　流浪儿童心理辅导：以绘画艺术疗法为例

一、流浪儿童心理辅导概述

目前，流浪儿童的干预研究主要集中在两个方面。一是社会干预研究。社会干预由政府、学校、家庭等协调合作进行。其中，流浪儿童的教育模式主要有：“类家庭”教育模式，“类学校”教育模式，“大房子”教育模式，“责任家长”教育模式，长效教育模式，自选式教育模式，工读学校教育模式，家庭寄养教育模式。二是心理干预研究。研究者采用不同的方法对流浪儿童的心理问题进行干预研究。有研究者使用认知疗法对流浪儿童进行心理干预，发现认知疗法能够矫正流浪儿童的歪曲认知，并使其表现出更多的亲社会行为，如感恩、乐于沟通等。此外，根据流浪儿童的具体情况可以配合以其他的心理疗法，如音乐疗法、运动疗法等。宋馨和欧阳仑（2005）通过心理辅导使流浪儿童的心理健康状况得到改善，增强了适应性、成熟度、沟通能力，提高了自信心，改变了生活态度，从冷漠转变为友善，从憎恨现实转变为感恩社会。赵莉（2006）以个案和小组工作的方式对流浪儿童进行干预，结果发现短期的个案工作没有达到显著的干预效果，但整体上可以感受到流浪儿童在认知上发生了改变，他们提高了自信心，学会了感恩和沟通。杜丽丽（2009）以音乐心理剧对流浪儿童进行干预，结果发现音乐心理剧可以有效提高流浪儿童的自尊水平。胡林成等（2010）指出在心理救助过程中，可以根据情况选择运用“提供社会支持”“改变不良行为习惯”“改变不良的认知”“同伴之间相互学习”等方法对流浪儿童进行心理救助。付美珍（2012）将社会工作个案工作方法引入到对流浪儿童的心理问题介入当中。刘瑶（2012）通过对流浪儿童和流浪儿童救助中心的调查分析，并结合流浪儿童救助建筑的发展历程，总结流浪儿童对救助保护中心的需求，进一步提出流浪儿童救助保护中心设计的要点。

随着心理咨询与治疗技术的不断发展，越来越多的新技术被应用于临床治疗工作，其中多学科的交叉发展成为心理咨询与治疗技术研究的重要方向。艺术与心理学的学科交叉发展是心理学艺术化发展的重要理念，由此产生艺术疗法。艺术疗法主要包含音乐疗法、心理剧、绘画疗法、舞蹈疗法、拼图、捏塑等。已有的研究证实艺术疗法对困境儿童具有很好的治疗作用。例如，孙丽君等指出音乐疗法在自闭症的儿童的心理干预中具有独特的优势（孙丽君等，2010）。杜丽丽在研究中也发现音乐心理剧可以有效提高流浪儿童的自尊心水平（杜丽丽，2009）。王丹指出艺术疗法是一种透过艺术创作而做的心理治疗，尤其对于儿童因意外伤害所造成的心理问题有显著的疗效（王丹，2007）。易红和王祝康（2013）在研究中通过对 187 名城市留守儿童的心理健康水平展开调查研究的基础上，运用团体绘画艺术对其中 65 名城市留守儿童展开为期 15 周共计 30 次的心理干预，结果发现绘画治疗技术可以显著促进干预对象心理健康水平，提升自我概念，改善社交功能和情绪管理功能。贾敏和张轶杰（2012）研究绘画治疗在儿童情绪障碍治疗中的作用，结果表明绘画治疗可以有效改善和稳定情绪障碍儿童的情绪。这里从绘画艺术疗法的视角探讨其在流浪儿童心理辅导中的应用及其效果（吴素梅等，2015）。

二、绘画艺术疗法及其理论基础

绘画艺术疗法的概念在国内外没有一个统一的概念。英国艺术治疗协会对绘画艺术疗法的定义是在艺术治疗师的协助下，透过绘画、塑造等艺术媒介，从事视觉心像的表达，借此心像的表达把存在于内心而未表达出来的思想与情感，向外呈现出来（郝琦和麦清，2007）。美国艺术治疗协会对绘画治疗的界定是绘画治疗是以绘画活动为中介的一种心理治疗方式（刘中华，2008）。比较通用的定义是绘画艺术疗法是心理艺术治疗的方法之一，是在绘画者的绘画创作过程与作品分析中，通过非言语工具，将其潜意识内压抑的感情与冲突呈现出来，在绘画的过程中获得自我宣泄和自我表达，从而获得诊断与治疗的良好效果。绘画艺术疗法的原理包含三个方面的内容：潜意识的表达，投射技术的运用，绘画语言丰富、内涵清晰。

绘画艺术疗法主要受到心理学艺术化与物化理念的影响，以心理动力学的投射理论为理论基础。心理学的研究对象是心理过程与特质，这些概念的表达主要是通过合适的物来表现与传递的，这就是心理学艺术化里面物化的基本概念和实现的功能。从人类发展史上来考察，当没有出现语言和文字的时候，人们很大比例是用图案、身体语言等物质表达方式进行思想和概念的交流的，如结绳记事和画岩，这些其实就是最初的物化形式。在现代社会，我们重新阐释心理物化也变得更可行、更有实际的价值。从另一个角度而言，当语言无法描述或者不知道如何去表达的时候，物化的表达方式就显得意义重大，这在艺术设计领域显得比较突出。设计师们针对概念和方案找到最合适的物质载体，这就是一个物化思维的产生和修正的过程。在找到最合适的物质载体后，再负载其他图案或文字，这样就可以不断展现出一个完好的作品。绘画艺术疗法也正是基于这样的一个理念，将来访者无法用语言表达的内在心理活动或者心理特质，通过绘画的形式表达出来，在由来访者、咨询师和图画共同组成的生态系统中达到心理评估与治疗的目的。绘画艺术疗法的理论基础最主要是分析心理学的投射理论，在分析心理学中，投射被认为是将无意识内容主动投注到其他事物的活动，类似于一种自由意志物在意识中的反映。投射的产物不仅以艺术的形式存在，梦、幻觉、妄想等都可以理解为心理投射。跟罗夏墨迹测验和主题统觉测验等心理投射测样一样，心理绘画艺术疗法已经被证实为有效、科学的心理测试及心理咨询与治疗的工具

（张振娟，2006）。

三、绘画艺术疗法的主题内容

绘画艺术疗法既适用于团体测试又可以用于个体治疗。在绘画艺术疗法中，根据不同的绘画技术和绘画内容采用不同的指导语，并各有其意义（严华文，2003）。

（一）画人

画人在绘画艺术疗法中，是最基本的也是最常用的绘画技术，从儿童到成人都非常适用，并且还建立了一系列的评判标准。画人技术根据不同的目的，又可以分为以下一些不同的类型。

自画像。自画像给出的指导语非常简单“请画出你自己”。在流浪儿童的心理辅导中，自画像可以看出流浪儿童对自己的评价，这种评价不仅包括生理层面的评价还包括心理层面的评价，帮助分析绘画者的自尊心水平及其对自我的知觉，从而根据儿童的心理状况进行心理辅导。

画一位异性。通过画一名异性，可以考察画者的性别认同度，以及对异性的态度。

画雨中人。给出的指导语是“请画一个雨中人”。主要考察人们在压力情境下的反应。流浪儿童的流浪经历本身就是一个经受压力的过程，通过让他们绘画雨中人，考察他们在这种压力情境下，其感知到的压力程度，及其应对方式。

（二）画一个家庭

对于流浪儿童，最重要的影响因素是家庭的关怀。要求流浪儿童画一个家庭时，首先要求他们将纸横放，然后给出的指导语是“请画出你的家庭”。从家庭图中可以考查他们对家庭的态度及家庭成员之间的关系。

（三）画树

画树也叫“树木人格图”。画树时，要求绘画者自由画出一棵树。树的形态可以看作人的成长状况，可以让人产生丰富的联想。咨询师或者艺术治疗师通过对树的分析，有助于了解绘画者的成长历程，及其成长的感受。据一些学者的研究，画树更容易表现一个人对于自我负面的感受，可以让人表现出较原始、较基本的层面。这对分析流浪儿童的成长及其对流浪经历的体验非常有意义。

（四）房树人

常用的是伯恩斯提出的动态房树人图。其中给出的指导语是“请在纸上画一间房子、一棵树和一个正在做某个动作的人，尝试去画一个完整的人，不要画火柴人或漫画”。房树人可以作为测试绘画者智力的辅助工具，也可以探究绘画者对待父母、亲情的态度和看法，同时考察绘画者对待自我成长的看法。房树人的绘画技术对于考查流浪儿童对家庭支持的感知程度有重要的帮助，如果其感知的家庭支持越多，心理越健康，越容易被治愈。

（五）自由绘画

给出的指导语为“你可以画任何你想画的东西”。流浪儿童因其本身防御心比较重，让其进行不受限制的绘画，更易令其接受，放下防备心。通过自由绘画，可以考查作画者最主要的情绪，尤其是被压抑最深的情绪，最迫切需要解决的问题等。在自由绘画中，作品表达出的信息是开放的、丰富的，也是绘画者情感、情绪的表达，要求分析者更加敏感地去分析，敏锐地发现其中所包含的信息，所以分析要求也更加严格。咨询师对作画者个人信息的了解程度，双方的信任关系，对充分理解绘画作品中所包含的信息有着非常重要的作用。

四、绘画艺术疗法在流浪儿童心理辅导中的适用性研究

在中国，流浪儿童是指年龄在 18 岁以下，脱离家庭和离开监护人流落社会连续超过 24 小时，失去基本生存和可靠保障而陷入困境的少年和儿童。流浪儿童问题是世界各国共同面临的不容忽视的社会问题。流浪儿童存在一些共同的性格特征，倾向于内向孤僻、敏感、多疑、自我中心、情感脆弱等（贺文均和冯维，2011）；流浪儿童的自我评价存在偏低或偏高的情况，流浪儿童由于生活的不确定性及较低的自我评价，表现出明显的自尊缺失、自我否定等消极的自我体验；流浪儿童在自我评价偏低、自我体验消极等因素的共同作用下，会出现自我控制无力的现象，导致他们比流动儿童、普通儿童表现出更强的畏缩性，处理问题时表现出较强的依赖与被动倾向，同时，遇事不冷静，冲动与攻击性较明显，往往选择攻击等暴力手段（李晓东等，2007）。

例如，Mounier 和 Andujo（2003）研究发现流浪者存在较低的自我意象，具有自卑、冲动倾向、表现出较强的退缩性等心理特征。流浪儿童的心理健康水平和智力水平都明显低于普通在校生（何俊华等，2007）。

现有的研究发现，绘画艺术疗法在儿童的心理咨询与治疗中，有着其优越性，主要体现在：相对于其他心理治疗方法，绘画艺术疗法更加符合儿童心理发展的要求，更适合于儿童心理咨询与心理辅导的实际需要。在开展流浪儿童心理咨询与心理治疗中，往往会存在一些障碍：一方面流浪儿童的语言发展水平还比较低，语言能力还十分稚嫩，要求流浪儿童将自己的心理状态、情绪情感体验等，通过语言的方式准确地表达出来是很难实现的。另一方面流浪儿童在智力水平和自我省察能力往往达不到众多心理治疗流派体系的要求，这增加了心理咨询与治疗的难度，往往会影响治疗的效果（刘灵，2011）。

总而言之，流浪儿童表现出更多的退缩性，不易敞开心扉的心理防卫性，这无形中大大增加心理辅导的难度。而绘画艺术疗法的投射性和间接性特点却能克服这一点，更能为流浪儿童所接受，也深受流浪儿童的喜爱。

五、绘画艺术疗法在流浪儿童心理辅导中的作用

在流浪儿童心理辅导中，绘画艺术疗法的作用主要体现在以下几个方面（Cormier & Nurius，2004）。

1. 有助于建立良好的咨询关系和推动心理咨询关系的发展

绘画过程是心理咨询师、艺术治疗师和流浪儿童一起进行活动的过程，绘画活动在心理咨询师与当事人之间建立起一个相互连接的桥梁。通过咨询师和当事人一起讨论绘画作品，不仅可以打破流浪儿童与咨询师之间的僵化局面，还可以更容易被流浪儿童所接受，还能揭示流浪儿童无法用语言表达的一切，有助于启动咨询关系的建立和推动咨询关系的发展。

2. 有利于表达认知和调节情绪

现有的研究已经证实，绘画艺术疗法对受伤害儿童具有很好的治疗作用，尤其适合有心理创伤的流浪儿童和流浪青少年。张瑞敏等也表明绘画艺术疗法适用于儿童情绪障碍的治疗（张瑞敏等，2013）。Singh 采用绘画疗法对经历家庭暴力事件的儿童进行干预，发现绘画可以帮助儿童宣泄不良情绪，获得儿童心理问题修复和治愈的效果（Singh，2001）。

3. 可以揭示作画者潜意识层面的东西

绘画是个人内在和自我表达的一种形式，是思想和感情的可见的投射。分析心理学的投射理论认为，绘画能够帮助来访者表达其潜意识当中一些无法用语言表达出来的东西。绘画过程和作品转达了流浪儿童的内心体验、情感体验、感知觉和意识状态。心理咨询师或者艺术治疗师可以让流浪儿童自己解说视觉形象的意义，并和他们一起分享经验，通过绘画过程和作品进入流浪儿童的潜意识层面，并揭示其潜意识层面的东西。

4. 治疗作用

绘画治疗本身是属于表达性治疗的一种，能够积极启动来访者的内在治愈机制。易红和王祝康（2013）运用团体绘画艺术对城市留守儿童进行心理干预的过程中，发现绘画治疗技术可以显著促进干预对象心理健康水平、提升自我概念、改善社交功能和情绪管理功能。因而，绘画艺术疗法同样适用于流浪儿童心理辅导，并达到心理治愈的治疗作用。

六、绘画艺术疗法在流浪儿童心理辅导中的应用实例

在救助站，笔者运用绘画艺术疗法对流浪儿童进行个案心理辅导，以下是个案的心理辅导情况。

1. 个案基本情况介绍

李晓亮（化名），男，13 岁，惯性离家出走，离家最长时间为 40 天。由警察送入救助站，在被送到救助站后，多次想要逃走，后给其进行心理辅导。

2. 家庭基本情况

单亲家庭，父亲在母亲怀胎 3 个月时过世，由母亲独自抚养，母亲患有乳腺癌，腰椎疼痛得厉害，由于随时担心自己死去，孩子无人照顾，故对孩子期望非常高，希望其多学些本领，以后能照顾自己。

3. 初次接待及其分析

初次见面时，李晓亮穿着相对整齐、干净；受陌生环境影响，表现较拘束，沟通基本配合。但其陈述的信息具有许多疑点，告诉我们他叫彭晓风，从小不认识父母，同时孩子反复说：“我不想待在这里，我要出去！”

初步分析：孩子身材瘦小，思维灵敏，表达清晰，心智发育正常；和人

沟通小心翼翼，表现怯弱，独孤感强烈；观察发现孩子和同龄儿童交流次数少；抗拒在救助站生活，“自由”意识强烈，但能明显发现孩子心情压抑。

4. 第一次心理辅导

积极与其建立和谐平等的关系，希望能够消除其阻抗意识，疏导其不良情绪，进一步询问孩子的信息并进行核实。孩子始终带着防备的心理，没有在咨询人员面前放开自己，并表现出强烈的离开救助站的念头，强调在救助站无聊。后来经过引导，孩子最后愿意暂时通过劳动缓解无聊，继续待在救助站。

5. 第二次心理辅导

孩子在试图出逃的时候被救助站发现，并表示对枯燥的环境无法忍受，故交代了真实的个人信息。于是在第二次心理辅导过程中，引导其对自己的境况及其感受进行表述，发现其惯于封闭自己的内心世界，很难打开心扉去表达自己，总感觉隔着一层纱一样，无法用清晰的语言表述出来，咨询虽有些进展，但仍不够。

6. 第三次心理辅导

鉴于其前两次心理辅导情况，决定采用绘画艺术疗法对其进行心理疏导。当向其建议采用绘画艺术疗法的时候，他表示自己并不会绘画，在笔者的鼓励下，他开始绘画，并将自己的绘画作品命名为“我的家”。

7. 作品描述与分析

在李晓亮的作品中，他使用简单的线条在纸的左上角画了一个半边的红太阳和两朵漂浮的红云，在纸的下半部分靠近纸边的同一水平面上画了草、树、房子和自己，从左到右依次是 6 棵三叶状的小草，一棵没有根的小树，树冠很小，树干上有个疤，房子是尖顶的两间，一大一小，细长状，大的房子窗户和门是关着的，房顶是黑色的；小房子的顶和门都是黑的，没有窗户；人在房子的右边，头很大，躯干比较小。

8. 个案分析与反思

绘画艺术疗法为个案提供了一个安全的空间，在绘画过程中绘画者可以自己安全地表达自己的内心，释放自己的情绪和感受。晓亮惯于隐藏自己的内心世界，内心孤独寂寞。其对于绘画作品的解释不多，但是从他的作品中封闭的门窗，说明他具有较强的退缩心理；细长的房子，似乎经受不住风吹雨打，显示其感受不到家给予的安全与温暖；树干上的伤痕提示其心理创伤的体验和不安。整幅画都是画在纸边上，提示没有安全感，渴望稳定的生活环境（吉沅洪，2011）。

绘画艺术疗法在本案例中起到一个让个案表达自己的途径，通过绘画艺术疗法，使得来访者能够进行自我开放与情绪宣泄，开始接纳自己。在后期的随访中，晓亮开始接纳自己的母亲，脸上也有了笑容，并能帮助母亲做一些力所能及的事情。但是值得思考的问题是，绘画艺术疗法的使用仍需要建立在良好的咨询关系上和良好的引导、共情、支持等心理技术的配合使用之上。在更深入的心理治疗过程中，仍需要结合其他的心理治疗技术，如认知疗法、合理情绪疗法、危机干预等，才能达到更好的效果。

参考文献

安怀世，2002. 流浪儿童问题的国际背景和干预途径[J]. 社会福利，(10)：28-34.

毕伟，2008. 国内流浪儿童状况研究综述[J]. 云南民族大学学报，25(6)：53-59.

曹朝阳，张双全，何俊华，等，2007. 流浪儿童的心理特点、成因及教育[J]. 社会科学论坛，(10)：148-151.

常保瑞，方建东，2014. 流浪儿童的心理特点研究回顾与展望[J]. 信阳师范学院学报（哲学社会科学版），34(3)：9-12.

陈曦，钟华，2012. 压力、负面情绪与中国流动儿童的越轨行为[J]. 青少年犯罪问题，(5)：22-33.

程福财，2008. 流浪儿童主观幸福感的实证研究[J]. 青年研究，(3)：11-17.

程福财，2010. 能动的童年：关于流浪儿童生存策略的研究[J]. 青年研究，(5)：12-20.

崔丽娟，黄敏红，2009. 流浪亚文化下的青少年偏差行为研究[J]. 青少年犯罪问题，(1)：21-25.

崔丽娟，俞彬彬，黄敏红，2010. 家庭关怀、心理弹性与社会支持对流浪儿童的影响研究[J]. 心理研究，3(3)：47-52.

丁沁南，崔丽娟，2012. 心理弹性对于预防流浪儿童偏差行为的意义[J]. 青少年犯罪问题，(3)：96-98.

杜丽丽，2009. 音乐心理剧对流浪儿童自尊水平干预的研究[J]. 中央音乐学院学报，(1)：121-126.

冯元，2012. 优势视角下流浪儿童救助模式创新与转型[J]. 宁夏社会科学，(6)：59-65.

冯元，彭华民，2014. 近 30 年中国流浪儿童教育研究述评[J]. 中国特殊教育，(3)：54-59.
付慧鹏，霍军，孔德荣，2006. 流浪儿童应付方式与父母教养方式的相关研究[J]. 中国行为医学科学，15(8)：746-747.
付美珍，2012. 流浪儿童心理问题的社会工作介入——基于个案研究[D]. 苏州：苏州大学.
高万红，郭柏众，2009. 流浪儿童救助服务模式研究[J]. 云南民族大学学报（哲学社会科学版），(6)：61-65.
顾宏翔，金钊，李争争，2012. 儿童流浪行为的心理原因分析[J]. 社会福利（理论版），(12)：14-16.
关颖，2008. 走近孩子们的内心世界——城市流浪儿童的生活感受、自我认识和未来设想[J]. 青少年犯罪问题，(3)：4-9.
郝琦，麦清，2007. 绘画—— 一种心理治疗的方法[J]. 天津市教科院学报，(5)：44-46.
何俊华，陈新景，曹朝阳，2007. 流浪儿童的心理特点及教育对策研究[J]. 中国特殊教育，(3)：16-20.
贺文均，冯维，2011. 十年来我国流浪儿童研究述评[J]. 青少年研究（山东省团校学报），(6)：17-20.
胡昆，吴丽月，2011. 试论流浪儿童的心理救助与回归[J]. 当代教育论坛（综合研究），(6)：19-20.
胡林成，蔡俊，刘银林，2010. 泰州市流浪未成年人的心理分类与救助策略研究[J]. 社会工作（下半月），(9)：54-55.
胡莹，2011. 越轨流浪儿童社会支持的实证研究[J]. 郑州轻工业学院学报（社会科学版），12(3)：72-74.
黄丽，杨廷忠，季忠民，2003. 正性负性情绪量表的中国人群适用性研究[J]. 中国心理卫生杂志，17(1)：54-56.
黄敏红，乌阿茹娜，梁晗，等，2009. 从心理弹性与社会支持看流浪儿童救助[J]. 当代教育科学，(9)：55-57.
吉沅洪，2007. 树木—人格投射测试[M]. 重庆：重庆出版社.
贾敏，张铁杰，2012. 绘画治疗在儿童情绪障碍治疗中的作用[J]. 临床精神医学杂志，22(2)：126-127.
姜金伟，姚梅林，严文蕃，2011. 改善技校生操作自我概念的设计性研究[J]. 教育研究与实验，(2)：88-92.
鞠青，张小亮，陈晨，2008. 中国流浪儿童研究报告[M]. 北京：人民出版社.
康国贤，2013. 农村留守初中生自尊与情绪调节的关系研究[D]. 开封：河南大学.
李晓东，陈怡，高秋凤，2007. 流浪儿童的性格与行为特点研究[J]. 华南师范大学学报（社会科学版），(6)：126-130.

李晓凤，2012. 建构主义视角下的结构批判政策分析模式初探——以我国问题流浪儿童的社会救助政策为例[J]. 社会工作与管理，12(6)：32-37.

李晓凤，余双好，2006. 质性研究方法[M]. 武汉：武汉大学出版社.

林崇德，1995. 发展心理学[M]. 北京：人民教育出版社.

刘继同，2002. 关注中国城市流浪儿童——郑州市流浪儿童状况调查报告[J]. 社会福利，(5)：35-38.

刘灵，2011. 绘画疗法在儿童心理问题中的应用[J]. 宜春学院学报，33(8)：96-97.

刘瑶，2012. 流浪儿童救助保护中心设计研究[D]. 邯郸：河北工程大学.

刘志红，2008. 流浪未成年人的心理特征与心理救助[J]. 湖南师范大学教育科学学报，7(1)：123-125.

刘中华，2008. 宁波“留守儿童”心理健康与绘画艺术治疗[J]. 宁波大学学报（人文科学版），21(1)，135-140.

宋馨，欧阳仑，2005. 通过心理辅导改善流浪儿童的心理健康状况[C]. 第十届全国心理学学术大会论文摘要集，574-575.

孙丽君，李根强，罗艳艳，等，2010. 解析音乐疗法在自闭症儿童干预中的应用[J]. 中国特殊教育，25(6)：48-53.

孙莹，2005. 儿童流浪行为分析及其干预策略[J]. 中国青年政治学院学报，(6)，31-38.

田国秀，侯童，2012. 优势取向的学校社会工作辅导路径探析——对学习困境中学生实务介入的个案研究[J]. 中国青年社会科学，(1)：138-142.

王丹，2007. 艺术治疗——促进孤残儿童心理健康的重要方法[J]. 社会福利，(6)：50-51.

王惠敏，王玲，2010. 流浪儿童的社会支持及其与自我意识的关系[J]. 广州大学学报（社会科学版），9(9)：48-52.

王科敏，金钊，2012. 流浪儿童心理救助服务模式初探[J]. 当代青年研究，(9)：55-59.

魏运华，1997. 自尊的结构模型及儿童自尊量表的编制[J]. 心理发展与教育，13(3)：31-38.

吴素梅，覃春望，付志高，2015. 绘画疗法在流浪儿童心理辅导中的作用[J]. 沈阳大学学报（社会科学版），17(4)：552-556.

吴素梅，吴沁嶷，2013. 中学生危机脆弱性及其与生活满意度的关系[J]. 中国健康心理学杂志，21(4)：592-595.

谢琼，2007. 新时期流浪儿童的十大特征——对北京未成年人救助保护中心的调查[J]. 中国民政杂志，(2)：39-40.

辛自强，池丽萍，耿柳娜，等，2007. 青少年社会支持评价量表的修订与应用[J]. 中国心理卫生杂志，21(6)：379-381.

薛在兴，2005. 社会排斥理论与城市流浪儿童问题研究[J]. 青年研究，(10)：3-9.
严华文，2003. 心理画外音[M]. 上海：上海画报出版社.
伊凡希雅・莱昂斯，阿德里安・考利，2010. 心理学质性资料的分析[M]. 毕重增译. 重庆：重庆大学出版社.
易红，王祝康，2013. 绘画艺术治疗在城市留守儿童心理干预中的应用——重庆图书馆的探索与实践[J]. 山东图书馆学刊，(2)：72-75.
俞彬彬，崔丽娟，尹亭亭，2008. 自尊、防御机制与流浪儿童偏差行为的关系研究[J]. 心理科学，31(6)：1369-1372.
张和清，杨锡聪，古学斌，2008. 优势视角下的农村社会工作——以能力建设和资产建立为核心的农村社会工作实践模式[J]. 社会学研究，(6)：174-193.
张静，2002. 自尊问题研究综述[J]. 南京航空航天大学学报（社会科学版），4(2)：82-86.
张明锁，2002. 为什么流浪——关于郑州市流浪少年儿童的家访调查[J]. 青年研究，(12)：1-9.
张瑞敏，王玉晖，高玉霞，2013. 绘画疗法应用于儿童情绪障碍的研究进展[J]. 中国妇幼保健，28(3)：565-567.
张雯，郑日昌，2004. 初中生社会支持特点的调查分析[J]. 中国健康心理学杂志，12(5)：385-386.
张雪琴，叶绮华，张书维，等，2011. 广东三地流浪儿童自我意识现状调查[J]. 中山大学学报（医学科学版），32(1)：121-125.
张振娟，2006. 绘画在心理治疗中的作用及其应用[J]. 中国临床康复杂志，10(26)：120-122.
赵莉，2006. 重塑心灵：救助中心内流浪儿童的心理干预实践[J]. 中国青年社会科学，(6)：13-16.
赵维泰，2005. 关于中国流浪儿童问题的调查分析[J]. 中州学刊，(4)：98-101.
赵笑梅，李婷，2010. 流浪儿童社会支持与自尊的关系研究[J]. 宁波教育学院学报，12(3)：60-62.
周虹，聂衍刚，张萍萍，2010. 青少年危机脆弱性自我压弹力和心理健康的关系[J]. 中国学校卫生，31(5)：552-556.
Cormier S，Nurius P S，2004. 心理咨询师的问诊策略[M]. 张建新等译. 北京：中国轻工业出版社.
Donald D，Swart-Kruger J，1994. The South African street child: Developmental implications[J]. South African Journal of Psychology，24(4)：169-174.
Mounier C，Andujo E，2003. Defensive functioning of homeless youth in relation to experiences of child maltreatment and cumulative victimization[J]. Child Abuse & Neglect，27(10)：

1187-1204.

Salili F，Hauk T，1994. The effect of teachers' evaluative feedback on Chinese students' perception of ability：A cultural and situational analysis[J]. Educational Studies，20(2)：223-236.

Schunk D H，1983. Ability versus effort attributional feedback：Differential effects on self-efficacy and achievement[J]. Journal of Educational Psychology，75(6)：848-856.

Singh A，2001. Art therapy and children：A case study on domestic violence[J]. Art Education & Creative Arts Therapies.

第四章 留守儿童心理特点研究

第一节 留守儿童心理行为问题

改革开放以来，大量的农村剩余劳动力涌入城市，由于受中国特有的城乡二元结构体制的限制，许多进城务工的农民不得不把子女留在农村，托付于他人代为照看，因此产生大量农村留守儿童。随着我国社会转型期的到来及城镇化进程的加快，留守儿童仍将是一个在较长时期内存在的群体。留守儿童数量的增多引发的一系列社会问题，引起社会各界的广泛关注，特别是留守儿童的心理健康状况受到心理学工作者的重视，研究者们进行大量的研究，从现有文献看，研究一般涉及以下几方面。

一、留守儿童概念的界定

在我国，“留守儿童”是上官子木在1994年率先提出的词汇，其所提“留守儿童”是指父母出国而被留在国内的未成年人。目前“留守儿童”的概念更为广泛，但在界定上还存在着诸多分歧，并没有一个统一的答案。分歧之一在于父母一方外出务工的子女就纳入留守儿童的范畴，还是父母双方都外出务工的子女才算是留守儿童。有些学者（吴霓，2004；申继亮等，2009）认为只要父母一方外出务工就算留守儿童；但另一些学者（范方和桑标，2005；吕绍清，2006）则认为只有父母双方都外出务工才算留守儿童。分歧之二在于对留守儿童年龄的界定不统一。一部分人把留守儿童的年龄界定在14周岁以下（段成荣和周福林，2005）；也有一部分人（吴霓，2004；江荣华，2006）认为留守儿童的年龄是在16岁以下的孩子；也有人认为留守儿童是指未满18周岁的人（叶敬忠和莫瑞，2005）；还有一些学者则把留守儿童的年龄界定在义务教育阶段（姚云，2005）；但也有很多研究没有对留守儿童的年龄做界定。分歧之三在于对留守儿童的界定是否要强调父母外出务工。大部分学者都认为留守儿童是指父母一方或者双方外出务工，而将子女留在老家的孩子（范方和桑标，2005；吕绍清，2006；叶敬忠和莫瑞，2005）。而也有人从人口流动的角度来定义留守儿童，认为留守儿童是由于父母的流动，从而不能和父母生活在一起的孩子，它强调的是孩子和父母分离这一生活状态，而不强调父母一方或者双方在外做什么（段成荣和周福林，2005）。分歧之四是留守儿童地域的界定问题。大部分学者都把留守儿童界定在农村，强调的是农村地区父母外出务工，被迫将孩子留在家乡由他人照顾的儿童（叶敬忠和莫瑞，2005；姚云，2005；吕绍清，2006；等等）；但也有学者从与父母分离的生活状态出发，并不把留守儿童局限于农村，认为留守儿童也包括城镇，例如冯建和罗海燕（2005）认为，留守儿童是对我国广大地区存在的一种与父母分离的特殊儿童群体的称谓，既包括农村地区的孩子，也包括城镇地区的孩子。

综合以上的定义，可将留守儿童定义为：由于父母一方或者双方外出务工，不能与父母生活在一起的、年龄在 18 周岁以下的孩子。

二、留守经历对留守儿童心理行为的影响

留守经历对留守儿童心理行为的影响上，主要表现在以下三个方面。

一是对留守儿童的认知产生影响。留守儿童通常会有一些认知偏差。如赵俊峰和史冰洁（2009）发现，留守经历会降低留守儿童对错误信念的理解能力，他们的错误信念理解能力的发展水平要低于父母都在身边的儿童。另外，张莉和申继亮（2011）发现留守儿童的公正世界信念得分也显著低于非留守儿童。

二是对留守儿童的情绪产生影响。留守经历使儿童更易出现消极负性情绪。Jones 等（2004）指出，因父母移民而被迫与父母分离的儿童，虽然家庭经济水平提高了，但其患情绪问题的概率是其他儿童的 2 倍，其中，1/3 的留守儿童患有严重抑郁或者人际交往困难，严重者甚至会产生自杀意图。王玲玲等（2014）对留守儿童情绪障碍的研究表明，留守儿童焦虑、抑郁等情绪障碍的发生水平要比非留守儿童高，他们相对于非留守儿童更需要得到情绪上的帮助。黎志华等（2013）的研究显示，留守儿童的情绪问题也要显著高于非留守儿童。Pottinger（2005）的研究显示，留守儿童出现更多的心理障碍，他们的悲伤强度也更大。此外，大部分研究都表明，留守儿童存在着自卑、内向封闭、人际交往困难、孤独、抑郁、焦虑等问题。Liu 等（2014）指出，有留守经历的孩子会更容易产生孤独、不满和焦虑，从而相对于非留守儿童，他们的心率和血压都明显要高，也就更易患心血管疾病。Aguilera-Guzmán 等

（2004）对墨西哥留守儿童的研究表明，留守儿童比非留守儿童经历更多的心理社会压力。叶敬忠和莫瑞（2005）的研究也表明，留守儿童由于亲子分离，缺乏亲子沟通，他们易出现沉默、悲观、自卑、安全感低或者任性、暴躁等极端问题。

三是对留守儿童的行为产生影响。第一，对学习行为有影响。Jampaklay（2007）认为，留守儿童相对于非留守儿童，入学率更低，辍学率更高。Pottinger（2005）对牙买加 9～10 岁留守儿童的研究表明，由于父母的离开，留守儿童的学业表现更差。吴霓（2004）也认为，由于父母不在身边，缺少对留守儿童的管教，隔代监护人的文化水平又普遍很低，这些都不能给留守儿童提供学业上的帮助，因此留守儿童会出现学习问题。范方和桑标（2005）的研究显示，亲子教育正常组的成绩高于非正常组的成绩，并且留守儿童的成绩因抚养方式和性别的不同存在差异。第二，留守经历可能会让儿童产生问题行为。班永飞等（2013）指出，有 47.5%的留守儿童的问题行为处于异常水平。林宏（2003）对福建农村留守儿童问题行为进行调查时发现，有很多留守儿童在家中经常顶撞祖辈或者我行我素；在学校违反学校规章制度，出现撒谎、打架、偷盗和早恋问题，并且还有留守儿童迷恋网络，经常彻夜不归；有个别留守儿童甚至出现敲诈、吸毒等违法行为。当然，也有研究发现，留守儿童与非留守儿童在问题行为上并不存在差异（郝程程等，2013）。

然而，国内学者如李宏翰和袁书（2014）指出，目前对农村留守儿童的研究存在诸多问题，其可能的原因是研究者有着先入为主的观念，倾向于认为留守儿童在各个方面都是不好的，各个方面的状况是令人担忧的，夸大农村留守儿童的问题，还夸大父母对子女发展的作用。在这种偏见之下，会导致研究结果失实，对留守孩子造成不良影响。我们应该转变研究观念，以平和的心态和价值观去考察农村留守儿童问题，而积极心理学的视角是一个可取的方向。也有研究指出，亲情的相对缺失的不利处境固然使农村留守儿童出现不良心理适应问题的危险性增加，但是也有不少的儿童能够较好地适应，甚至在某些领域获得较好的发展（刘霞等，2007）。Luthar 等（2000）也提出，不良环境固然不利于儿童的发展，但是如果他们拥有应对危险或不利处境的保护因素，那么他们仍有机会保持正常的发展，甚至其发展水平可能会超出正常儿童的发展水平。

三、影响留守儿童心理行为问题的因素

一是外在因素。很多研究指出社会支持、生活事件、家庭关系对留守儿

童的心理行为会产生影响。生活事件方面，比如，刘衔华等（2014）对留守儿童负性生活事件对健康危险行为的影响的研究表明，负性生活事件对农村留守儿童健康危险行为的预测力达到 24%，它是农村留守儿童健康危险行为显著的危险因素。胡心怡等（2007）的研究也表明，生活事件对留守儿童心理健康具有预测作用，能解释留守儿童心理健康的 23%。另外，社会支持对留守儿童的心理行为也有很大的影响。魏昶等（2014）的研究显示，家庭内支持对留守儿童的问题行为有极其显著的负向预测作用，社会支持是留守儿童问题行为非常重要的抑制性因素。江琴和 Albin（2014）的研究也表明，留守儿童的社会支持与其情绪行为问题呈负相关，社会支持对留守儿童的情绪行为问题有显著的负向预测作用。陈美芬等（2014）对侨乡留守儿童社会支持与心理健康关系的研究指出，侨乡留守儿童的社会支持水平较低，社会支持能显著预测侨乡留守儿童的心理健康。除此之外，家庭关系对留守儿童心理行为的影响也很大。例如，李翠英（2011）对留守儿童安全感的影响研究表明，亲子沟通越频繁，留守儿童的安全感越高，正面积极的亲子沟通对留守儿童安全感的发展是极其有利的。李凤玲和陈艳（2014）对留守儿童家庭环境与自我和谐的研究表明，家庭环境与自我和谐显著相关，改善家庭环境有利于增强留守儿童的自我和谐。朱倩云（2014）对影响留守儿童偏差行为因素的研究表明，对留守儿童偏差行为的影响因素，其重要性由高至低依次为父母关系、亲子关系、亲子沟通、家庭经济状况。

二是内在因素。有研究指出人格、心理弹性、自尊，对留守儿童心理行为都能产生重要影响。自尊方面，例如，邝宏达和徐礼平（2013）的研究表明，自尊与留守儿童的社会适应显著正相关，自尊对社会适应有显著的预测作用。王莉等（2011）的研究显示，留守儿童生活质量与自尊水平显著相关。王方和范兴华（2008）的研究指出，自我概念影响初中留守儿童心理健康。人格方面，比如，李品品（2014）的研究表明，亲密度、神经质、内外向和矛盾性等人格对留守儿童的主观幸福感有显著影响。神经质、精神质等个性对留守儿童生活质量有影响（王莉等，2011）。心理弹性方面，周永红等（2013）的研究表明，心理弹性与心理健康显著相关，心理弹性还能在生活事件与心理健康之间起调节作用。刘洋等（2014）、董泽松和张大均（2013）的研究都表明，心理弹性对留守儿童的孤独感有重要影响。而余益兵（2013）的研究还指出，心理弹性还能影响留守儿童的社会适应。

三是留守儿童的歧视知觉。歧视知觉指个体知觉到自己及自己所属群体中的成员受到与普通人有区别的或不公平的对待。歧视知觉是“污名化”的结果，即指人们对被贴上污名标签的人采取的疏远、敌视等伤害性的态度和行为，进而使被“污名化”的人产生了歧视知觉（申继亮等，2009）。“污名化”是指一些群体由于拥有某种不利于自身的身份，在社会其他人眼中逐渐丧失信誉和社会价值，从而受到排斥的过程。歧视现象容易在某些弱势儿童群体中出现，留守这种身份容易使留守儿童被歧视。申继亮等（2009）认为，留守儿童会感受到来自同伴、教师、邻居、社区等对自己的排斥性态度，从而产生个体歧视知觉；同时，留守儿童在感到自己所属的群体受到排斥或遭到不公平对待时也会产生此认识，即产生群体歧视知觉。研究也表明，歧视知觉能够使个体意识到自身处于弱势群体的地位，从而对个体的心理健康发展产生消极的影响（刘霞，2008）。由于留守儿童对自身的身份、地位较为敏感，他们会体验到较多的歧视，留守儿童的歧视知觉能够使个体产生抑郁、愤怒、生气等消极情绪，并且对歧视的体验会影响他们的幸福感（申继亮等，2009）。张磊等通过对 28 名留守儿童的访谈资料总结分析，发现留守儿童的歧视知觉在言语歧视、回避、行为歧视、攻击 4 个方面均有所表现，而歧视知觉可能引起留守儿童的回避、退缩、攻击、违纪等问题行为（张磊等，2015）。

从以上的研究可以看出，留守经历对留守儿童的情绪、认知、行为都能产生影响，相对于非留守儿童，留守儿童更容易产生情绪、认知及行为问题。目前，虽然有不少研究都探讨留守儿童的社会支持，但对留守儿童社会适应及其积极心理品质的研究还不多，并且从以往研究中可以发现，社会支持和心理弹性分别作为外因和内因都能对留守儿童社会适应产生一定的影响，因此研究留守儿童的社会支持、积极心理品质与社会适应的状况及它们之间相互的关系是有意义的。

第二节　留守儿童的社会支持和社会适应性研究

一、社会支持和社会适应性概述

（一）社会支持概念及对心理健康影响的理论模型

社会支持是指一个人从社会网络所获得的情感、物质和生活上的帮助。可分为客观支持和主观支持。客观支持是指客观的、可见的或实际的支持，包括物质上的援助或者社会网络、团体关系的存在和参与，这类支持对个体是客观存在的现实。主观支持是指体验到的情感的支持，是个体在社会受尊重、被支持、理解的情感体验和满意程度，与个体的主观感受密切相关。

相关的研究表明，在影响心理健康的众多因素中，社会支持起着极为关键的作用，对人积极适应社会及发展也发挥着不可忽视的作用。社会支持能激发积极情绪体验的同时也对个体的压力状态起到缓冲的作用。对于社会支持如何起保护作用有主效果模型、缓冲器模型和动态效应模型三种理论模型。

主效果模型认为，社会支持在多数情况下起到增益的作用。这种作用机制的发生能够离开压力事件的影响，即不管个体目前是否处在压力情境中，社会支持都可以作为保持个体积极情绪体验和良好身心状态的动力支持，高社会支持水平的个体总能维持好的身心状态。

缓冲器模型认为，社会支持只是在个体经历压力事件时才起到消除潜在伤害的作用，所以如果个体并没有察觉到压力，社会支持就不会起作用。该模型常常认为社会支持起作用的范围在个体的认知内部系统。具体作用表现在两个环节上。首先，社会支持在压力事件与主观评价中间部分进行影响。当个体在体验到压力事件时，如果此时感受到一定的社会支持，就会低估事件所带来的消极影响，进而提高觉察到的应对能力。其次，社会支持在压力的主观评价与社会适应中起缓冲作用，如提供问题解决的策略和方式，从而降低心理压力水平，减轻压力体验的负向作用。

动态效应模型认为，主效果模型和缓冲器模型的共同之处在于都假定社会支持与压力事件之间是独立的，动态效应模型则将两者看成是一个复合的状态，认为前两者的模型不符合实际的操作情况。应将社会支持和压力同时作为自变量，通过直接或间接作用对身心健康水平起作用，压力与社会支持的关系是相互影响和相互作用的，这种关系还会随着时间的改变而发生变化。

（二）社会适应性的内涵及理论

1. 社会适应的内涵

社会适应包括的内涵比较广，因此不同的学者对社会适应的定义有所不同。在心理学词典中，社会适应是指对我们共同生活的社会的需求、限制和道德的适应，它能让我们拥有满意的社会互动和人际关系。Lukash（2005）认为社会适应是以和谐为目的的个体或群体与社会环境的交互过程。个体为达到社会和谐，有三类适应方式：融入环境改变自身；改造环境；离开环境。朱智贤（1989）把个体社会适应定义为“个体接受现存的生活方式、道德规范和行为准则的过程”。陈建文（2010）认为社会适应是人们在现代社会中获得社会生存的基本法则，是个体在与社会环境的交互作用过程中，追求与社会环境达成和维持和谐平衡关系的过程。他认为社会适应至少有 4 个心理层次：感觉适应、行为适应、认知适应、人格适应。

以上大部分的定义，都有一些共同的特点：首先，社会适应是个体与环境的交互作用；其次，社会适应要求个体接受社会现存的生活方式，行为道德规范要符合社会的要求，并且要学习新的技能以应对社会环境的变化；最后，社会适应的结果或者状态是个体与环境达到和谐状态。因此，本书把社会适应定义为个体在与环境的交互作用过程中，接受社会现存的生活方式、行为道德规范及学习新的技能，从而与环境达到和谐状态的结果。

2. 社会适应的理论

心理健康领域中不同的理论流派均把社会适应作为其关注点。比如，精神分析文化的社会适应理论认为，生物本能是个人社会行为的根本动力，个体的行为活动仅仅是为了满足本能的欲望，但社会文化要求个体的行为必须符合社会行为规范和道德的要求，因此社会文化和本能总是相互矛盾的。所以，社会适应就在于调节本能与社会文化要求之间的矛盾，以达到和谐状态。

行为主义文化的社会适应理论认为，适应不是对本能的调节，而是在特定的情景中建立适应的行为反应的过程。适应性行为是个体建立了与特定情景适宜的反应方式，而不适应行为则是个体与情境之间没有建立适宜的反应方式。适应行为需要不断地学习，或者通过外界刺激的强化而形成，并得到巩固。

人本主义的社会适应理论认为，适应是个体与外在环境之间达成的一种默契或者和谐，这种和谐或默契能让个体充分挖掘自我潜能，展现自我价值，按照自己机体的评价而不是依照外在的价值条件来生活。

人格特质论的社会适应认为，个体的社会适应行为是由特质和环境交互作用来决定的。人格特质是影响人们思想、情感与行为的原始材料，同时也是人们适应行为的内在核心因素与基本动力特征，社会适应的过程就是人格适应的过程。

二、留守儿童社会支持状况

对于不利环境条件下的个体，社会支持是一个重要的应对资源，对个体的身心发展具有一定的保护性作用。社会支持作为保护性因素在心理健康研究中通常作为前因变量，对生活满意度、心理健康、情绪、社会适应等起重要作用。如刘霞等（2007）研究发现，社会支持对留守儿童问题或危害健康行为有负向预测作用，其中，主观支持得分低的个体可更少出现违法、欺骗和违纪行为，而支持利用度得分反向预测个体危害健康的行为。雷芳等（2009）在对不同社会支持对留守儿童心理健康的影响研究中发现朋友和教师是留守儿童首要寻求的支持对象，因为一方面，留守儿童的父母亲经常不在家，同时朋友较多的留守儿童在对人焦虑、孤独倾向及恐怖倾向方面出现的问题较少；另一方面，留守儿童由于生活环境与个性原因往往不善于表达及寻求他人帮助，这也降低了他们的社会支持的程度及利用率。留守儿童相对于非留守儿童来说，不论是主观社会支持水平还是客观支持水平及社会支持利用度上都相对较低。Herman 和 Petersen（1996）研究发现，社会支持与抑郁等消极情绪呈明显的负相关。

为了进一步考查留守儿童社会支持状况，本书从贵州省、广西壮族自治区等省（自治区）中抽取了 4 个县四年级至九年级的留守儿童进行问卷调查，有效数据 1909 份，有效率为 90.05%。问卷根据肖水源编制的《社会支持评定量表》进行了修订，以适合留守儿童使用。量表由 10 个条目组成，包括主观支持、客观支持、对支持的利用度。调查结果如下。

1. 留守儿童与非留守儿童社会支持比较

独立样本 t 检验（表 4-1）的结果表明，留守儿童与非留守儿童社会支持的各维度及总分上存在极其显著的差异，留守儿童显著低于非留守儿童。

表 4-1　留守儿童与非留守儿童社会支持的差异（$M\pm SD$）

	留守儿童（N=1110）	非留守儿童（N=792）	t
主观支持	25.62 ± 3.87	26.35 ± 3.46	-4.10^{**}
客观支持	10.27 ± 3.89	12.55 ± 3.99	-12.30^{**}
对支持的利用度	7.98 ± 1.97	8.43 ± 3.03	-3.90^{**}
社会支持总分	43.86 ± 7.21	47.56 ± 7.57	-10.40^{**}

注：M 表示平均数，SD 表示标准差；**表示 $P<0.01$。

2. 留守儿童社会支持的性别差异

研究的结果表明，留守儿童的社会支持仅在对支持的利用度上存在显著性别差异，女生对支持的利用度要显著高于男生，而在主观支持和客观支持上男生和女生并不存在显著差异（表 4-2）。

表 4-2　不同性别留守儿童社会支持的差异（$M\pm SD$）

	男（N=474）	女（N=631）	t
主观支持	25.42±3.40	25.77±4.18	−1.45
客观支持	10.13±3.90	10.36±3.88	−0.95
对支持的利用度	7.75±1.98	8.15±1.95	−3.31**
社会支持总分	43.35±7.02	44.23±7.02	−1.92

注：M 表示平均数，SD 表示标准差；**表示 $P<0.01$。

3. 不同年龄段留守学生社会支持的差异

对留守小学生和留守初中生的社会支持情况进行独立样本 t 检验，结果表明，留守初中生要好于留守小学生（表 4-3）。留守儿童随着年龄的增大，各方面都越来越成熟，因此年级越高的孩子更能寻求帮助来获得更多的社会支持。

表 4-3　不同学段留守儿童社会支持的差异（$M\pm SD$）

	小学（N=596）	初中（N=510）	t
主观支持	25.07±3.35	26.28±4.33	−5.12**
客观支持	9.39±3.51	11.29±4.08	−8.26**
对支持的利用度	7.63±1.95	8.39±1.92	−6.40**
社会支持总分	42.11±6.30	45.92±7.67	−8.80**

注：M 表示平均数，SD 表示标准差；**表示 $P<0.01$。

4. 父母外出情况对社会支持的影响

对仅父亲外出、仅母亲外出、父母均外出这三种情况的留守儿童的社会支持，进行单因素方差分析（表 4-4），结果表明，这三类儿童的主观支持和对支持的利用度都不存在差异，而在客观支持上三者差异显著。仅父亲外出的留守儿童的客观支持得分最高，其次是父母两人均外出的留守儿童，而得分最低的是仅母亲外出的留守儿童。进一步事后检验（LSD）的结果表明，仅父亲外出的留守儿童的客观支持要显著高于仅母亲外出的留守儿童（$P<0.001$）和父母均外出的留守儿童（$P<0.001$）。这就说明，母亲是留守儿童最重要的社会支持源，母亲留在家里，能让留守儿童感到更多的社会支持。

表 4-4　父母外出情况不同的留守儿童社会支持的差异（$M\pm SD$）

	仅父亲外出（N=262）	仅母亲外出（N=182）	父母均外出（N=644）	F
主观支持	25.43±3.66	25.57±3.45	25.66±3.78	0.34
客观支持	11.15±4.08	9.81±3.97	10.01±3.74	9.33**
支持利用度	8.11±1.92	8.04±1.85	7.91±2.03	1.10
社会支持总分	44.69±7.58	43.52±6.78	43.54±6.94	2.47

注：M 表示平均数，SD 表示标准差；**表示 $P<0.01$。

5. 留守儿童与父母联系频率对其社会支持的影响

对与父母联系频率不同的留守儿童的社会支持进行单因素方差分析，结果表明（表 4-5），留守儿童的社会支持在与父母联系频率上存在显著差异。进一步事后检验（LSD）的结果表明，与父母联系频率在 1 个月以上 1 次的留守儿童的主观支持、客观支持和对支持的利用度的水平都要显著低于联系频率在 1 周最少 1 次，半月 1 次及 1 个月 1 次的留守儿童。

表 4-5　留守儿童社会支持、心理弹性、社会适应在与父母联系频率上的差异（$M \pm SD$）

	1 周最少 1 次（N=670）	半月 1 次（N=134）	1 个月 1 次（N=80）	1 个月以上 1 次（N=209）	F
主观支持	26.01±4.01	25.50±3.12	25.88±3.44	24.27±3.78	10.43**
客观支持	10.52±3.81	10.24±3.98	11.81±3.82	8.88±3.74	14.08**
支持利用度	8.15±1.93	8.07±1.85	8.27±1.95	7.22±2.01	13.08**
社会支持总分	44.64±7.02	43.89±6.70	45.87±7.36	40.39±7.06	20.00**

注：M 表示平均数，SD 表示标准差；**表示 $P<0.01$。

三、留守儿童社会适应性研究

社会适应对个体的社会化及人格形成与发展具有重要作用。为了考查留守儿童的社会适应状况，本书采用周晖 2008 年编制，邹泓、余益兵 2009 年修订的《青少年社会适应行为量表》对前述被试进行了调查。该量表共包括 50 个项目，8 个维度，包括自我肯定、自我烦扰、亲社会倾向、人际疏离、行事效率、违规行为、积极应对、消极退缩。从内容上分为自我适应（自我肯定、自我烦扰）、人际适应（亲社会倾向、人际疏离）、行为适应（行事效率、违规行为）、环境适应（积极应对、消极退缩）。从功能上分为积极适应（自我肯定、亲社会倾向、行事效率、积极应对）和消极适应（自我烦扰、人际疏离、违规行为、消极退缩）。采用 5 点计分，分为完全不符合、不太符合、有点符合、比较符合和非常符合，从“完全不符合”到“非常符合”分别记为 1～5 分，其中第 41、43 题为反向计分题。8 个维度的内部一致性系数为 0.61～0.87。本书的内部一致性系数分别为 0.76、0.79、0.70、0.63、0.74、0.80、0.72、0.70。

1. 留守儿童与非留守儿童的社会适应性的差异

独立样本 t 检验的结果表明（表 4-6），留守儿童与非留守儿童除了在社会适应的行事效率上不存在显著差异外，在社会适应的其他各维度及总分上、社会支持的各维度及总分上都存在极其显著的差异。具体来说，在社会适应上，留守儿童的自我肯定、亲社会倾向、积极应对等积极适应得分均低于非留守儿童，而自我烦扰、人际疏离、违规行为、消极退缩等消极适应得分要高于非留守儿童，这就说明，留守儿童的社会适应水平低于非留守儿童。

表 4-6　留守儿童与非留守儿童社会适应的差异（$M \pm SD$）

	留守儿童（N=1110）	非留守儿童（N=792）	t
自我肯定	27.78±6.45	29.43±6.03	−5.63**
自我烦扰	19.22±6.88	17.91±7.39	3.92**
亲社会倾向	26.23±5.41	26.91±5.25	−2.73**
人际疏离	12.89±3.92	11.93±4.13	5.11**
行事效率	21.31±4.38	21.59±4.58	−1.33
违规行为	7.85±3.64	7.28±3.63	3.34**
积极应对	20.77±4.40	21.41±4.48	−3.08**
消极退缩	13.22±4.20	12.37±4.33	4.22**
积极适应总分	96.25±16.29	99.32±15.96	−3.98**
消极适应总分	53.05±13.59	49.37±14.56	5.51**

注：M 表示平均数，SD 表示标准差；**表示 $P<0.01$。

2. 留守儿童社会适应的性别差异

对不同性别的留守儿童的社会适应进行独立样本 t 检验（表 4-7），结果表明，留守男生的自我肯定得分显著高于留守女生，留守女生的亲社会倾向显著好于留守男生，而留守男生的违规行为显著多于留守女生，而在其他方面，二者并不存在差异。

表 4-7　不同性别留守儿童社会适应的差异（$M \pm SD$）

	男（N=474）	女（N=631）	t
自我肯定	28.42±6.38	27.30±6.48	2.85**
自我烦扰	18.78±6.71	19.55±6.99	−1.81
亲社会倾向	25.01±5.50	27.13±5.17	−6.50**
人际疏离	13.11±3.74	12.73±4.05	1.56
行事效率	21.19±4.36	21.41±4.40	−0.82
违规行为	8.60±4.05	7.29±3.20	5.94**
积极应对	20.65±4.47	20.85±4.35	−0.71
消极退缩	13.02±4.21	13.36±4.19	−1.34
积极适应总分	95.39±16.46	96.89±16.16	−1.46
消极适应总分	53.45±13.80	52.75±13.44	0.82

注：M 表示平均数，SD 表示标准差；**表示 $P<0.01$。

3. 不同年龄段留守儿童社会适应的差异

对留守小学生和留守初中生的社会适应情况进行独立样本 t 检验，结果表明留守初中生社会适应性要好于留守小学生（表 4-8）。

表 4-8　不同年级留守儿童社会适应的差异（$M \pm SD$）

	小学（N=596）	初中（N=510）	t
自我肯定	27.13±6.12	28.52±6.75	-3.55^{**}
自我烦扰	19.96±6.87	18.36±6.79	3.84^{**}
亲社会倾向	25.50±5.22	27.05±5.51	-4.74^{**}
人际疏离	13.61±3.79	12.05±3.92	6.61^{**}
行事效率	21.55±4.22	21.04±4.54	1.91
违规行为	8.41±3.89	7.20±3.21	5.54^{**}
积极应对	20.50±4.41	21.07±4.36	-2.12^{**}
消极退缩	13.82±3.96	12.51±4.36	5.17^{**}
积极适应总分	94.82±15.55	97.84±16.95	-2.98^{**}
消极适应总分	55.84±12.83	49.83±13.74	7.25^{**}

注：M 表示平均数，SD 表示标准差；**表示 $P<0.01$。

4. 不同留守时间的差异比较

对留守时间在 1 年以内、1～2 年、2～5 年、5 年以上的留守儿童的社会适应情况进行单因素方差分析（表 4-9），结果表明，在社会适应的亲社会倾向维度上，这四者的差异显著，进一步事后检验（LSD）的结果表明，留守时间在2～5年的儿童的亲社会倾向要高于留守时间在1年以内的儿童(P=0.03)，留守时间在 5 年以上的儿童的亲社会倾向也要高于留守时间在 1 年以内的儿童（P=0.02）。

表 4-9　留守时间不同的儿童在社会支持、心理弹性、社会适应上的差异（$M \pm SD$）

	1 年以内（N=309）	1～2 年（N=164）	2～5 年（N=154）	5 年以上（N=466）	F
自我肯定	27.89±6.84	27.68±7.03	27.67±5.98	27.77±6.14	0.06
自我烦扰	18.92±6.65	19.14±7.05	19.09±6.74	19.50±7.04	0.47
亲社会倾向	25.68±5.03	25.67±5.02	26.79±6.87	26.58±5.23	2.78^{*}
人际疏离	13.18±4.45	13.10±3.72	12.70±3.90	12.73±3.61	1.04
行事效率	21.48±4.31	21.38±4.68	21.07±4.57	21.27±4.26	0.31
违规行为	7.70±3.77	8.04±3.51	8.19±3.76	7.76±3.57	0.82
积极应对	20.54±4.76	21.13±3.92	20.42±4.50	20.93±4.28	1.14

续表

	1年以内（N=309）	1～2年（N=164）	2～5年（N=154）	5年以上（N=466）	F
消极退缩	13.61±4.10	13.23±4.10	12.65±3.66	13.12±4.48	1.89
积极适应总分	95.66±16.88	95.84±16.52	96.42±17.21	96.74±15.53	0.29
消极适应总分	53.48±13.65	53.06±13.59	52.39±13.77	52.99±13.55	0.20

注：M表示平均数，SD表示标准差；*表示P<0.05。

5. 父母外出情况的差异比较

对仅父亲外出、仅母亲外出、父母均外出这三种情况的留守儿童的社会适应情况进行单因素方差分析（表 4-10），结果表明，这三种情况的留守儿童并不存在显著差异。

表 4-10　父母外出情况不同的留守儿童在社会适应上的差异（M±SD）

	仅父亲外出（N=262）	仅母亲外出（N=182）	父母均外出（N=644）	F
自我肯定	28.45±5.69	27.85±6.96	27.45±6.17	2.37
自我烦扰	18.51±6.99	20.09±6.76	19.22±6.82	2.78
亲社会倾向	26.33±5.67	26.33±5.73	26.15±5.22	0.14
人际疏离	12.52±3.83	13.00±3.44	13.06±4.10	1.74
行事效率	21.18±4.14	21.71±4.58	21.25±4.41	0.93
违规行为	7.78±3.70	7.92±3.83	7.85±3.57	0.08
积极应对	20.60±4.35	21.04±4.34	20.74±4.44	0.54
消极退缩	13.23±4.10	13.08±4.11	13.26±4.26	0.12
积极适应总分	96.44±16.05	97.08±16.45	95.78±16.13	0.47
消极适应总分	52.00±14.30	54.22±13.49	53.16±13.32	1.37

注：M表示平均数，SD表示标准差。

6. 与父母联系频率的差异比较

对与父母联系频率不同的留守儿童的社会适应进行单因素方差分析(表4-11)，结果表明，留守儿童的社会适应在与父母联系频率上存在显著差异。进一步事后检验（LSD）的结果表明，与父母联系频率在一个月以上一次的留守儿童的积极适应得分要显著低于联系频率在一周至少一次，半月一次及一个月一次的留守儿童，而消极适应得分要显著高于其他三类儿童。

表 4-11　留守儿童社会适应在与父母联系频率上的差异（M±SD）

	一周最少一次（N=670）	半月一次（N=134）	一个月一次（N=80）	一个月以上一次（N=209）	F
自我肯定	27.75±6.24	29.29±6.37	28.82±6.35	26.44±6.94	6.09**
自我烦扰	18.79±6.86	19.26±6.91	18.12±6.63	20.91±6.67	5.64**

续表

	一周最少一次（N=670）	半月一次（N=134）	一个月一次（N=80）	一个月以上一次（N=209）	F
亲社会倾向	26.70±5.49	26.44±5.15	25.83±4.92	24.74±5.28	7.10**
人际疏离	12.77±4.00	13.16±3.85	11.67±4.44	13.63±3.36	5.42**
行事效率	21.43±4.22	21.76±4.46	20.92±4.71	20.78±4.65	1.83
违规行为	7.66±3.37	8.26±4.22	6.93±3.63	8.44±3.93	4.70**
积极应对	20.94±4.39	21.06±4.56	21.12±4.21	19.92±4.29	3.24**
消极退缩	13.22±4.24	13.21±4.44	11.91±3.83	13.57±3.92	3.06**
积极适应总分	96.94±15.88	98.27±17.30	96.91±16.68	92.23±16.14	4.95**
消极适应总分	52.33±13.26	53.72±15.54	48.47±14.09	56.54±12.27	8.00**

注：M 表示平均数，SD 表示标准差；**表示 $P<0.01$。

7. 城市留守儿童与农村留守儿童的差异比较

对城市留守儿童与农村留守儿童的社会适应进行独立样本 t 检验（表 4-12），结果表明，在积极社会适应（自我肯定、亲社会倾向、积极应对）三个方面，都是城市留守儿童要好于农村留守儿童；在消极社会适应方面（自我烦扰、人际疏离、违规行为、消极退缩），农村留守儿童的得分要高于城市留守儿童。

表 4-12　城市留守儿童和农村留守儿童社会适应的差异（$M±SD$）

	城市（N=200）	农村（N=893）	t
自我肯定	31.50±5.98	27.54±6.43	4.62**
自我烦扰	15.55±6.62	19.38±6.80	−4.20**
亲社会倾向	29.86±4.20	26.04±5.38	5.35**
人际疏离	9.66±3.58	13.07±3.86	−6.62**
行事效率	21.74±4.37	21.27±4.37	0.80
违规行为	5.77±1.81	7.95±3.67	−4.47**
积极应对	22.05±3.99	20.69±4.42	2.29*
消极退缩	10.91±4.00	13.33±4.17	−4.34**
积极适应总分	105.16±15.59	95.69±16.18	4.37**
消极适应总分	41.87±11.50	53.63±13.36	−6.55**

注：M 表示平均数，SD 表示标准差；*表示 $P<0.05$，**表示 $P<0.01$。

四、留守儿童社会支持与社会适应性的关系

社会支持能显著地预测社会适应状况，已经得到诸多验证（董开莎，2010；方双燕等，2012）。社会支持有利于个体应对生活中出现的各种变化、危机

及不利环境，对青少年的社会适应和心理健康有重要影响。另外，社会支持与中学生、大学生及流动儿童、残疾儿童的社会适应有显著的相关，不同支持水平的个体，其社会适应存在明显的差异（李文道等，2003）。留守儿童作为一个特殊的弱势群体，在亟须安全感和爱的年龄与其父母分离，他们的社会支持水平怎样，对支持的利用度又是怎样，不同的社会支持是否也会预测其社会适应呢？刘霞等（2007）指出，初中留守儿童的社会支持能显著预测其问题行为，社会支持水平较高的留守儿童的问题行为相对较少。那么，除了行为适应外，留守儿童的社会支持是否也能预测社会适应的其他方面？比如人际适应、自我适应、环境适应等，这些都需要得到持续验证。

（一）社会支持与社会适应的相关分析

对社会支持与社会适应进行皮尔逊相关分析，结果见表4-13，自我肯定与主观支持、客观支持、对支持的利用度显著正相关；自我烦扰与主观支持、客观支持、对支持的利用度显著负相关。亲社会倾向与主观支持、客观支持、对支持的利用度显著正相关；人际疏离与主观支持、客观支持、对支持的利用度显著负相关。行事效率与主观支持、客观支持、对支持的利用度显著正相关；违规行为与主观支持、客观支持、对支持的利用度显著负相关。积极应对与主观支持、客观支持、对支持的利用度显著正相关；消极退缩与主观支持、客观支持、对支持的利用度显著负相关。总体来说，社会支持与积极适应维度显著正相关，与消极适应维度显著负相关。

表4-13　留守儿童社会支持与社会适应的相关分析

	主观支持	客观支持	支持利用度	总社会支持
自我肯定	0.34**	0.25**	0.23**	0.38**
自我烦扰	−0.22**	−0.19**	−0.23**	−0.28**
亲社会倾向	0.30**	0.27**	0.30**	0.39**
人际疏离	−0.12**	−0.22**	−0.17**	−0.23**
行事效率	0.28**	0.18**	0.24**	0.31**
违规行为	−0.10**	−0.14**	−0.09**	−0.15**
积极应对	0.28**	0.20**	0.24**	0.32**
消极退缩	−0.08*	−0.131**	−0.07*	−0.12**
积极适应	0.39**	0.28**	0.32**	0.45**
消极适应	−0.20**	−0.25**	−0.21**	−0.29**

注：*表示 $P<0.05$，**表示 $P<0.01$。

（二）留守儿童社会支持对其社会适应的预测

建立留守儿童社会支持各维度对其消极和积极社会适应的结构方程模型（图 4-1）。以社会支持的三个维度为预测变量，社会适应的 8 个维度分别生成积极适应和消极适应 2 个潜变量作为结果变量，社会适应各维度在其量表上的负荷都达到极其显著的水平（$P<0.001$），这表明测量工具是有效的。从模型各项拟合指数（表 4-14）可知，此模型是可以接受的。由图 4-1 可知，留守儿童主观支持能正向预测其积极适应，β=0.28，$C.R$=8.53，$P<0.001$，但主观支持对消极适应的预测不显著。客观支持能正向预测积极适应，β=0.12，$C.R$=3.74，$P<0.001$，也能负向预测消极适应，β=–0.22，$C.R$=–5.92，$P<0.001$。支持利用度能正向预测积极适应，β=0.21，$C.R$=6.60，$P<0.001$，也能负向预测消极适应，β=–0.18，$C.R$=–4.93，$P<0.001$。这在一定程度上证明了社会支持对社会适应的直接效应假设。

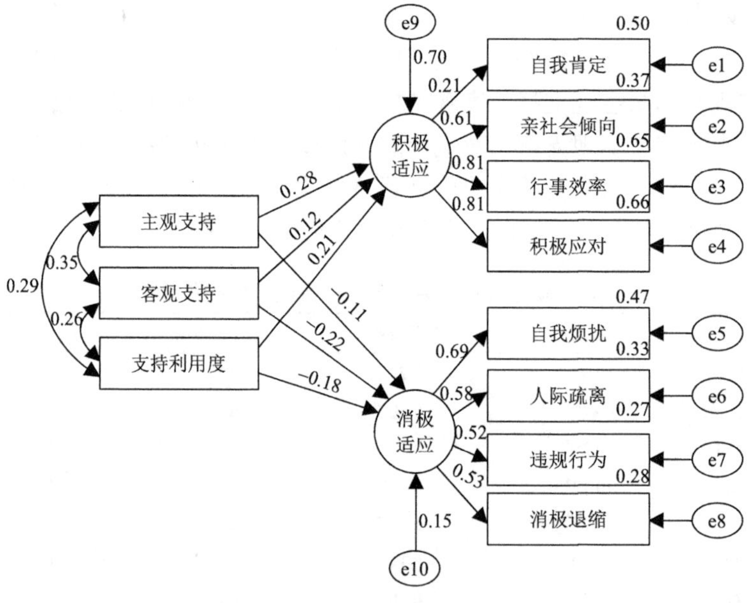

Standardized estimates
Default model
群组=Group Number 1
卡方值=244.425（P=0.000）；自由度=39
RMSEA=0.069；AGFI=0.937
卡方自由度比值=6.267；GFI=0.963

图 4-1　社会支持各维度对留守儿童社会适应的预测

表 4-14　社会支持对社会适应预测模型的拟合度指数

χ^2/df	*NFI*	*TLI*	*IFI*	*CFI*	*GFI*	*RMSEA*
6.26	0.92	0.90	0.93	0.93	0.96	0.07

五、留守儿童社会支持、社会适应的基本状况讨论

本书研究结果表明，留守儿童与非留守儿童在社会支持及社会适应上都存在极其显著的差异，并且从总体上来看，在这几个变量上的得分都是非留守儿童高于留守儿童。父母在满足儿童“爱和归属”的需要中的作用举足轻重，留守儿童的父母由于不在身边，无法给予他们更多的陪伴和关爱，致使留守儿童“爱和归属”的需要得不到满足，因此留守儿童往往比较自卑、内向、悲观、缺乏安全感，并存在一定的人际交往困难（Pottinger，2005；Liu et al.，2014；林宏，2003；叶敬忠和莫瑞，2005）。父母支持的减少，并且由于自卑、内向的性格，使得他们很少主动寻求帮助及主动参与人际交往活动，所以他们的社会支持水平相对于父母均在身边的儿童自然要低。这与许松芽（2011）、蒋坤和冯春（2013）、谢大欣（2014）的研究一致。从功能上来说，留守儿童积极适应（自我肯定、亲社会倾向、积极应对）的得分要低于非留守儿童，而消极适应（自我怀疑、人际疏离、违规行为、消极退缩）的得分要高于非留守儿童。留守儿童由于爱的需要得不到满足，他们会产生“自己不够好，不够听话等才使父母离开自己”的想法，并且由于他们自卑、内向，人际关系比非留守儿童差，他们更容易自我怀疑及人际疏离。王玲玲等（2014），Liu 等（2014）的研究都表明，留守儿童比较孤独，人际交往困难。在违规行为上，由于留守儿童缺乏父母的管教，大多与爷爷奶奶或者外公外婆住，爷爷奶奶或者外公外婆一般会比较溺爱他们，因此他们的违规行为也会比非留守儿童多。林宏（2003）对福建农村留守儿童问题行为进行调查时也发现，有很多留守儿童在家中经常顶撞祖辈或者我行我素；在学校违反学校规章制度，出现撒谎、打架、偷盗和早恋问题；并且还有留守儿童迷恋网络，经常彻夜不归；有个别留守儿童甚至出现敲诈、吸毒等违法行为。叶敬忠和莫瑞（2005）的研究表明，留守儿童由于亲子教育的缺失，他们有的孤独内向，而有的则任性暴躁，甚至出现极端问题行为。

本书研究结果表明，留守儿童的社会支持仅在对支持的利用度上存在显著性别差异，女生对支持的利用度要显著高于男生，而在主观支持和客观支持上男生和女生并不存在显著差异。这一结果与李志凯（2009）、陈美芬等

（2014）的研究一致，他们的研究结果都显示，留守女生仅对支持的利用度上要显著高于留守男生。这可能是因为女生更擅长倾诉，在遇到困难时，女生能主动寻求他人帮助与合作，而男生可能碍于面子，不愿将自己的心事向他人倾诉，注重问题的自我解决。因此，女生在对支持的利用度上要高于男生。留守儿童的社会适应在自我肯定、亲社会倾向、违规行为上存在性别差异，而在其他方面并不存在显著差异。其中，在自我肯定上，留守男生的得分要显著高于留守女生。这可能是女生较为敏感，对很多事情都比较在乎，容易产生自我怀疑，而男生则对很多事情都不放在心上，并且女生天性相对于男生要腼腆、谦虚，因此女生对自己的肯定要比男生少。而在亲社会倾向上，是女生的得分显著高于男生。这个结论已经被诸多研究所证明，女生在人际交往上要显著好于男生，她们更具有亲和力，更喜欢合作，更容易与他人建立友谊关系，而男生相对于女生在人际交往上则相对较弱。在违规行为上，男生的违规行为显著比女生多也是显而易见的。男生生性好动，喜欢冒险，追求刺激，而女生生性相对乖巧，因此男生的违规行为肯定比女生多。

本书对留守小学生和留守初中生的社会支持与社会适应进行比较，结果表明，在社会支持、积极适应上，都是留守初中生的得分要显著高于留守小学生，而在消极适应上，留守初中生的得分要显著低于留守小学生。这是因为留守儿童随着年龄的增大，各方面都越来越成熟，因此年级越高的孩子更能寻求帮助以获得更多的社会支持，并且更能从困难中恢复过来，进而更好地适应社会。这就告诉我们，父母应尽量不要在孩子的小学阶段外出务工，实在迫不得已也要尽量等到孩子各方面都比较成熟时才外出。

本书研究结果表明，在社会支持上，留守时间不同的儿童并不存在差异。刘霞等（2007）的研究显示，留守时间 5 年的儿童比 1 年的儿童感受到更多的情感支持；本书研究结果与前人研究不一致的原因可能是研究工具不一致导致的。因此，不同留守时间的儿童的社会支持是否存在差异，仍需在以后的研究中进一步检验。在社会适应上，很少有研究者对不同留守时间的儿童的社会适应的差异进行比较，仅有郝振和崔丽娟（2007）的研究表明，留守时间一旦达到半年，留守儿童的社会适应就显著低于正常儿童。这在本书比较留守儿童与非留守儿童的社会适应的差异时已得到了证明。在本书中，结果显示，不同留守时间的儿童仅在亲社会倾向维度上存在差异，留守时间在 2～5 年及 5 年以上的留守儿童的亲社会倾向得分要显著高于留守时间在 2 年以内和 1 年以内的留守儿童，这可能是由于留守时间越长，留守儿童越能适应父母外出的事实，因此会更加亲社会以获得更多父母之外的支持。

本书对仅父亲外出、仅母亲外出和父母均外出的留守儿童的社会支持和社会适应的差异进行比较，结果表明，这三类儿童的主观支持和对支持的利用度都不存在差异，而在客观支持上，三类儿童的差异显著，仅父亲外出的留守儿童的客观支持得分最高，其次是父母两人均外出的留守儿童，而得分最低的是仅母亲外出的留守儿童。这就说明，母亲是留守儿童最重要的社会支持源，让母亲留在家里，能让留守儿童感到更多的社会支持。而刘霞等（2007）的研究却显示，父母均外出的儿童与仅父亲外出的儿童在社会支持上不存在差异。这两种结果不一致的原因有可能是使用的问卷不一样导致的。在社会适应上，三者也不存在差异，这与陈京军等（2014）的研究结果一致，他的研究表明，不管是父母都在外务工还是仅父亲或者母亲在外务工的留守儿童，在适应行为上均没有显著差异。

本书研究结果表明，留守儿童的社会支持、社会适应有随着与父母联系频率的降低而降低的趋势。对于留守儿童来说，如果父母经常与他们联系，亲子之间的互动较多，就会减少他们由于对父母的思念而引起的无助感和孤独感，他们也会感受到更多来自父母的爱和关怀，这有利于培养他们更加自信、更加开放的性格，让他们在遇到困难时能更多地寻求他人帮助，并提高心理弹性的水平及各方面的适应能力。因此外出务工的父母要经常与孩子交流沟通。

在社会支持上，本书研究结果显示，城市留守儿童要好于农村留守儿童。许松芽（2011）的研究也显示，农村留守儿童的社会支持要低于城市留守儿童。这可能是由于我国长期的城乡二元结构使得城乡之间的经济、文化教育发展不平衡，农村的可利用资源比城市少很多。而农村留守儿童的父母或者其监护人的受教育水平也要比城市留守儿童的父母或监护人低。

对留守儿童社会支持各维度和社会适应各维度之间的关系进行分析时发现，社会支持的三个维度都与积极适应有显著的正相关，而与消极适应有显著的负相关。随后根据社会支持对社会适应预测模型的结果发现，社会支持能正向预测留守儿童的积极适应情况，能反向预测留守儿童的消极适应情况。这与本书的假设完全符合。由此可见，社会支持确实是影响留守儿童社会适应的一个重要因素，社会支持水平越高，留守儿童的积极适应情况越好，而社会支持水平越低，他们的消极适应更明显。已有大量的研究发现，社会支持作为一种保护性资源，能有效地影响社会适应，社会支持的获得会让个体在面对压力或逆境时，能更有效地适应，而社会支持的缺失往往会导致个体适应不良，如抑郁或问题行为（刘霞等，2007）。

本书研究发现，相对于双亲在家的儿童，留守儿童的社会支持相对较少，而社会适应水平也较低，因此为了留守儿童更好地成长，更好地适应社会，除了在外务工的父母要多与留守的孩子主动交流沟通，让他们感受到更多来自父母的关爱外，学校和社会也要尽量多为留守儿童提供一些帮助，让他们感受到更多的社会支持，从而提高他们的社会适应能力。

第三节　留守儿童的积极心理品质研究

积极心理学侧重于探索积极的心理品质，培养当事人的潜能和主体能动性，从而增强其战胜困难的力量。把积极心理学运用到留守儿童的教育工作当中，可以转变以往只强调运用外在力量去矫正留守儿童的失调行为和情绪困扰的方式；将应对困境与增强自我成长能力相结合，有助于减少负性事件的消极影响，提高留守儿童的心理健康水平，保障其健康成长，这对构建和谐社会具有积极的意义。这里我们从心理弹性和希望两个方面做了一些探讨。

一、留守儿童心理弹性的调查研究

（一）心理弹性的概念

“resilience”一词有多种中文译法，一般译为“心理弹性”，也有学者译为“复原力”“压弹”“抗逆力”“韧性”等（席居哲等，2008）。心理弹性的研究始于 20 世纪 70 年代左右，那时候有研究者注意到有些儿童在面对贫穷、战争、暴力、歧视等威胁时，居然能成功地度过，他们把儿童身上的这种特质称为“心理弹性”，此后，心理弹性的研究如雨后春笋般出现，并应用于帮助儿童应对压力情境中。对于心理弹性的定义，在不同的阶段，不同的研究者之间，有不同的定义。在早期的研究中，心理弹性是指在过去或者现在的逆境背景下的一种积极适应模式（Glantz & Johnson，1999）。后期研究对于心理弹性的定义则更加广泛，并进行跨分析水平和跨学科的整合，如 Masten（2011）认为，心理弹性是个体能承受或者能从威胁自身稳定性、生存和发展的重要挑战中迅速恢复过来的一种动态系统能力。

目前，一般将心理弹性的定义分为三种：特质性定义、过程性定义和结果性定义。特质性定义强调心理弹性是个体的一种能力或者特质，是稳定的。如 Connor 和 Davidson（2003）认为心理弹性是一种能让人在逆境中茁壮成长的个人品质。Lee 和 Cranford（2008）认为心理弹性是个体成功应对重要变化、逆境或者风险的能力。Leipold 和 Greve（2009）也认为心理弹性是在重大不利条件下的稳定性、迅速恢复力（甚至是成长）。过程性定义强调心理弹性是一个适应的过程，是随着环境和情形而改变的过程，即不仅使一个人在一种逆境中能顺利适应，也有可能在另外的逆境中积极适应。如 Rutter（1987）认为，心理弹性是一个充满活力的过程，是个体在压力环境中适应良好的过程，当环境改变的时候，心理弹性也会变化。Luthar 等（2000）认为心理弹性是个体在重大不利环境下积极适应的动态过程。结果性定义强调心理弹性的结果。如 D′ Imperio（1996）认为，心理弹性是克服困难或者恢复良好适应的行为结果或者功能，这种结果是获得比个体处在困境中时预期不好的结果要好的结果。个体在危机中预期的结果是适应不良的，但个体最后表现出来的结果却是适应良好的，这就叫"心理弹性"。Masten（2001）对心理弹性的界定是，个体虽然存在严重威胁，但仍能适应良好或者发展良好的结果 。综上所述，大部分定义都包括了两个关键词："逆境"和"积极适应"；我们认为心理弹性是一种面对逆境能积极适应或者能从逆境中迅速恢复过来的能力。

（二）留守儿童心理弹性调查结果

我们对第二节中提到的 1110 名留守儿童作为调查对象，采用由 Block 和 Kreman 于 1996 年编制的心理弹性量表进行了调查，研究结果如下。

1. 留守儿童与非留守儿童心理弹性的差异

独立样本 *t* 检验的结果表明（表 4-15），留守儿童与非留守儿童在心理弹性上存在极其显著的差异。留守儿童的心理弹性低于非留守儿童。

表 4-15　留守儿童与非留守儿童心理弹性的差异（$M\pm SD$）

	留守儿童（N=1110）	非留守儿童（N=792）	t
心理弹性	38.07±6.26	39.70±6.79	−5.35**

注：*M* 表示平均数，*SD* 表示标准差；**表示 $P<0.01$。

2. 不同性别留守儿童心理弹性的差异

对不同性别的留守儿童的心理弹性进行独立样本 *t* 检验，结果表明（表 4-16），在心理弹性方面，留守男生和留守女生不存在显著差异。

表 4-16　不同性别留守儿心理弹性的差异（$M\pm SD$）

	男（N=474）	女（N=631）	t
心理弹性	37.81±6.43	38.25±6.13	−1.14

注：*M* 表示平均数，*SD* 表示标准差。

3. 留守小学生和留守初中生心理弹性的差异

对留守小学生和留守初中生的心理弹性情况进行独立样本 t 检验，结果表明，留守初中生心理弹性要好于留守小学生（表 4-17）。

表 4-17　不同年级留守儿童心理弹性的差异（$M \pm SD$）

	小学（N=596）	初中（N=510）	t
心理弹性	37.38±5.99	38.85±6.48	−3.82**

注：M 表示平均数，SD 表示标准差；**表示 $P<0.01$。

4. 不同留守时间的差异比较

对留守时间在 1 年以内、1～2 年、2～5 年、5 年以上的心理弹性情况进行单因素方差分析，结果表明（表 4-18），不同留守时间的儿童并不存在差异。

表 4-18　不同留守时间的心理弹性的差异（$M \pm SD$）

	1 年以内（N=309）	1～2 年（N=164）	2～5 年（N=154）	5 年以上（N=466）	F
心理弹性	37.26±6.09	38.09±7.12	38.205±5.87	38.51±6.15	2.44

注：M 表示平均数，SD 表示标准差。

5. 父母外出情况的差异比较

对仅父亲外出、仅母亲外出、父母均外出这三种情况的心理弹性情况进行单因素方差分析，结果表明（表 4-19），这三种情况的留守儿童并不存在显著差异。

表 4-19　父母外出情况不同的心理弹性上的差异（$M \pm SD$）

	仅父亲外出（N=262）	仅母亲外出（N=182）	父母均外出（N=644）	F
心理弹性	38.43±6.32	38.02±5.95	37.94±6.31	0.53

注：M 表示平均数，SD 表示标准差。

6. 与父母联系频率的差异比较

对与父母联系频率不同的留守儿童的心理弹性进行单因素方差分析，结果表明（表 4-20），留守儿童的心理弹性在与父母联系频率上存在显著差异。事后多重检验发现，与父母联系频率在 1 个月以上 1 次的留守儿童的心理弹性也要显著低于联系频率在 1 周 1 次，半月 1 次及 1 个月 1 次的留守儿童。

表 4-20　留守儿童心理弹性在与父母联系频率上的差异（$M \pm SD$）

	1 周最少 1 次（N=670）	半月 1 次（N=134）	1 个月 1 次（N=80）	1 个月以上 1 次（N=209）	F
心理弹性	38.23±6.01	39.37±6.36	38.27±6.34	36.51±6.26	6.15^{**}

注：M 表示平均数，SD 表示标准差；**表示 $P<0.01$。

7. 城市留守儿童与农村留守儿童的差异比较

对城市留守儿童与农村留守儿童的心理弹性进行独立样本 t 检验，结果表明（表 4-21），城市留守儿童要好于农村留守儿童。

表 4-21　城市留守儿童与农村留守儿童心理弹性的差异（$M \pm SD$）

	城市（N=200）	农村（N=893）	t
心理弹性	42.66±7.07	37.80±6.12	5.72^{**}

注：M 表示平均数，SD 表示标准差；**表示 $P<0.01$。

（三）留守儿童心理弹性的基本状况讨论

本书研究结果表明，留守儿童与非留守儿童在心理弹性上存在极其显著的差异。由于留守儿童缺乏一定的社会支持、外界支持源不多，并且他们本身比较悲观，内外因的双重作用使他们在遇到困难和挫折时，从中恢复的时间相对于有足够社会支持源并且更乐观的非留守儿童要长，所以留守儿童的心理弹性要比非留守儿童低。这一结果与许松芽（2011）、刘洋等（2014）、董泽松和何志魁（2014）的研究一致。

留守儿童的心理弹性在性别上并不存在显著差异，这与谭水桃等（2009）、何芙蓉等（2011）、董泽松和张大均（2013）、刘洋等（2014）的研究结果一致。

在心理弹性上，留守初中生的得分要显著高于留守小学生。这说明留守初中生的心理弹性水平高于留守小学生。这可能是因为初中生身心发展水平比小学生更成熟，处理问题和解决问题的能力进一步提高，在应对环境挑战上的能力增强了，使得他们拥有较好的心理弹性。另外，社会支持是儿童心理弹性发展的一个重要保护因素，本书研究发现留守初中生比留守小学生更善于寻求社会支持，从而降低适应不良出现的可能性。

在心理弹性上，本书的研究显示留守时间不同的儿童不存在差异。刘霞等（2007）的研究显示，留守时间 5 年的儿童比 1 年的儿童感受到更多的情感支持；李永鑫等（2008）、朱激文和康莉（2012）的研究都显示，心理弹性与留守时间的长度呈负相关，父母外出时间越久，留守儿童心理弹性越低。这一结果与前人研究不一致的原因可能是研究工具不一致导致的。因此，不同留守时间的儿童的心理弹性是否存在差异，仍需在以后的研究中进一步检验。

本书研究显示仅父亲外出、仅母亲外出和父母均外出三种情况下，留守儿童的心理弹性不存在差异。前人研究大多显示仅父亲外出的留守儿童的心理弹性是最高的。如刘洋等（2014），赵永婧等（2014）的研究认为，仅父亲外出的留守儿童的心理弹性要高于仅母亲外出的留守儿童。本书研究结果却显示，这三类留守儿童的心理弹性并不存在显著差异。这虽然与本书研究假设不符合，但何芙蓉等（2011）的研究也显示三者并不存在差异。因此，在这方面，有待以后的研究进一步验证。

本书研究结果表明，留守儿童的心理弹性有随着与父母联系频率的降低而降低的趋势。在心理弹性上，朱激文和康莉（2012）的研究也显示，与父母沟通频率越高，留守儿童心理弹性越好。对于留守儿童来说，如果父母经常与他们联系，亲子之间的互动较多，就会减少他们由于对父母的思念而引起的无助感和孤独感，他们也会感受到更多来自父母的爱和关怀，这有利于培养他们更加自信、更加开放的性格，让他们在遇到困难时能更多地寻求他人帮助，并提高心理弹性的水平及各方面的适应能力。因此，外出务工的父母要经常与孩子交流沟通。

研究结果显示，城市留守儿童的心理弹性要好于农村留守儿童。这与许松芽（2011）的研究结果一致。众所周知，由于历史原因，城乡差异一直存在，农村不仅在经济收入、生活条件、社会保障上落后于城市，在公共服务上差距亦大，城市儿童在享受教育和公共卫生服务方面明显优于农村。城市学校基本上普及了心理健康教育，而很多边远农村学校里学生心理健康教育工作几乎没有开展起来。因此，受到社会环境及家庭的影响，农村留守儿童在遇到困难时，能助其顺利、迅速度过逆境的方法和途径相对较少，从而影响到他们的社会支持状况及心理弹性水平，进而影响到他们的良好适应能力。

二、留守儿童的希望水平现状研究

（一）希望概述

自 20 世纪 50 年代，希望进入心理学和精神病学研究领域以来，研究者对于希望的界定一直争论不一，主要围绕着希望是属于认知范畴还是属于情感范畴进行辩论。希望的认知观认为希望是一种信念与思维，能促使个体坚持不懈达成某个目标。如人的思维会影响希望的产生，希望是一种认知状态或倾向；希望是一种信念，有希望的个体常常会坚信每件事的结果都是令人快乐的。希望的情感观认为希望是一种情绪体验，是个体在意识到自己所期待的未来结果是积极的时候所产生的，当个体确立一个目标，必然会产生一种与该目标紧密联系的情感体验。当前研究者普遍赞同的观点是，希望应该属于认知与情感范畴的整合，希望不只是单一的认知，也不只是单一的情感体验，它的内涵应该包含这两个方面的内容。希望是个体追求目标实现时的愿望强度与其所预料的目标实现成就之间的关系所产生的一种认知，随之而产生的一种情绪调节能力。希望的发生与个体对目标估计时所产生的积极情感与消极情感体验有关，即积极情感比消极情感大的越多，会发生越大的希望，反之，会发生失望；若两种情感的直接差异为零，希望就不会发生。

随着研究的深入，研究者发现把希望当成单维概念来研究是存在缺陷的，无论是希望的认知观还是情感观都只是围绕着个体实现目标时的感知觉来进行的，并没有探讨个体实现目标过程中实际行动的情况。Snyder 等在此基础上对希望进行相关研究，对希望进行更综合、具有可操作性的定义，并发展为当前最新的希望理论。Snyder 等（1997）将希望定义为以目标为基础，经后天学习形成的一种个人思维与行为倾向，同时也是一种动力状态，包括个体感知到的成就动力（指向目标的意志信念与决心）和实现成就的路径（指向目标的计划与方法）。Snyder 认为个体活动具有目标指向性，在生活中，目标引领我们前进，为了达成目标，个体会产生动力和路径两种思维。目标是希望的核心，指引着个体目的行为的发生。他将目标分为两种，一种是趋近积极的目标结果，一种是逃避消极的目标结果。他还发现目标实现的可能性与希望水平关系甚微。另外，目标可以分为长期目标和短期目标，还可以分为具体可行的目标（如我今天要背一百个单词）和模糊不清目标（我要好好读书）。研究表明，目标越明确越能激发动力思维，而模糊不清的目标难以为个体提供足够动力去达成目标。动力思维和路径思维是希望不可或缺的组成部分，两者相辅相成。动力思维是启动和维持个体沿着既定计划坚持不懈朝向目标前进的动力与信念，而路径思维是个体寻求实现目标的具体计划与制定策略方法的能力。对于高希望水平者，目标一旦确定，大脑即会自然本能地形成达成目标的方法和策略；而低希望水平者较难完成这项工作。

关于希望的研究大多集中在对希望的功能作用的探索上，比如其与学业成就、心理健康的关系及在人力资源管理和医学、心理咨询方面的运用与研究。陈海贤和陈洁（2008）通过对贫困大学生的希望与情绪研究发现，希望影响着贫困大学生的抑郁情绪和幸福感水平，其中，希望直接独立影响抑郁，通过应对方式来影响幸福感。魏军锋（2015）通过对希望与应对方式在生活满意度和社会支持中介效应的检验研究中发现，希望水平高的留守儿童在面临不利处境时，会积极寻求解决方法，适应能力较强。Merkaš 和 Brajša-Žganec（2011）以中学生为被试，用层序聚类分析将希望的得分分为高、低两个水平，发现高希望水平的儿童的生活满意度、自尊、社会支持等方面的得分均显著高于低希望水平的儿童。范兴华等（2016）考查父母关爱对留守儿童孤独感的影响及希望在其中的作用时发现，希望可以有效地抵消与缓解父母关爱缺失对留守儿童孤独感的不利影响。有研究认为，希望感水平高的学生有较高的自尊与幸福感，具有积极的应对策略，较少遭受抑郁和焦虑情绪，内控，更乐观（Snyder et al., 1997）。希望水平是影响生活满意度的重要因素，高希望水平的个体，生活满意度高于低希望水平个体，且呈现更少的问题行为。

（二）留守儿童希望水平状况

本书采用赵必华等修订的儿童希望量表，采用方便取样的方式，选取 502 名来自贫困地区父母外出务工的留守儿童作为被试进行调查。他们的年龄为 8～18 岁，其中男生 224 人，占总人数的 44.6%；女生 278 人，占总人数的 55.4%。对所获得的数据进行了人口学变量的差异检验，以了解留守儿童希望水平的特点。

1. 留守儿童与非留守儿童的希望比较

本书研究留守儿童希望得分为 21.63±5.91（总分 36 分），高于理论中值（18 分）；动力思维得分为 10.32±3.20（理论中值 9）；路径思维得分 11.31±3.36（理论中值 9）。这说明留守儿童希望及其各个维度水平均处于中等偏上水平。且路径思维的得分比动力思维的得分高，可见处境不利儿童对未来生活充满期望，在实现目标的过程中，能够积极有效地寻找解决问题的方法与途径，具有较强的动机与毅力去面对困难与挫折，能够坚持不懈地去达成目标。

本书研究希望总分和各维度得分与魏军锋（2015）、金淦（2014）的调查结果接近。但留守儿童与非留守儿童希望水平是否有差异，就目前的研究来看，研究结果有不一致的地方。魏军锋（2015）的研究认为仅父亲外出、仅母亲外出务工、父母均外出的留守儿童与非留守儿童之间在希望量表及其维度的得分上的差异无统计学意义（$P<0.05$）。但金淦（2014）的研究揭示，

农村留守儿童与非留守儿童在希望的总分与路径思维得分上存在显著差异，非留守儿童得分高于留守儿童（$P<0.05$），而在动力思维上并不存在显著差异。现有研究较统一的结果是，农村留守儿童与非留守儿童在希望的动力思维上不存在显著差异，这反映出留守儿童相比于非留守儿童在对于愿望目标达成的动机及信念上是一致的，即农村留守儿童在实现愿望目标的意志力上并不低于非留守儿童。

2. 留守儿童希望水平性别差异比较

对不同性别留守儿童希望总分及其各维度进行独立样本 t 检验，结果表明（表 4-22），在希望水平方面，不论是希望总分还是动力思维和路径思维，男生和女生均存在显著差异。这与钟剑涛（2012）的研究一致，不同性别高中生在动力思维与路径思维上存在显著差异，而在金淦（2014）的研究中留守儿童的希望水平在性别上没有显著差异。这种不一致的原因可能是研究的被试群体不一样。

表 4-22　留守儿童希望在性别上的独立样本 t 检验（$M\pm SD$）

	男生（N=224）	女生（N=278）	t
希望总分	22.63±6.08	20.85±5.65	3.39^{**}
动力思维	10.84±3.20	9.90±3.15	3.30^{**}
路径思维	11.79±3.53	10.95±3.17	2.80^{**}

注：M 表示平均数，SD 表示标准差；**表示 $P<0.01$。

3. 留守儿童希望水平年级差异比较

对不同年级（四年级、五年级、六年级、七年级、八年级、九年级）的留守儿童在希望其各个维度的平均得分进行 F 检验，结果见表 4-23，不同年级的留守儿童在希望及其各个维度上存在显著差异。采用事后多重比较（Scheffe 方法）进一步分析不同年级在希望及其各维度上的差异情况，结果发现，四年级留守儿童与七年级、八年级留守儿童在希望总分上存在边缘显著（$P=0.049<0.05$；$P=0.017<0.05$），在动力思维上存在显著差异（$P=0.002<0.001$；$P=0.029<0.05$）。四年级留守儿童在希望与动力思维上的得分显著高于七年级、八年级。这可能是儿童进入初中后学习的难度逐渐加大、学习负担慢慢加重、教师教学方式发生转变造成的，这些都可能使原本就缺乏亲子关系的农村留守儿童更容易产生退缩和对未来愿望目标怀疑的反应。

9～10 岁是儿童发展的关键时期和转折时期，教师应抓住这段时期，着重培养农村留守儿童希望、乐观、真诚等积极心理特质。农村留守儿童因为家庭原因，在日常学习生活中，更容易形成对事物消极的认知，所以有针对性地培养他们积极的心理特质是迫切需要的。

表 4-23　留守儿童希望在年级上的差异检验（$M \pm SD$）

	四年级（66）	五年级（55）	六年级（71）	七年级（112）	八年级（105）	九年级（94）	F
希望总分	24.03±5.85	21.78±5.30	22.01±5.61	20.99±5.81	20.61±6.05	21.46±6.13	3.22**
动力思维	11.62±3.30	10.82±2.97	10.46±3.03	9.51±3.25	9.87±3.16	10.46±3.09	4.521***
路径思维	12.41±3.25	10.96±3.03	11.55±3.22	11.48±3.36	10.74±3.41	11.00±3.54	2.451*

注：M 表示平均数，SD 表示标准差；*表示 $P<0.05$，**表示 $P<0.01$，***表示 $P<0.001$。

三、留守儿童积极心理品质培养的重要性及策略

（一）留守儿童积极心理品质培养的重要性

积极心理品质是指个体在先天潜能和环境教育交互作用的基础上形成的相对稳定的正向心理特质，这些心理特质影响或决定着个体的思想、情感和行为方式的积极取向，继而为个体拥有幸福有成的人生奠定基础（陈虹，2007）。积极的思维品质、积极的情绪情感体验、积极习惯的养成、积极人格的塑积及认知方式的形成、积极意志品质的磨炼、心态的调整、积极组织与积极关系的建立等，有助于青少年儿童的心理发展和积极成长，这些对于留守儿童成长和发展更具有重要意义。

留守儿童因为父母不在身边或者隔代抚养造成的情感缺失又带来其他方面的一些问题，一些人敏感、自卑、不稳定、易冲动，但同时他们的自我意识随着自身的成长日趋强烈，因此他们希望能够更加独立、自主地处理自己学习和生活中的各种问题。但是由于其认识和能力有限，自制力差，独立意识与独立能力之间有一种不同步性，这带来了其心理发展上的尖锐矛盾。开展有针对性的专题教育，通过培养积极的心理品质可以帮助学生解决这一阶段的主要问题。比如，通过爱的培养解决青春期异性关系问题和亲子关系问题、通过友善的培养解决人际交往问题、通过执着培养解决抗挫力和意志力薄弱的问题，开展学习、心理辅导，帮助学生掌握有效的复习策略和方法。

部分留守儿童正处于“青春期”，个体的生理和心理在这一时期发生急剧的发展变化，是从幼稚走向成熟的重要转型时期。由于这一时期情绪情感发展极不稳定，如果在这一时期学生的负性情绪、情感没有得到及时的疏导

和调控，就容易引发各种情绪问题与行为问题，如焦虑、抑郁、打架、自杀等。青春期学生犯罪的直接原因之一也是情绪情感发展的不成熟。由于这个时期是儿童心理发展变化的转折期，在个体的整个心理发展上占有特殊位置，培养留守儿童的积极心理品质有助于其在挫伤中获得成长复原，在逆境中获得成长。

（二）留守儿童积极心理品质培养的策略

东方的积极心理学关注乐观的心理，如知足者常乐、顺其自然；关注积极的心理品质，如温厚宽容、常存感恩；关注积极向上的心理，如不甘放弃、追求美好；关注积极入世的人格精神，关注善待生命的慈悲胸怀，这些都是积极的心理内容。西方的积极心理学强调以主观幸福感为中心，以积极体验、积极人格、积极社会组织系统为三个支撑点来开展相关研究，即“一个中心，三个支撑点”（朱翠英和胡义秋，2015）。在积极体验方面，积极心理学提出了主观幸福感（subject well-being）、福乐（flow）、积极情感扩建（the broaden-and-build theory of positive emotions）等理论；在积极人格方面，积极心理学提出了24种积极人格品质。在积极的社会组织系统方面，对积极的社会大系统，优良社会小系统（学校、家庭），负责任的媒体等进行了很多探索，并提出了自我预防（self-prevention）、积极应对（positive coping）和生活质量（quality of life）等理论（朱翠英和胡义秋，2015）。

积极心理品质是个体在活动中有所体验、有所感悟、有所触动而形成的。对留守儿童的积极心理品质培养而言，要以“体验”和“活动”为主。教师可以通过设置灵活多样、丰富多彩的活动来进行儿童积极心理品质的培养，可以组织心理活动和其他活动，如心理训练、团体辅导、角色扮演、心理剧、游戏、讲故事、小品、辩论等；也可以组织各种文体竞赛和表演，如球赛、朗诵比赛、各种才艺表演（如歌唱、舞蹈、琴棋书画等）和文艺演出；还可以开展班会和社团活动，如升旗仪式典礼、主题班会、社团活动等。学校还可以联合家庭和社区开展对初中生有益的活动，如郊游、社会调查、社会公益活动，以培养他们积极的心理品质。

学校的教育工作，要从面向问题学生和学生的问题向面向全体学生和全面开发心理潜能，提高综合心理素质方向转变；从单有专职教师的专门服务向全员参与、全学科渗透、全方位服务和全面提高方向转变；从化解问题、缓解痛苦向提高免疫力、提高幸福指数方向转变。教学过程中要重视学科渗透的教育方式。教师可以在数理化学科教学中渗透发散思维品质训练，培养创造性思维和创造力；在语文学科中渗透积极情感教育，培养爱、宽容、友善、真诚、执着等人文精神；在音乐、美术学科教学中培养学生的审美品质；在历史和政治学科教学中培养学生信念和希望等品质；在体育教学中，培养学生的合作精神、良好的意志品质和竞争意识，等等。

家庭是培养孩子积极心理品质的重要场所，在孩子成长过程中起着不可替代的作用。对于留守儿童来说，正是因为这一方面的缺失才使得孩子成了留守儿童。在做不到跟随进城务工父母一起到所在城市入学的情况下，父母可以通过电话、视频、QQ、微信等通信方式经常和孩子保持联系，构建和谐的亲子关系和家庭教育环境。学校可以每学期远程为留守儿童家长开展一些有针对性的积极心理健康教育知识讲座和培训，帮助家长改变旧的教育观念，形成新的积极心理健康教育取向的教育观念，这将更有利于留守儿童积极心理品质的培养。

给予留守儿童更多的爱，这是培养其良好心理品质的基础。爱是指重视与他人的亲密关系，懂得彼此分享、关心。一方面提倡父母和孩子多沟通、多交流；另一方面教育学生多理解父母，让他们知道父母离开他们的不得已和艰辛，是为了让家人有更幸福的生活，培养学生爱和感恩的品质。再者，可以动用社会力量，开展代理家长活动，代理家长是关爱服务队伍的重要组成部分。在不少地方，有机构组织县（市、区）党政干部、教师及社会人士与留守儿童结对帮扶，担当代理家长的职责，弥补他们在情感交流、生活抚育等方面的缺失。比如，陕西石泉县组织全县 2447 名党政干部、教师及社会人士与留守儿童结对子，担任代理家长，为留守儿童提供全方位关爱，使其“生活上有人管，学习上有人帮，安全上有保证”，形成独特的“石泉模式”（吕炜，2011），这在一定程度上让留守儿童不再那么孤单，让他们可以感受到家庭的温暖。

参考文献

班永飞，宋娟，吴孝勇，2013. 贵州省农村留守儿童问题行为特点及与社会支持的关系[J]. 中国儿童保健杂志，21(1)：34-36.

陈海贤，陈洁，2008. 贫困大学生希望特质、应对方式与情绪的结构方程模型研究[J]. 中国临床心理学杂志，16(4)：392-394.

陈虹，2007. 大力推进积极心理健康教育——访“积极心理健康教育模式”创始人孟万金教授[J]. 中小学心理健康教育，(09A)：7-9.
陈建文，2010. 论社会适应[J]. 西南大学学报（社会科学版），36(1)：11-15.
陈京军，范兴华，程晓荣，等，2014. 农村留守儿童家庭功能与问题行为——自我控制的中介作用[J]. 中国临床心理学杂志，22(2)：319-323.
陈美芬，陈丹阳，袁苑，2014. 侨乡留守儿童社会支持与心理健康关系的研究[J]. 心理研究，7(3)：63-67.
董开莎，2010. 不同社会支持类型的大学生社会适应状况的研究[J]. 中国健康心理学杂志，18(10)：1248-1250.
董泽松，何志魁，2014. 少数民族地区留守儿童家庭功能与心理弹性的关系[J]. 中国妇幼保健，29(6)：920-923.
董泽松，张大均，2013. 536 名少数民族留守儿童心理弹性与生活满意度关系研究[J]. 中国妇幼保健，28(22)：3625-3628.
段成荣，周福林，2005. 我国留守儿童状况研究[J]. 人口研究，29(1)：29-36.
范方，桑标，2005. 亲子教育缺失与“留守儿童”人格、学绩及行为问题[J]. 心理科学，28(4)：855-858.
范兴华，何苗，陈锋菊，2016. 父母关爱与留守儿童孤独感——希望的作用[J]. 中国临床心理学杂志，24(4)：702-705.
方双燕，桑青松，顾雅婷，2012. 中学生同伴支持、基本心理需要和社会适应的关系研究[J]. 社会心理科学，27(12)：1465-1470.
冯建，罗海燕，2005. “留守儿童”教育的再思考[J]. 广东教育学院学报，25(2)：39-41，60.
郝程程，凌辉，周立健，等，2013. 农村留守儿童和非留守儿童问题行为和同伴接受性的比较研究[J]. 社会心理科学，28(1)：98-103.
郝振，崔丽娟，2007. 自尊和心理控制源对留守儿童社会适应的影响研究[J]. 心理科学杂志，30(5)：1199-1201.
何芙蓉，刘巧兰，周欢，等，2011. 四川省南部农村留守初中生心理弹性影响因素分析[J]. 中国学校卫生，32(2)：164-165.
胡心怡，刘霞，申继亮，等，2007. 生活压力事件、应对方式对留守儿童心理健康的影响[J]. 中国临床心理学杂志，5(5)：501-503.
江琴，Albin B，2014. 初中留守儿童社会支持特点与情绪行为问题的关系[J]. 中国学校卫生，35(3)：325-327.
江荣华，2006. 农村留守儿童心理问题现状及对策[J]. 成都行政学院学报，15(1)：71-72.
蒋坤，冯春，2013. 初中留守儿童社会支持与自我意识关系研究[J]. 赣南师范学院学报，

(1)：122-124.

金淦，2014. 农村留守儿童希望现状及教育建议[J]. 成都师范学院学报，(4)：105-107.

邝宏达，徐礼平，2013. 自尊及心理安全感对留守儿童社会适应性的影响[J]. 中国学校卫生，34(9)：1084-1086.

雷芳，贾艳杰，徐黎玲，等，2009. 不同社会支持对留守儿童心理健康的影响研究[J]. 教育测量与评价（理论版），(12)：39-43.

黎志华，尹霞云，朱翠英，2013. 农村留守儿童情绪与行为特征：平均趋势与个体差异[J]. 湖南农业大学学报（社会科学版），14(3)：35-39.

李翠英，2011. 亲子沟通对农村留守儿童安全感的影响研究[J]. 中国集体经济，(9)：234-235.

李凤玲，陈艳，2014. 留守儿童家庭环境与自我和谐的相关性研究[J]. 济宁医学院学报，37(5)：344-346.

李宏翰，袁书，2014. 我国农村留守儿童问题研究的基本情况、主要不足和若干建议[J]. 广西师范大学学报（哲学社会科学版），50(1)：117-121.

李品品，2014. 家庭环境、人格因素对农村留守儿童主观幸福感的影响[J]. 中国健康心理学杂志，22(2)：239-241.

李文道，邹泓，赵霞，2003. 初中生的社会支持与学校适应的关系[J]. 心理发展与教育，(3)：73-81.

李永鑫，骆鹏程，谭亚梅，2008. 农村留守儿童心理弹性研究[J]. 河南大学学报（社会科学版），48(1)：13-18.

李志凯，2009. 留守儿童心理弹性与社会支持的关系研究[J]. 中国健康心理学杂志，17(4)：440-442.

林宏，2003. 福建省“留守孩”教育现状的调查[J]. 福建师范大学学报（哲学社会科学版），3：132-135.

刘霞，2008. 流动儿童的歧视知觉：特点、影响因素与作用机制[M]. 北京：北京师范大学.

刘霞，范兴华，申继亮，2007. 初中留守儿童社会支持与问题行为的关系[J]. 心理发展与教育，3：98-103.

刘霞，赵景欣，申继亮，等，2007. 初中留守儿童社会支持状况的调查[J]. 中国临床心理学杂志，15(2)：183-185.

刘衔华，胡义秋，孙焕良，2014. 农村留守儿童的负性生活事件及其对健康危险行为的影响[J]. 中国儿童保健杂志，22(4)：354-357.

刘洋，祖母拉提，葩俪泽，2014. 喀什地区维吾尔族留守儿童心理弹性与孤独感关系[J]. 中国学校卫生，35(9)：1397-1399.

吕绍清，2006. 中国农村留守儿童问题研究[J]. 中国妇运，(6)：19-25.

吕炜，2011. 农村留守儿童代理家长之法律思考——兼评留守儿童关爱机制陕西“石泉模式”[J]. 西北大学学报（哲学社会科学版），(6)：142-145.

申继亮，胡心怡，刘霞，2009. 留守儿童歧视知觉特点及与主观幸福感的关系[J]. 河南大学学报（社会科学版），46(6)：116-120.

谭水桃，张曼莉，孙利娜，2009. 不同心理复原力中学生家庭环境因子比较[J]. 中国学校卫生，30(2)：144-146.

王方，范兴华，2008. 初中留守儿童自我概念与心理健康的关系[J]. 湘潭师范学院学报（自然科学版），30(2)：153-155.

王莉，徐伟亚，王锋，等，2011. 农村留守儿童生活质量及与自尊和个性的关系[J]. 精神医学杂志，24(3)：186-188.

王玲玲，陈立文，陈素菡，2014. 留守儿童情绪障碍的研究[J]. 浙江医学，(16)：1402-1403.

魏昶，许倩，陈晓明，等，2014. 留守儿童问题行为与感戴、社会支持的关系[J]. 中国儿童保健杂志，22(6)，664-666.

魏军锋，2015. 留守儿童的社会支持与生活满意度——希望与应对方式的多重中介效应[J]. 中国心理卫生杂志，(5)：361-365.

魏军锋，2015. 留守儿童希望特质及其与学业成绩的关系[J]. 中国儿童保健杂志，(09)：959-961.

吴霓，2004. 农村留守儿童问题调研报告[J]. 教育研究，(10)：55-61.

席居哲，桑标，左志宏，2008. 心理弹性（Resilience）研究的回顾与展望[J]. 心理科学，31(4)：995-998.

谢大欣，2014. 留守儿童社会支持与抑郁症状的关系[J]. 华中师范大学学报（人文社会科学版），(A5)：57-61.

许松芽，2011. 留守儿童心理弹性与社会支持关系的调查研究[J]. 集美大学学报（教育科学版），12(3)，60-62.

许松芽，2012. 流动儿童心理适应性和社会支持的关系研究[J]. 宁波大学学报（教育科学版），34(6)，59-63.

姚云，2005. 农村留守儿童的问题及教育应对[J]. 教育理论与实践，25(7)：41-43.

叶敬忠，詹姆斯·莫瑞，2005. 关注留守儿童——中国中西部农村地区劳动力外出务工对留守儿童的影响[M]. 北京：社会科学文献出版社.

余益兵，2013. 留守初中生适应特点及其与心理弹性的关系[J]. 集美大学学报（教育科学版），14(4)：25-29.

张磊，傅王倩，王达，等，2015. 初中留守儿童的歧视知觉及其对问题行为的影响——一项质性研究分析[J]. 中国特殊教育，(7)：53-59.

张莉，申继亮，2011. 农村留守儿童主观幸福感与公正世界信念的关系研究[J]. 中国特殊教育，(6)：78-82，88.

赵俊峰，史冰洁，2009. 留守儿童和非留守儿童错误信念理解能力的比较[J]. 河南大学学报，49(6)：122-126.

赵永婧，范红霞，刘丽，2014. 亲子依恋与初中留守儿童心理韧性的关系[J]. 中国特殊教育，7：59-65.

钟剑涛，2012. 高中生社会支持与希望特质的关系[J]. 中小学心理健康教育，(9)：16-19.

周永红，吕催芳，徐凡皓，2013. 留守儿童心理弹性与心理健康的关系研究[J]. 中国特殊教育，(10)：52-59.

朱翠英，胡义秋，2015. 大学生积极心理素质教育研究[M]. 北京：人民出版社.

朱翠英，胡义秋，2015. 积极心理取向的高校心理素质教育：必然性及其模式建构[J]. 湖南师范大学教育科学学报，(4)：124-128.

朱激文，康莉，2012. 农村留守儿童心理弹性调查报告——以梅山中心幼儿园大班为例[J]. 早期教育（教科研版），(6)：11-17.

朱倩云，2014. 留守儿童偏差行为的影响因素分析[J]. 心理研究，7(3)：74-80.

朱智贤，1989. 心理学大辞典[M]. 北京：北京师范大学出版社.

Aguilera-Guzmán R M，Salgado de Snyder V N，Romero M，et al.，2004. Paternal absence and international migration：Stressors and compensators associated with the mental health of Mexican teenagers of rural origin[J]. Adolescence，39(156)：711-723.

Connor K M，Davidson J R T，2003. Development of a new resilience scale：The Connor-Davidson resilience scale(CD-RISC)[J]. Depression and Anxiety，18(2)：76-82.

D′ Imperio R L，1996. Factors related to resilience for adolescents facing chronic adversity in an urban setting. Dissertation Abstracts International[J]. Section B：The Sciences and Engineering，57(1-B)：693.

Glantz M D，Johnson J L，1999. Resilience and development：Positive life adaptations[M]. New York：Kluwer Academic/Plenum Publishers.

Herman S M，Petersen A C，1996. The protective role of coping and social resources for depressive symptoms among young adolescents[J]. Journal of Youth and Adolescence，25(6)：733-753.

Jampaklay A，2007. Parental absence and children's school enrolment：Evidence from a longitudinal study in Kan-chanaburi，Thailand[J]. Asian Population Studies，2(1)：93-110.

Jones A，Sharpe J，Sogren M，et al.，2004. Children's Experiences of Separation from Parents as a Consequence of Migration[J]. Arawak Publications，3(1)：89-109.

Lee H H，Cranford J A，2008. Does resilience moderate the associations between parental problem drinking and adolescents'internalizing and externalizing behaviours? A study of Korean adolescents[J]. Drug and Alcohol Dependence，96(3)：213-221.

Leipold B，Greve W，2009. Resilience：A conceptual bridge between coping and development[J]. European Psychologist，14(1)：40-50.

Liu J，Yin X，Mao L，2014. Left-behind children in parental migration are susceptible to cardiovascular disease[J]. Journal of Food and Nutrition Research，2(3)：96-100.

Lukash EI，2005. Attitudes toward the social adaptation of creatively gifted children in Russia and the United States[J]. Russian Education and Society，47(11)：57-70.

Luthar S S，Cicchetti D，Becker B，2000. The construct of resilience：A critical evaluation and guidelines for future work[J]. Child Development，71(3)：543-562.

Masten A S，2001. Ordinary magic：Resilience processes in development[J]. American Psychologist，56(3)：227-238.

Masten A S，2011. Resilience in children threatened by extreme adversity：Frameworks for research，practice，and translational synergy[J]. Development and Psychopathology，23(2)：493-506.

Merkaš M，Brajša-Žganec A，2011. Children with different levels of hope：Are there differences in their self-esteem，life satisfaction，social support，and family cohesion? [J]. Child Indicators Research，4(3)：499-514.

Pottinger A M，2005. Children's experience of loss by parental migration in inner-city Jamaica[J]. American Journal of Orthopsychiatry，75(4)：485-496.

Rutter M，1987. Psychosocial resilience and protective mechanisms[J]. American Journal of Orthopsychiatry，57(3)：316-331.

Snyder C R，Cheavens J，Sympson S C，1997. Hope：An individual motive for social commerce[J]. Group Dynamics：Theory Research & Practice，1(2)：107-118.

第五章　处境不利儿童压力后成长研究

第一节　压力后成长的概述

一、压力后成长的基本概念及内涵

古语有云："玉琢磨，不成器""吃一堑，长一智"，顾名思义就是逆境中孕育着成长与积极改变，我们将这种现象称为"压力后成长"。每个人在成长的过程中都会经历挫折，随着积极心理学的发展，人们越来越深刻地了解到消极生活事件的发生不仅是以消极结果告终，还可以孕育着成长。所谓压力后成长，是指个体经历压力事件后较好地摆脱了压力，重新获得了心理的平衡，并且从这一过程中获得了心理上的进一步成熟和成长。主要表现在：从否定自己向正确认识自己和接纳自己转变；改变了非理性的认知；应对挫折和抵抗危机的能力增强；和他人的关系较过去更为紧密（吴素梅和方建东，2014）。

与压力后成长相关的概念有：创伤后成长（post-traumatic growth，PTG）、压力相关成长（stress- related growth）、感知到的益处（perceived benefits）、益处寻求（benefit- finding）、益处解释（construing benefits）、观念的变化（changes in outlook）、心理活力（psychological thriving）（Kesimci et al.，2005；涂阳军和郭永玉，2011）、逆境与成长（growth following adversity）等（Joseph & Linley，2006）。这些概念之间是否可以互相取代，学界并没有达成共识，而且也不清楚这些概念间仅仅是研究者的使用偏好，还是暗含着本质上的不同（涂阳军和陈建文，2009）。当前，由 Tedeschi 和 Calhoun（1996）提出的创伤后成长概念使用得最为广泛，所谓创伤后成长，是指个人在具有创伤性质的事件或情境当中，与创伤事件或情境进行对抗后感受到的心理方面的积极改变。

“压力后成长”在内涵上有别于“创伤后成长”，创伤后成长的个体遭受的是创伤性负性事件或情境，个体遭受事件时的压力反应较严重，消极事件对个体的影响较大。压力后成长的个体遭受的压力事件虽然也包括创伤负性事件，但更多的是日常烦扰和日常消极事件，事件的严重程度和个体遭遇事件时的压力反应相对较轻。因此，“压力后成长”这个称谓包含更广泛的成长领域，不仅指代重大“创伤”后的成长，还描述个体在各种挫折压力事件后的成长。儿童在其成长过程中，产生心理危机的压力源通常是一般压力事件而非创伤性事件。所以，在儿童心理发展中“压力后成长”比“创伤后成长”适用性更广。压力后成长是儿童心理发展中常见的问题，是儿童心理咨询和心理健康教育的一个重要主题。

二、儿童压力后成长的特点及影响因素

（一）儿童压力后成长的特点

开始进入或正处于青春发育期的儿童，身心发展迅速，情感丰富且易波动，这一特点使得他们在生活中容易遭受挫折和压力，且产生不良影响。这个时期，他们压力后成长的情况如何呢？有什么特点呢？笔者的研究团队对此进行了一系列的研究（方建东和吴素梅，2011；覃春望和吴素梅，2016），具体研究结果如下。

1）压力后成长在儿童经受压力之后非常普遍。在笔者及其团队的研究过程中，无论是大学生群体还是儿童群体，通过对他们的压力后成长情况研究发现，他们的压力后成长各因子的得分和总均分都为 2～3（5 级评定），这表明压力后成长普遍存在于儿童经受压力之后。

2）女生的压力后成长水平要高于男生。女生的总体压力后成长水平要高于男生，针对这种情况，一种解释是：相对于男生，女生对压力事件较为敏感，压力事件引发了负性情绪，而负性情绪能够促发个体对压力事件的反思与再评价，促进压力后成长（Lisa & Eliza，2009）。另一种解释是：受中国传统文化当中的性别期望的影响，相对于男生，女生获得更多的社会支持，因为也就获得更多的压力后成长（陆朋玮和李杨，2015）。值得一提的是，性别的这种差异，在人际关系层面尤为凸显。女生在成长发育的过程中，相对男生，她们会更多地寻找和接受支持，当处于不利处境时，她们也更倾向于动用社会支持，通常也会对所接受的帮助更满意，进而收获更为紧密的人际关系。

3）低年龄比高年龄的压力后成长水平更高。笔者在一项针对处境不利儿

童的研究中，对处境不利儿童进行了问卷调查，数据分析结果显示，压力后成长水平最高的是处于小学高年级阶段的儿童，而初中阶段则相对要低些，尤其是初一年级。一些相关研究结果也显示，低年龄的被试获得更多的成长（Lechner & Antoni，2004；Lau et al.，2010）。根据压力与感知到的成长之间的倒 U 形曲线关系，高等程度的压力，获得的成长越少。初一年级的处境不利儿童正处于人生一个新的起点，既面临着新环境适应问题，又面临青春期身心发育问题，相对于其他阶段的儿童，更容易遭受较大的挫折和压力。因此，相对应地，他们所获得的压力后成长较少。

（二）影响儿童压力后成长的因素

随着积极心理学的发展，人们越来越关注个体积极成长的力量，以促进个体的成长与完善。积极心理学是一种以积极品质和积极力量为研究核心，致力于使个体和社会走向繁荣的科学研究。其研究的重点是人自身的积极品质和力量，研究的内容集中于积极情绪、积极人格特质和积极的社会组织系统。基于积极心理学理论，儿童压力后成长主要受下列因素的影响。

1. 社会支持与压力后成长

社会支持作为科学研究的对象和专业上的概念，在 20 世纪 70 年代才从精神病学文献中被引入。从不同的角度来看，研究者对社会支持有不同的解释。例如，从社会互动关系的角度来定义社会支持，社会支持是人与人之间的亲密联系，这种联系是客观存在或个体能感知到的，个人能与他人交流，感到被关心、被接纳、被爱、有价值，并在他们需要时获得帮助。从社会行为的角度定义社会支持，社会支持是一种能够促进扶持、帮助或支撑事物的行为或过程，是个体对他人社会需要的反应，可以体现人们的整体参与水平。从社会资源作用的角度来定义社会支持，社会支持是个人处理紧张事件的一种潜在资源，通过社会关系，个体与他人或群体之间互换社会资源。事实上，社会支持的概念具有多元性，既包含环境因素，又包含个体内在的认知因素，它直接反映了个体与他人之间的相互作用。从社会支持的结构上来说，社会支持分为两类：一是客观社会支持，指支持网络所提供的具体的支持行为，是客观存在的现实；二是个体对支持的可获得性和总体的满意度。这个与个体的主观感受密切相关，影响着个体对支持性行为的解释和反应。

社会支持因素对压力后成长的作用机制可以从两个方面来解释，一方面是社会支持的主效应模型，该模型认为社会支持具有普遍的加强作用，只要增加社会支持，就能增加个体应对压力的资源，从而获得成长。另一方面是社会支持的缓冲期模型，该模型认为社会支持在压力事件对个体身心健康的消极影响中起缓冲作用。已有研究论证过领悟社会支持作为一个生活压力缓冲期的重要作用（Cohen & Wills，1985）。压力后成长可能是在个体独特的应对需要和他能够利用的资源之间一个适合的指示器。个体可以请求和接收适当的支持来帮助应对压力事件，从而获得积极改变。

压力后成长与个体的特质因素关系密切，尤其是积极评价和意义寻求，但是这些个人特质因素要真正发挥作用，还是与环境支持有很大关系。比如，Jayde（2005）研究表明，良好的社会支持与创伤后的积极成长具有积极作用。在一项针对大学生群体的研究中，将社会支持与压力后成长的数据进行回归分析，结果发现，领悟社会支持对压力后成长有显著的预测作用，可见在压力后成长的发展中社会支持发挥着重要的作用（方建东和吴素梅，2011）。在针对处境不利儿童的研究中，采用青少年社会支持量表、儿童压力后成长量表（见附录一）进行测量，结果也显示社会支持与压力后成长存在正相关，社会支持对压力后成长有显著的预测作用（周玉霞，2017）。社会支持作为一个保护因子，为处于压力中的个体提供资源，还能够促进个体获得压力后成长。

2. 正性情感与压力后成长

正性情感（PA）反映的是人们感觉热心、积极活跃和警觉的程度。高度的PA是一种精力充沛、全神贯注、欣然投入的状态，而低度的PA则表现为哀伤和失神乏力。与PA相对应的是负性情感（NA），是一种心情低落和不愉快的基本主观体验，包括各种令人生厌的情绪状态。Waston等的研究表明，反映人格特质的PA和NA分别与“大五”人格中的“外向性”和“神经质”具有很强的相关，因此被称为“大二”情绪维度（the“big two”affective dimension）（Watson et al.，1988）。已有研究指出在压力事件中负性情感的普遍作用（Aspinwall & Taylor，1992）。与之相反的是正性情感，正性情感反映一个人感觉热情、积极和警惕的程度，我们期望正性的情感与压力后成长有一个正的相关，即人格倾向的正性情感可能促进压力后成长的发展。因此，在我们的一项研究中，采用正性情感和负性情感问卷（PANAS）、大学生压力后成长量表进行研究分析，结果发现正性情感与压力后成长呈显著正相关，且对压力后成长有显著的预测作用（方建东和吴素梅，2011）。

3. 乐观与压力后成长

乐观是指一种稳定持久的人格品质。乐观的个体对现实和未来持有积极的态度倾向，这种态度倾向可对个体的认知、情感和行为产生深刻影响。乐观作为积极心理学的核心概念，是预测成长的一项重要指标。有研究表明，个体拥有的乐观水平越高，越能够预测成长（Dunn et al.，2011）。乐观、希望等不仅能缓解创伤或压力事件的消极影响，还能促进个体的自我成长（Park，2004）。具备乐观特质的个体能通过积极的应对策略提高创伤后成长的水平（Zwahlen et al.，2010）。

乐观对压力后成长的作用机制尚不十分明朗。但有部分的研究者认为人格特质与个人成长关系密切，尤其是那些与应对过程的积极结果相关的人格特质，如乐观，能够有效预测成长。他们也倾向于认为这些人格特质使得个体更容易获得社会支持，并可以提高积极应对不利环境的技能；又或者通过对事件的积极再评估，通过改变认知，使用问题聚焦型的应对策略以获得成长（靳宇倡等，2014）。我们比较认可 Rajandram（2011）提出的创伤后成长促进因素模型理论的观点：压力或创伤事件作用于个体，具有乐观、开放性人格特质的个体倾向于积极寻求社会支持，并形成长期/稳定的婚姻/同伴关系，而良好的社会支持及稳定良好的人际关系又能促进个体进行益处寻求和意义构建，进而产生刻意的沉思，增加个体的乐观与希望，从而促进 PTG 的产生。

在一项针对处境不利儿童的研究中（覃春望和吴素梅，2016），向处境不利儿童发放了青少年乐观问卷和儿童压力后成长问卷，收集到有效数据 363 份，研究结果显示，处境不利儿童的乐观及其各个维度与压力后成长及其各个维度存在极显著的正相关，相关系数为 0.397～0.741，属于中等程度的正相关，可见乐观是预测压力后成长的一个重要因子。进一步的回归分析结果表明，乐观对压力后成长具有极显著的正向预测作用，且能解释压力后成长 54.9%的变异量。可能是具备乐观特质的个体更倾向于采用积极的应对策略来应对压力事件，积极寻求社会支持，也更有可能把压力事件看成是个人成长的机会，并从中进行益处寻求和意义构建，并最终获得压力后成长。可见，儿童的乐观特质与其获得压力后成长有着密切的关系。

4. 逆境信念与压力后成长

逆境信念（Chinese cultural beliefs about adversity），是指个体对逆境本质的认识，包括逆境的发生原因、所产生的后果和适当的应对方式等（Shek，2003）。在中国文化背景下，学界一直关注积极文化因素对个体的心理发展及人格形成的重要影响。中国人逆境信念的文化主要包含两个部分，一是积极的逆境信念，强调的是在面对逆境时，所表现出的积极向上的价值观和抗逆的意志力。例如，“有志者事竟成”“人定胜天”等。二是消极的逆境信念，强调人在逆境面前无能为力和逆境的消极影响，例如，“生死由命，富贵在天”“人穷志短”等。

信念对个体的心理行为产生影响的思想，源于认知心理学理论。其中，比较有代表的是美国临床心理学家阿尔伯特·埃利斯提出的合理情绪疗法假说。他认为信念是个体行为与情绪产生的根本原因。“情绪和行为障碍都是非理性观念所致，它代表一种普遍深入的生活态度。消除情绪障碍可以通过情感疏导法，但是最迅速、最深刻和最持久的办法是改变一个人的思维模式和生活态度。”（姚树桥等，2009）反之，积极的信念对个体则产生积极情绪和行为，保护个体免受不良环境的影响。心理学学术领域的相关研究指出，积极的逆境信念对个体应对挫折，促进逆境成长有着重要的意义，是处于逆境中的个体免受不良环境影响的重要保护因子。例如，Shek（2005）等研究发现，积极的逆境信念能够长期有效地促进贫困儿童的学校适应，降低其不良行为和物质滥用。Huang 等（2014）的研究显示，积极的逆境信念与汶川地震幸存者的生活满意度存在显著相关。还有研究指出在遭遇恐怖的青少年中，文化信仰在面对逆境时能影响主观幸福感，并促进其成长，使其远离创伤（Laufer & Solomon，2011）。赵景欣等（2013）和张莉等（2014）的研究也显示了积极的逆境信念能有效降低农村留守儿童的不良行为和孤独感。他们认为，面对困境，持有积极逆境信念的处境不利儿童更有可能把不利处境看成是一种磨炼和促进个人发展的机会，从长远的角度来看会使他们受益，并因此发展出一套有效的应对行为模式，消极逆境信念则不能。在笔者的一项针对处境不利儿童的研究中，将处境不利儿童逆境信念的高低分 27%分别作为高分组和低分组，并比较两组之间压力后成长的差异情况，结果发现处境不利儿童压力后成长水平及其各个维度在逆境信念不同水平下都存在极显著的差异，表明越认同中国人积极向上的逆境信念，所获得的压力后成长越多。相关分析发现，处境不利儿童逆境信念与压力后成长及其各个维度之间存在极显著的正相关，即积极向上的逆境信念能够促进压力后成长的发生和发展，可见积极的逆境信念是促进处境不利儿童压力后成长的“保护因子”。因此，积极的逆境信念是促进儿童积极适应环境、获得压力后成长的重要因素，培养积极的逆境信念能够帮助儿童有效应对挫折、压力，促进自身的成长与完善。

5. 希望与压力后成长

希望和乐观作为积极心理学的重要概念，包含着对未来的积极预期，因而备受人们的关注，是积极心理学研究中热点。对希望的概念的界定，近年来得到普遍认可的是 Snyder 关于希望的界定，他认为希望是以目标为基础，经后天学习形成的一种个人思维与行为倾向，同时也是一种动力状态，包括个体感知到的成就动力（指向目标的意志信念与决心）和实现成就的路径（指向目标的计划与方法）的一种积极品质（Snyder et al.，1997）。

希望作为一个影响个体行为的积极人格特质，其作用机理一直是学者探索的重点。目前研究者普遍认同的是 Snyder 的希望理论。20 世纪 80 年代，美国 Kansa 大学心理系成立了“希望实验室”，Snyder 的希望理论就诞生于此。Snyder 认为个体活动具有目标指向性，在生活中，目标引领我们前进，为了达成目标，个体会产生动力和路径两种思维。目标是希望的核心，指引着个体目的行为的发生。他将目标分为两种，一种是趋近积极的目标结果，另一种是逃避消极的目标结果。他还发现目标实现的可能性与希望水平关系甚微。另外，目标可以分为长期目标和短期目标，还可以分为具体可行的目标（如我今天要背一百个单词）和模糊不清的目标（我要好好读书）。研究表明，目标越明确，越能激发个体的动力思维，而模糊不清的目标难以为个体提供足够的动力去达成目标。动力思维和路径思维是希望不可或缺的组成部分，两者相辅相成。动力思维是启动和维持个体沿着既定计划坚持不懈朝向目标前进的动力与信念，而路径思维是个体寻求实现目标的具体计划与策略方法的能力。对于高希望水平者，目标一旦确定，大脑即会自然本能地形成达到目标的方法和策略；而低希望水平者较难完成这项工作。

有相关研究显示，希望能够帮助个体很好地应对不利处境的影响，提高生活满意度。例如，魏军锋（2015）在对希望与应对方式在生活满意度和社会支持中介效应的检验研究中发现，希望水平高的留守儿童在面临不利处境时，会积极寻求解决办法，适应能力较强。希望感水平高的大学生有较高的自尊与幸福感，具有积极的应对策略，较少遭受抑郁和焦虑情绪，内控好，更乐观（徐强，2010；Snyder et al.，1997）。希望水平是影响生活满意度的重要因素，高希望水平的个体，生活满意度高于低希望水平个体，且呈现更少的问题行为。因此，我们假设希望作为一个积极的心理品质，能够促进个体获得压力后成长。笔者团队一项针对大学生的研究发现（陈本月，2016），大学生的希望特质与压力后成长显著正相关，且能正向预测大学生的压力后成长。同时，在笔者团队针对处境不利儿童所做的研究中，也得出了同样的结果，即希望特质与压力后成长显著正相关，希望能够正向预测压力后成长水平。可见，希望对压力后成长的发生可以产生非常重要的影响。

第二节　儿童压力后成长测量与评估

一、儿童压力后成长测量与评估的意义

测验测量法是心理学研究中常用的一种研究方法，主要用于人的个性及其他心理差异的定量化研究，还可进一步应用到人的行为个别差异方面的研究中去，具有评估、诊断与预测三种功能，是发展心理学理论不可缺少的一种研究方法。儿童压力后成长测量就是采用测验量表法对儿童压力后成长情况进行测量与评估的一种定量化研究，有助于评估与检测我国儿童经历压力后获得成长的情况及心理健康发展水平，进而推动儿童心理健康教育和实践的发展。

目前，对儿童成长的测量方法主要包含两个方面，一方面是质性研究，另一方面是量化研究。质性研究主要是以访谈为主，以开放式的问题来询问创伤后的积极改变，进而归纳出成长的不同方面；而量化研究更为研究者们所偏爱，主要以量表研究为主（陆朋玮和李杨，2015）。专门用于测量成长的工具主要有：创伤后成长调查（posttraumatic growth inventory，PTGI）、压力后成长量表（stress-related growth scale，SRGS）、感知获益量表（perceived benefit scales，PBS）、益处寻求子量表（benefit-finding scale，BFS）、观念变化问卷（changes in outlook questionnaire，CIOQ）、疾病认知问卷（illness cognition questionnaire，ICQ）及心理活力量表（thriving scale，TS）。总的看来，各工具在编制的依据等各个方面相异大于相同，并且各具特色。如 PTGI 和 SRGS 报告的信、效度指标最全。就创伤事件的严重程度而言，SRGS 最轻，PTGI、PBS 和 CIOQ 其次，而 BFS、ICQ 和 TS 则专门针对慢性严重疾病。从工具的适用范围来看，SRGS 主要针对学生面临的校园生活压力，而 BFS、ICQ 和 TS 对患严重慢性疾病者更具针对性，PTGI、PBS 和 CIOQ 则适用于一般性的创伤。从使用的便易性来看，PTGI 和 ICQ 更简易些（涂阳军和陈建文，2009）。

其中 PTGI 使用得最为广泛。Tedeschi 和 Calhoun（1995）的成长理论模型认为，个人成长是一个与严峻的生活事件相较劲的过程的必然结果。模型中成长包含五方面的内容：人际关系、新的可能性、个人力量、灵性改变和欣赏生活，并以此理论编制了创伤后成长问卷（PTGI）。该量表共包含 21 个

条目，由 5 个维度组成，分别是人际关系、新的可能性、个人力量、灵性改变和欣赏生活（Tedeschi & Calhoun，1996）。后续的研究者们对其结构进行了验证与发展。值得一提的是，由于所研究的人群不同、背景不同，研究结果亦有所不同。比如，国内学者高隽等（2010）考虑国内外文化的差异，针对经历汶川地震的初中生对该量表进行了修订，修订后的量表是三因素模型，分别是人际关系、新的可能性、个人力量，且具有较好的信效度。陈悦等以汶川地震灾民为样本修订后的 PTGI 也是三因素模型（个人改变、人际改变、具体改变）（陈悦等，2012）。而张月娟等以军校学员为样本的研究提出 PTGI 是四因素模型（个人力量的改变、对生活的理解和欣赏、人际关系的改变、新的可能性）（张月娟等，2013）。另一个使用得较为广泛的压力成长量表是 Park 等（1996）最初编制的压力相关的成长问卷（SRGS），该量表只包含了一个维度，共 50 个题项，内部一致性系数是 0.94。后续的研究对 SRGS 到底有几个维度存有争议，后来 Armeli 等（2001）和 Roesch 等（2004）对该量表进行了修订，修订后的量表包含两个维度：人际间和人际内。中国的学者涂阳军和郭永玉（2011）用 Armeli 等和 Roesch 等修订的 SRGS 量表在师范大学生中进行适用性检验，证实二因素模型适合大学生使用，并对二因素进行重命名：人际内成长因子和人际间成长因子。其内部一致性系数是 0.805，两个维度的内部一致性系数分别是 0.659 和 0.881。可见基于西方文化背景下编制的成长量表，缺乏中国文化本土性，并存在许多概念或其他方面有待商榷的问题。如具体的压力事件因不同文化对事件性质认定的不同而有所不同；由于不同的文化，决定了个体得到的社会支持的程度与类型，压力后成长过程的各个环节会受到文化的影响（张倩和郑涌，2009）。所以这些量表对测量当代中国儿童压力后成长可能不具有普适性。因此有必要编制出适用于当代中国儿童的压力后成长的测量工具，为儿童压力管理、心理健康研究和实践提供一个信效度较好的工具。

二、儿童压力后成长测量量表的编制

（一）大学生压力后成长问卷的编制

为了编制出适合中国文化背景下的具有较好信效度的大学生压力后成长测量量表，按照心理测量量表编制的原则和方法，在已有研究和相关理论的基础上，结合开放式问卷，编制初测问卷，并对大学生被试进行预测和正式施测，对测量数据进行探索性因素分析、验证性因素分析和信效度检验，形成最终问卷（吴素梅和方建东，2014）。

1. 初测问卷的编制

（1）开放式问卷

编制了 4 个问题的开放式问卷，对 120 名大学本科生被试进行调查，调查内容包括学校、年级、性别、专业和以下 4 个问题。

问题 1：最近一年你经历过哪些运用通常办法不能解决，并且导致了心理失衡状态的压力事件？（例如：疾病、失恋、意外事故、人际交往、考试焦虑……）

问题 2：你是如何解决这一压力事件的？结果如何？

问题 3：经历过这一压力事件后，现在你感觉有哪些改变或从其中学到了什么？

问题 4：经历过这一压力事件后，你身边的人对你的改变有何评价？

（2）访谈提纲

用与开放式问卷相同的题目作为访谈提纲，分别对 15 名本科被试进行半结构化的单独访谈。

（3）类目形成

对于任何一个好的问卷，研究者都希望尽可能地罗列出反映研究者所需要测的心理特点或行为特征的问题，并为测定这些心理特性或行为特征去设计和选择项目，从而编制出原始草案，这就是类目的形成。研究中主要通过对开放式问卷和访谈资料进行编码处理，形成类目。类目的形成过程大体是：通过对被试回答的分析，并结合 Park 和 Cohen 综述的关于生活危机和个人成长的文献，他们描绘了与压力相关的积极结果的三个主要类型：提高社会资源（如与朋友的关系更好）；提高的个人资源（如更好的自我概念）；新的或改善的应对技巧（如更好的解决问题的能力）。然后将内容划分为四个类目：①人际关系（如“我更愿意和别人交往”）；②生活观念（如“我更懂得珍惜现在所拥有的”）；③应对技能（如“对于处理类似的压力我能够更好地处理”）；④自我认知（如“我能比较客观地看待自己”）。最后，根据类目的内在联系，确定类目包括的方面。此外，分析过程中，对“难以归类”和“无关论述”两类进行了剔除。

2. 维度构想

Schaefer 和 Moos（1992）在关于生活危机和个人成长的文献中，描绘了与压力相关的积极结果的三个主要类型：①社会资源方面的积极变化（如与朋友更好的关系）；②个人资源方面的积极变化（如更好的自我概念）；③新的或改善的应对技巧（如更好的解决问题的能力）。我们的假设是，随着时间的流逝，压力后成长将体现在社会关系的改变（包括或许更多亲密朋友和家庭价值的欣赏），生活观念的改变，对自我的新认识和更适应的应对行为上。因此，我们用开放式问卷和结构访谈的结论，以及参考文献研究和临床经验确立大学生压力后成长问卷的四个维度：人际关系、生活观念、自我认知、应对技能。

人际关系维度：个体在经历压力事件后，和他人的关系比过去更为紧密。主要包括“我更愿意和他人交往”“我学会了尊重其他人的感情”“对周围的人我有了更多关心和帮助”“我和别人之间的互助合作增多”“我认识到每个人都有可爱的地方”“我对他人的同情增多”等。

生活观念维度：个体在经历压力事件后，对于生活有了更进一步的认识，更加欣赏生活的某些方面。主要包括“我学会了对新信息保持开放的态度”“我增加了对生活中的不确定性的认识”“我能够通过娱乐来放松心情”“我对未来的思考更多了”“我更看重自己内心追求的目标”“我认识到规划自己学业或职业的重要性”“我更珍惜现在所拥有的东西”等。

自我认知维度：个体在经历压力事件后，在处理类似的压力事件上有了更有效的应对技能。主要包括“我从压力事件中寻找到了意义”“从挫折中我学习到了很多经验”“我学会了更成熟地处理将至的压力”“我学会忽略一些人和事，变得更轻松了”“我用幽默或玩笑的方式缓解压力”“我明白借酒消愁等消极应对无助于问题的解决”“我学会多角度地去看问题”等。

应对技能维度：个体在经历压力事件后，对于自我的认识较过去相对客观和理性。主要包括“我做事比以前更稳重了”“我变得更加坚强”“我不再过于看重别人的评价”“我对自己的认识更客观了”“我变得更独立了”“我接纳了自己的不完美”“我更清楚自己想要成为一个什么样的人”“对于自己的错误，我会努力去改正”等。

3. 项目分析

一个好的问卷，离不开项目分析。在编制测验时，将已做成的项目进行预备实验，根据反应结果的统计分析来进行项目的选择和改良，这一系列过程，就叫作“项目分析”。研究中主要采用两种方法对问卷进行项目分析：第一种是用求临界比率（critical-ratio，简称 CR 值）的方法（刘视湘和郑日昌，2001），即将各项目得分按从高到低的顺序排列，得分前 27%的被试为高分组，得分后 27%的被试为低分组，进行高、低二组独立样本 t 检验，分析结果显示 18 个项目的临界比率均有统计学意义（均 $P<0.001$）。第二种是采用相关法计算各项目得分与问卷总分的相关，分析结果显示，项目与总分之间的相关系数为 0.45～0.66（均 $P<0.01$）。这表明，18 个项目的鉴别力和区分度都良好，结果见表 5-1。

表 5-1　大学生压力后成长项目分析结果

题号	T 值	与量表总分的相关系数
1	10.861***	0.584**
2	14.804***	0.647**
3	12.934***	0.618**
4	14.417***	0.648**
5	11.196***	0.513**
6	10.211***	0.544**
7	8.834***	0.481**
8	6.376***	0.482**
9	14.404***	0.572**
10	13.444***	0.651**
11	15.941***	0.652**
12	8.223***	0.452**
13	11.389***	0.468**
14	9.206***	0.472**
15	8.657***	0.454**
16	11.736***	0.561**
17	15.315***	0.657**
18	11.381***	0.530**

注：**表示 $P<0.01$，***表示 $P<0.001$。

4. 维度探索与验证

（1）维度探索

为了进一步考察设想的大学生压力后成长的维度，以形成正式问卷，我们采用探索性因素分析法对预测数据样本进行分析。在进行探索性因素分析的过程中，变量的相关性是进行因素分析的先决条件，变量间的相关特点用 Bartlett 球型检验，需要达到显著；而 KMO 系数规定：KMO 系数在 0.90 以上非常适合于做因素分析，在 0.80～0.90 为比较适合做因素分析，在 0.70～0.80 为可以做因素分析，在 0.60～0.70 为一般，但在 0.60 以下则不适合做因素分析。在预测数据样本中，参与因素分析的变量为 52 个题项，样本适当性系数

KMO 的指标为 0.857，Bartlett 球型检验卡方值为 1787.688，自由度为 153，显著性 P 值达到了 0.000 的水平，说明数据适合进行因素分析。

将有效数据进行因子分析，根据项目的负荷值和共同度来确定最后要保留的项目，以确定正式问卷。研究中参考以下标准对项目进行评价，从而筛选题项：排除项目负荷值小于 0.40 的题目，即 $\alpha<0.40$；共同度小于 0.30 的题目，即 $h^2<0.30$。该项目的排除可以导致公因子的明显减少，虽然对同一公因子影响显著，但明显与其他项目不属于同一种类。

按照上述方法反复进行排除，最后得到由 18 个项目构成的大学生压力后成长问卷。对 18 题项的大学生压力后成长问卷进行探索性因素分析，采用主成分分析法抽取公因素，求得初始负荷矩阵，因为有文献表明这几个方面是被看作相关的。例如，自我认识的提高或许导致和别人关系的改进，所以采用斜交旋转因素分析抽取因素。其中，因素的数目采用以下标准来确定：因素的特征值不小于 1；因素必须符合陡阶检验（scree test）；抽取出的因素在旋转前至少能解释 3%的变异；每个因素至少能包括 3 个项目；因素比较好命名。

所有项目均采用随机排列的方式，采用斜交旋转因子分析抽取特征值大于 1 的因子共 4 个，根据原理论假设及所含条目的含义将 4 个因子分别命名为人际关系（包括项目 1、7、10、12、17）、生活观念（包括项目 4、6、9、15、18）、应对技能（包括项目 3、5、8、11、13）、自我认知（包括项目 2、14、16）。4 个因子的特征值分别为 4.73、1.73、1.22、1.12，贡献率分别为 26.29%、9.60%、6.76%、6.20%，总贡献率为 48.84%，项目的共同度在 0.31～0.62，项目因素负荷值在 0.52～0.78（表 5-2）。

表 5-2　大学生压力后成长问卷的探索性因子分析结果（N=456）

人际关系			生活观念			应对技能			自我认知		
项目	载荷	共同度	项目	载荷	共同度	项目	载荷	共同度	项目	载荷	共同度
1	0.75	0.40	4	0.52	0.62	3	0.75	0.58	2	0.64	0.42
7	0.78	0.58	6	0.60	0.42	5	0.55	0.58	14	0.55	0.37
10	0.76	0.62	9	0.61	0.54	8	0.58	0.39	16	0.75	0.32
12	0.74	0.59	15	0.72	0.38	11	0.75	0.31			
17	0.67	0.55	18	0.65	0.46	13	0.71	0.57			

（2）维度验证

维度验证采用验证性因素分析，即采用结构方程模型（structural equation model）判断探索性因素分析所得维度结构的合理性。验证性因素分析能将维度与题项之间的关系和因子与因子之间的关系同时考虑，并且同一研究中共存因子及其结构会相互影响，可以说验证性因素分析是一个全面动态的过程。

应用验证性因素分析评价模型时，必须考虑多个指标，综合以往众多研究者的经验建议，研究中我们使用以下 5 项指标：①卡方检验，即 χ^2/df 或 CMINDF，以考察理论模型和实际模型的拟合程度。理论期望值为 1，χ^2/df 的值越接近 1，表示样本协方差矩阵 S 和估计协方差矩阵 E 相似程度越高，公认的良好模型与数据的拟合标准为 $\chi^2/df<5$。②比较拟合指数（comparative fit index，CFI），如果 CFI＞0.95 说明模型拟合较好，在 0.90 以上也可以接受。③近似误差均方根（root mean square error of approximation，RMSEA），对错误模型比较敏感，很少受样本容量影响，是一个比较理想的指标。理论上小于 0.05 表示模型拟合较好，而在 0.08 以下也可以接受。④拟合优度指数（goodness of fit index，GFI）、调整拟合优度指数（adjusted goodness of fit index，AGFI）和常规拟合指数（normal of fit index，NFI），这三个拟合指数的值都在 0～1，越接近 1，表示理论模型越能说明数据间的关系，模型的拟合程度越好。一般来说，GFI 在 0.85 以上，AGFI 在 0.80 以上，即可认为理论模型与数据的拟合程度达到要求。⑤模型简约程度指数 PGFI，其值愈近 1 表明模型愈简约，一般来说，良好模型的 PGFI 应大于 0.5。此外，在考虑模型的适合度时，还要看解答是否适当，各指数的值是否在可接受的范围内（侯杰泰等，2004）。

问卷编制研究中使用 LISREL 8.70 程序，采用极大似然估计法（maximum likelihood estimation，MLE）来检验数据与模型的拟合程度。根据理论构想，设置 4 个潜变量，分别为人际交往、生活观念、应对技能、自我认知，此外还有 18 个观测变量。结果显示：$\chi^2=306.64$，$df=129$，$\chi^2/df=2.38$，比较拟合指数 CFI=0.97，拟合优度指数 GFI=0.94，调整拟合优度指数 AGFI=0.92，常规拟合指数 NFI=0.95，近似误差均方根 RMSEA=0.05。说明模型拟合程度比较符合要求。验证性因子分析产生的参数估计路径图见图 5-1。

5. 信度效度检验

（1）校标关联效度

校标关联效度又称统计效度或实证效度，主要研究某个测验与某些校标变量之间的相关程度，以检验测验的有效性。一个好的问卷，需要具有良好的效度。大学生压力后成长问卷使用王娟编制的复原力量表（resiliency questionnaire，RQ）作为校标工具（王娟，2009）。该量表共包含 25 个项目，分为坚持性、自信心、有意义的生活体验、自在感和镇定性 5 个维度。量表以 7 级计分，从 1 到 7，1 为完全同意，7 为完全不同意，总分越高，复原能

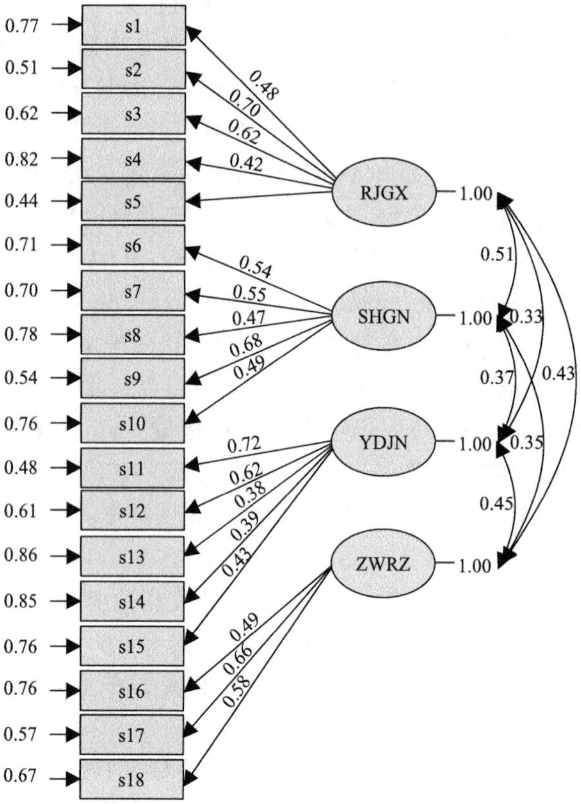

Chi-Square=306.64，*df*=129，*P-value*=0.00000，RMSEA=0.050
RJGX=人际关系，SHGN=生活观念，YDJN=应对技能，ZWRZ=自我认知

图 5-1　验证性因素分析路径

力越高。量表的 Cronbach's α 系数为 0.872，本书中其 α 系数为 0.75。经相关分析，大学生压力后成长问卷总分及 4 个维度得分与 SRQ 得分呈正相关（r=0.43、0.38、0.35、0.37、0.27，均 P＜0.01）。说明大学生压力后成长具有较好的校标关联效度。

（2）信度检验

信度反映的是测量工具的稳定性和准确性。通常来说，信度确定的方法可以分为重测信度、复本信度、同质性信度、评分者信度及测量标准误等。在大学生压力后成长问卷的编制研究中，我们主要是通过 Cronbach's α 系数（同质性信度）来检验问卷题目的内部一致性程度，将内部一致性信度和重测信度，共同作为问卷信度分析的指标。经检验发现，问卷的内部一致性信度：总问卷的 Cronbach's α 系数为 0.87，4 个因子的 α 系数分别是 0.79、0.68、

0.64、0.70。另外，经过几周后重测，问卷的重测信度：总问卷两次测查的 Pearson 相关系数（r）为 0.80，4 个因子的相关系数为 0.76、0.68、0.84、0.76。这些数据说明，大学生压力后成长问卷具有良好的信度，作为测量大学生压力后成长的工具是稳定可信的。

（二）儿童压力后成长量表的编制

在编制大学生压力后成长问卷之后，我们考虑大学生群体和儿童群体年龄跨度较大，心理特点和成长历程等有所不同，压力后成长的表现可能也有所不同。有相关研究表明，经历不同压力事件的群体中，不同的被试样本创伤后成长的结构是不同的；相对于成年人，儿童的创伤后成长分化程度似乎更低（高隽等，2010；Taku et al.，2012）。基于以上考虑，我们结合儿童的心理特点编制了适用于儿童群体的压力后成长量表（覃春望，2016）。

1. 研究工具及分析

（1）开放式问卷

开放式问卷包含五个题目，调查内容还包含性别、年龄、年级等，面向自我报告在过去一年中遭受过较大压力事件的 126 名学生发放。

问题 1：最近一年中你经历过哪些让你非常困扰的事情？

问题 2：经历这一事件后，你是怎么解决的？结果怎么样？

问题 3：经历这一事件后，现在你感觉自己有什么改变或从事件中学到了什么？

问题 4：经历这一事件后，你和你身边的人（家人、朋友、老师、同学等）的关系有什么变化吗？

问题 5：如果再遇到让你难过或苦恼的事，你会怎么做？

（2）访谈提纲

访谈的过程中，访谈对象包含 2 名一线心理教师、6 名班主任、6 名学生。针对学生的访谈，题目与开放式问卷相同。针对班主任的访谈题目如下：

问题 1：最近一年您班上的学生发生过什么让你比较担心或困扰的事情吗？是什么事情？

问题 2：经过这些事，你观察到他们有什么积极改变或者成长吗？

问题 3：您对他们的改变有什么评价？

针对一线心理教师的访谈题目如下：

题目 1：您咨询过的学生中，都是些什么心理困扰？

题目 2：在您与他们咨询过后，你观察到他们有什么积极改变或者成长吗？

（3）类目形成

类目的编写是问卷形成的重要步骤，要求尽可能地列出能够反映所要测定的心理特性或行为特征的问题。问卷类目形成的过程：通过对开放式问卷和访谈回收的资料进行编码处理，抽取结果发现，儿童压力后成长主要反映在以下方面：压力的适应或应对技能提升（如“积极寻求他人的帮助”“努力尝试解决问题”“放松心态，自我鼓励”等）；社会关系的改善（如“积极改善和朋友、家人等的关系”“更积极主动交流沟通”等）；生活观念的改变（如“学会珍惜自己拥有的东西”“责任感变强”等）。经过前期的研究，笔者认为个体在经历压力后的积极改变主要表现在四个方面：从否定自己向正确认识和接纳自己转变；改变非理性的认知；应对挫折和抵御危机的能力增强；和他人的关系较过去更为紧密，积极改善与他人的关系。在结合国外相关成长理论的基础上，如 Tedeschi 和 Calhoun 的创伤后成长量表和 Park 等提出的关于生活危机和个人成长的理论模型，根据开放式问卷和访谈结果编制题项，形成初测问卷共 53 个题项，项目分别描述社会关系、个人资源（自我概念和人生哲学）和应对技能的积极改变三个方面。

在与心理学教师和研究生的讨论下，修改不容易理解或者意义不明确的题项。为了检查编制的题项是否能被四年级及其以上的学生所理解，笔者邀请 10 名小学四年级的学生填写问卷，其中男生 5 名，女生 5 名，根据他们的意见修改不易理解或有歧义的题项，最终笔者确定了儿童压力后成长的初测问卷。量表采用 Likert 自评式 5 点量化计分，0 =完全不符合；1 =比较符合；2 =不确定；3 =比较符合；4 =完全符合。

2. 项目分析

一个有效的问卷，需要按照测验的性质，选定足够能代表所要测定的心理特性或行为特征的问题。这样的问卷需要通过项目分析才能获得。在对问卷条目进行项目分析的过程中，主要采用两种方法：①相关法。对初测的量表进行项目分析，计算 53 个题项与总分之间的积差相关系数，结果发现，各题项和总分之间的相关系数在 0.341～0.643（$P<0.001$）。②CR 值法。计算出量表的总分，按照总分从高到低排序，得分 27%的被试为高分组，后 27%的被试为低分组，将高分组与低分组进行独立样本 t 检验，结果 53 个题项的临界比率均达到显著水平（$P<0.001$）。说明这 53 个题项的鉴别力和区分度都比较好。

3. 维度探索与验证

（1）维度探索

维度探索的目的是为了探索出问卷的维度结构，以编制正式问卷。主要采用的是探索性因素分析法，对初测量表的53个条目进行了Bartett球形检验，结果KMO=0.864（χ^2=1492.702，df=105，P<0.001），说明数据适合做因素分析。采用主成分分析法对问卷进行分析，根据特征值大于1的准则，结合碎石图判断最后保留几个因子。在研究中，主要参考以下标准对项目进行筛选：①每次只删除一个题项，即进行新的因子分析；②首先删除不稳定结构公因子的题项，删除时从因子载荷最大的题项开始；③其次删除因子载荷值较小的题项，删除时从因子载荷最小的题项开始，删除到载荷值在0.4以上为止；④再次删除两个或多个因子上负荷量相差较小的题项；⑤最后考查各公因子是否能合理解释该结构面的所有题项，删除那些无法合理解释的题项。按照以上规则进行逐一排除，最后保留下15个项目。因为有文献表明这几个维度被看作相关的，所以采用斜交旋转PROMAX法，选取特征值大于1的因子共3个（结合碎石图），共解释了49.321%的方差贡献率，各项目负荷都在0.54以上，共同度都在0.39以上（表5-3）。最后，根据原理论假设及所含项目的含义将3个因子分别命名为：因子一（5个题项）：主要反映社会关系的变化。如“我更愿意与别人交往了”“我和身边的人相处得更好了”等，命名为“人际关系”。因子二（5个题项）：主要反映对人生的思考或生活态度的转变。如“我学会珍惜自己所拥有的东西”“我认识到人要对自己的行为负责任”等，命名为生活哲理。因子三（5个题项）：主要反映问题的处理或应对。如“遇到困难，我会更积极寻求他人的帮助，找到克服困难的方法”“我会努力去尝试解决问题”等，命名为应对方式。

表5-3　探索性因素分析结构矩阵

题项	因素1	因素2	因素3	共同度
A6	0.747			0.547
A5	0.739			0.543
A7	0.728			0.581
A8	0.642			0.509
A4	0.636			0.420
A45		0.730		0.512
A38		0.669		0.469

续表

题项	因素 1	因素 2	因素 3	共同度
A47		0.646		0.395
A37		0.615		0.461
A36		0.604		0.430
A19			0.760	0.475
A20			0.727	0.551
A22			0.643	0.521
A23			0.638	0.534
A25			0.546	0.450
特征值	4.573	1.693	1.131	
解释率	30.488%	11.290%	7.543%	
累计	30.488%	41.778%	49.321%	

（2）维度验证

为了进一步验证量表的维度结构，对儿童压力后成长量表进行施测并检验。采用的是验证性因素分析法对所收集到的数据进行分析，并利用 Amos 17.0 软件建立结构方程式，以极大似然估计法来检验数据与模型的拟合程度。根据理论构想，设置了 3 个潜变量，分别为人际关系、生活哲理、应对方式，以 15 个观测变量来检验数据与模型的拟合程度。结果显示：χ^2=90.896，df=85，χ^2/df =1.069，比较拟合指数 CFI=0.99，拟合优度指数 GFI=0.97，调整拟合优度指数 AGFI=0.92，近似误差均方根 RMSEA=0.013，说明模型拟合程度比较符合要求。验证性因素分析产生的参数估计路径见图 5-2。

4. 信度效度检验

（1）校标关联效度

儿童压力后成长量表采用胡海利等编制的中学生心理复原力量表作为校标工具（胡海利等，2009），该量表包含自我效能、问题解决、合作与交流、自我意识、目标与渴望、共情 6 个维度，由 28 个条目组成。内部一致性信度为 0.92，采用 1（从不）～5（总是）的 5 级计分法。经过相关分析，结果发现儿童压力后成长量表总分及各个维度得分与中学生复原力量表得分呈正相关（r = 0.727、0.659、0.607、0.535，P＜0.001）。这说明儿童压力后成长量表具有较好的校标关联效度。

（2）信度

一个问卷在标准化的时候，必须确定它的信度。确定信度时，要以相关系数的大小来表示信度的高度，这个相关系数就称为“信度系数”，它反映

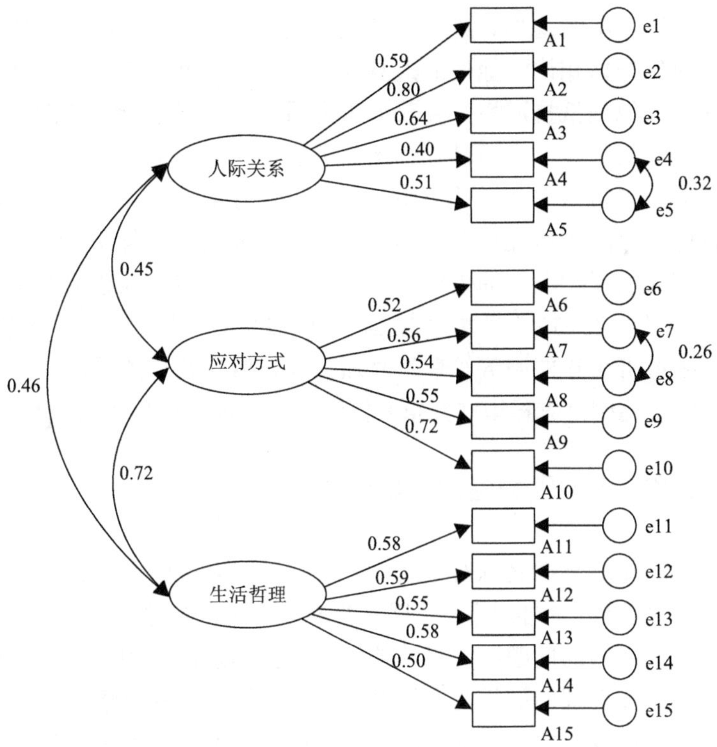

卡方值=90.896（*P*=0.311）；自由度=85；RMSEA=0.013；AGFI=0.960

图 5-2　验证性因素分析路径

的是测定误差对测验得分影响的程度。儿童压力后成长量表采用的是内部一致性信度（同质性信度）来检验问卷题目的内部一致性程度，以内部一致性信度作为量表信度分析的指标。结果显示，儿童压力后成长量表的内部一致性信度系数——总的 Cronbach's α 为 0.816，其中人际关系为 0.739，应对方式为 0.729，生活哲理为 0.695。这说明儿童压力后成长量表具有较好的内部一致性信度。且间隔两个星期后重测，将两次测量结果进行 Person 相关系数分析，获得儿童压力后成长量表的重测信度为 0.737，说明该量表具有良好的信度，作为测量儿童压力后成长的工具是稳定可信的。

第三节　不同类型处境不利儿童压力后成长的特点

处境不利儿童问题已经成为社会各界普遍关注的问题。进入 21 世纪，随着城镇化的发展和中国经济的快速发展，社会环境趋于复杂化，未成年处境不利儿童的数量不断增加。处境不利儿童是未成年群体中的一个特殊部分。跟其他未成年群体相比，他们的人身安全、身心发展更容易受不良环境的影响，如何帮助他们抵抗逆境，并获得压力后成长，促进身心的健康发展，已成为人们关注的焦点，也更是党和国家关注的焦点。党的十八届三中全会明确提出“健全农村留守儿童关爱服务体系”“健全困境儿童分类保障制度”的任务目标。保障困境儿童的基本生活和健康成长是改善民生的具体体现，也是未成年人权保护工作的重要内容。中国共产党中央社会治安综合治理委员会①“预青”（2013）5 号文件也强调“要加强流浪乞讨未成年人救助保护”“加强对闲散青少年的服务管理”“加强农村留守儿童关爱服务”等。本节中，笔者将主要探讨农村留守儿童、流浪儿童、孤儿的压力后成长特点。

一、农村留守儿童压力后成长的特点

农村留守儿童是指父母双方或一方在外务工而被留在户籍所在地农村，不能与父母生活在一起的未满 18 周岁的未成年人。农村留守儿童群体在特征上面临着一个共同的问题：父母的缺位导致父母亲情的相对缺失。良好的亲子关系对于儿童心理的成长与发展至关重要，因而这种亲情的相对缺失使得农村留守儿童更容易产生心理适应问题。但也有不少研究者认为，尽管不利处境增加不少心理适应问题，但也有不少儿童却获得较好的适应，甚至在某些领域获得较好的发展（刘霞等，2008；赵景欣和张文新，2008）。根据 Luthar 等（2000）提出的心理发展理论观点：不利处境固然不利于儿童的发展，但是如果他们拥有应对危险或不利处境的保护因素，那么他们仍有机会保持正常的发展，甚至其发展水平可能会超出正常儿童的发展水平。基于这样的理念，笔者以问卷调查的形式开展对农村留守儿童的研究，发现农村留守儿童的压力后成长有如下特点（覃春望和吴素梅，2016）。

（一）压力后成长在农村留守儿童经历压力后较为普遍

据笔者的研究发现，农村留守儿童被试压力后成长的各因子得分和总均分在 2.6 以上。这表明被调查的农村留守儿童整体压力后成长水平较高，压力后成长情况较为普遍。同时笔者也发现，尽管农村留守儿童的压力后成长涉及人际关系、人生哲理、应对方式三个方面，但他们在人生哲理上报告的成

① 2018 年 3 月，根据中共中央印发的《深化党和国家机构改革方案》，不再设立中央社会治安综合治理委员会及其办公室。有关职责交由中央政法委员会承担。

长较多。农村留守儿童大多来自于贫困的家庭，从小就开始替父母分担家务，在处理一些困难或挫折事件时，更为成熟稳重；且在他们的生活经验中，遇到更多的是生活经济问题，这使得他们更倾向于去思考生存、人生方面的问题，从而对人生有了更深入的认识，获得相应的成长。

（二）女留守儿童在人际方面的成长显著高于男留守儿童

与男留守儿童相比，女留守儿童在人际方面的成长更为突出。针对这种情况，我们倾向于认为受中国传统文化的影响，女留守儿童在社会化的过程中，更多地寻找社会支持，也更会对所接受的帮助满意。又如青春期的女性比起男性而言，她们会更多地从信息资源中寻求支持，也更多地向同性的同伴求助。这也和社会对男性的要求是一致的，男性要肩负起更大的责任，应该学会独立自主地解决问题，而这种思想往往是在儿童阶段就开始培养了。因此，女留守儿童在人际方面的成长显著高于男留守儿童。

（三）不同年龄段的留守儿童在人生哲理方面和应对方式方面的成长存在差异

不同年龄段的留守儿童在经历压力后所获得的成长存在差异。突出表现为小学四、五、六年级的留守儿童关于人生哲理方面的压力后成长多于初中一年级的学生；在应对方式方面，初中二年级的学生自我报告的成长多于初中一年级的学生。相对而言，初中一年级的学生自我报告压力后成长最少，这可能跟他们所处的阶段有很大的关系。初中一年级的留守儿童开始进入青春期，身心的快速发展使得他们的情绪极易波动，看待问题较容易走极端或偏执，且他们也刚进入新的环境，容易产生适应不良的问题，所以所获得的成长相对较少。到了初中二年级，孩子已经能够适应中学的学习生活，而且经过一年多的学习，他们的知识、技能都有所提升，应对挫折的方法就更多了，更容易获得应对方面的成长。

二、流浪儿童压力后成长的特点

流浪儿童是指年龄在 18 岁以下，脱离家庭和离开监护人流落社会连续超过 24 小时，失去基本生存和可靠保障而陷入困境的少年和儿童。人们普遍认为流浪儿童生存于各种恶劣环境当中，不可能获得较好的发展。然而，有研究指出流浪儿童虽然经常身处暴力、虐待、被利用的危险之中，但许多流浪儿童身上显示出非凡的心理弹性和适应性，日常生存的必要性甚至会驱动他们一些认知功能的开发，以至于他们在这方面更优于普通儿童（Pluck，2015）。可见，流浪儿童并不一定是社会的弃儿，为了生存，他们表现出非凡的心理韧性和对人性的敏锐认知，正是这些品质使得他们能够在街头安身（Swart，1988）。这些品质或积极保护因素不仅能够保护流浪儿童少受不利处境的影响，还能促进流浪儿童获得成长，我们称这种现象为压力后成长。在针对流浪儿童的压力后成长调查研究中，笔者发现流浪儿童的压力后成长情况有如下一些特点。

（一）压力后成长在流浪儿童经历压力后较为普遍

流浪儿童在经历压力后依然获得较好的压力后成长，成长涉及人际关系方面（更为紧密的人际关系）、生活哲理方面（更为积极的生活态度）、应对技能方面（更为灵活的问题处理技巧）。压力后成长的原因涉及多方面，但我们倾向于认为人具有不断自我完善的潜能，在生活的过程中，个体可能在自身或他人的关注下，不断地进行自我反思，不断提高适应能力，从而获得成长。同时，我们也倾向于认为个体的成长是需要时间来实现的，个体会经过相对较长时间的思考或者借助外界援助力量的积极关注领悟到更多的心理成长。流浪儿童在经历流浪的磨炼之后，在他人的帮助下（如救助站、教育系统、司法系统等）重新回归正常的家庭生活，而这一过程需要一定的时间，这样使得他们有机会经过相对较长时间的反思或在他人的积极关注下领悟到更多的心理成长。

（二）人生哲理方面的成长更为凸显

一个人的成长除了与其自身的人格因素关系密切，还与所处的环境有着千丝万缕的联系。流浪儿童走上流浪道路的原因很多，从个人角度来看，主要是缺乏必要的保护意识和能力，如离家出走、失窃、务工失败、被骗、主动流浪等；从社会角度来看，主要是社会排斥，尤其是家庭排斥，如家庭环境不佳、监护不力、教育不当等。在流浪的过程中，儿童生活没有保障，为了生存或被坏人诱骗，做出打架斗殴、偷窃、抢劫等越轨行为。这些特殊的人生经历，使得流浪儿童更有机会去关注或在他人的帮助下思考人生的价值、人生态度等方面的哲理，进而获得相应的成长。

在笔者的实地考察过程中，笔者发现也存在女流浪儿童的情况，但是女流浪儿童较少，资料收集困难，因此无法进行流浪儿童压力后成长是否存在性别差异的探讨，这也是我们研究的一个缺憾。

三、孤儿压力后成长的特点

孤儿是指父母双亡或因身体残疾、疾病等原因被父母遗弃，由他人或者福利机构进行抚养的儿童。从小缺乏亲情是孤儿的一个共同特征，这种特征使得孤儿在成长过程中极易出现心理健康问题（苏英，2011）。孤儿在情绪表达、人际交流等方面也存在适应不良的问题（庄严，2010）。尽管如此，我们也倾向于认为逆境孕育着成长，人具有不断自我完善的潜能，孤儿在成长的过程中，生存的需要有可能促使他们在与逆境抗争的过程中获得压力后成长。基于这样的假设，笔者开始一项针对孤儿的压力后成长特点的研究。研究主要通过问卷调查的形式开展，被试来源于广西市县的福利院，其中男生 33 名，女生 65 名，共 98 名儿童。结果发现孤儿的压力后成长有如下特点。

（一）压力后成长在孤儿经受压力后较为普遍

在笔者的研究中，孤儿被试的压力后成长各因子得分和总均分在 2.69～3.10，这表明孤儿在经历压力后仍获得较好的压力后成长。其中，91%的孤儿被试，压力后成长的总平均分大于 2；87.7%的孤儿被试，人际关系因子得分大于 2；在生活哲理上，96%的孤儿被试得分大于 2；在应对方式因子上，89%的孤儿被试得分大于 2。可见，孤儿的压力后成长涵盖人际关系、人生哲理、应对方式方面，尤其在人生哲理方面报告的压力后成长最多。这可能得益于近年来国家重视民生问题，尤其重视处境不利儿童群体的身心健康发展，对他们的关注与投入加大，同时社会也增加对孤儿的关注，使得他们有机会借助他人的帮助获得压力后成长。其次，大部分孤儿在福利院长大，在物质方面得到了满足，但是仍然不能弥补情感的缺失，缺乏亲情和家庭的教养，随着年龄的增长，被父母亲人遗弃的意识逐渐强烈，同时受社会环境等因素的影响，他们会更多地去思考人生或在他人的引导下思考人生价值、存在、责任等人生哲理方面的问题，从而获得相应的成长。

（二）女孤儿在经历压力后获得的成长显著多于男孤儿

在对男女孤儿的压力后成长进行比较时，我们发现女孤儿报告的压力后成长要显著地多于男孤儿。这个差异不仅体现在压力后成长总均分方面，还体现在人际关系、生活哲理、应对方式方面。尽管男女孤儿集体在福利院生活，受到的教育和待遇没有什么差别，但是相对于女孤儿，男孤儿会出现更多不良心理行为问题，如叛逆、捣蛋等，与成人的关系较为紧张；而女孤儿相对乖巧、守纪律，表现良好，能获得更多的积极关注和赞赏，人际关系良好。在压力情况下，女孤儿也会更多地动用社会支持，通常对所接受的社会支持更满意，而男孤儿更倾向于自己独立自主地解决问题。

（三）不同年龄段的孤儿在经历压力后获得的压力后成长存在显著差异

在对小学阶段和中学阶段的孤儿进行差异分析时，我们发现中学阶段的孤儿在压力后成长的总分、人际关系因子、应对方式因子上的得分显著高于小学阶段，而在人生哲理因子上则不存在显著差异。孤儿的压力后成长在年龄上的差异主要与孤儿的年龄增长有关。随着年龄的增长，孤儿身心得到发展，与小学阶段相比，中学阶段的孤儿在解决问题的能力和人际交往的技能方面都有所提升。同时，高年龄的孤儿，因为身体发育较快，体格较为健壮，在生活中，他们更有机会参与到生活实践中，能承担一定的生活任务，生活经验逐渐丰富，这对个人的成长有着重要的影响。

参考文献

陈本月，2016. 大学生压力知觉、希望和压力后成长关系研究[D]. 桂林：广西师范大学.

陈悦，甘怡群，黄淑慧，等，2012. 创伤后成长量表在汶川地震灾民中的修订与初步应用[J]. 中国临床心理学杂志，20(3)：336-339.

方建东，吴素梅，2011. 大学生压力后成长及其相关因素研究[C]. 中国心理学会成立 90 周年纪念大会暨第十四届全国心理学学术会议.

高隽，王觅，邓晶，等，2010. 创伤后成长量表在经历汶川地震初中生中的修订与初步应用[J]. 中国心理卫生杂志，24(2)：126-130.

侯杰泰，温忠麟，成子娟，2004. 结构方程模型及其应用[M]. 北京：教育科学出版社：35-45.

胡海利，张洪波，王君，等，2009. 中学生心理复原力量表的编制及其初步评价[J]. 中国学校卫生，12(30)：1097-1099.

靳宇倡，刘东月，李俊一，2014. 创伤后成长的促进因素、模型及干预[J]. 心理科学进展，22(2)：304-313.

刘视湘，郑日昌,2001. 职业评定量表（VIESA）的信度和效度研究[J]. 心理发展与教育，(1)：47-51.

刘霞，胡心怡，申继亮，2008. 不同来源社会支持对农村留守儿童孤独感的影响[J]. 河南大学学报（社会科学版），48(1)：18-22.

陆朋玮，李杨，2015. 儿童创伤后成长及其影响因素的研究进展[J]. 中华护理杂志，50(7)：878-881.

苏英，2011. 北京某福利院儿童心理健康状况及其与人格特点的关系[J]. 中国健康心理学杂志，19(2)：199-202.

覃春望，2016. 困境儿童逆境信念、乐观特质与压力后成长的关系研究[D]. 桂林：广西师范大学.

覃春望，吴素梅，2016. 儿童压力后成长量表的编制及信效度检验[J]. 中国儿童保健杂志，171(9)：900-902.

涂阳军，陈建文，2009. 创伤后成长：概念与测量[J]. 中国社会医学杂志，26(5)：260-262.

涂阳军，郭永玉，2011. 压力成长量表在师范大学生中的适用性分析[J]. 中国学校卫生，(3)：346-348.

王娟，2009. 大学生情绪智力、心理复原力与自我和谐的关系研究[M]. 上海：上海师范大学.

魏军锋，2015. 留守儿童希望特质及其与学业成绩的关系[J]. 中国儿童保健杂志，23(09)：959-961.

吴素梅，方建东，2014. 大学生压力后成长问卷的编制[J]. 中国心理卫生杂志，(10)：772-777.

徐强，2010. 大学生希望感与心理健康的关系[J]. 中国健康心理学杂志，18(2)：178-181.

姚树桥，傅文青，唐秋萍，2009. 临床心理学[M]. 北京：中国人民大学出版社.

张莉，王乾宇，赵景欣，2014. 养育者支持、逆境信念与农村留守儿童孤独感的关系[J]. 中国临床心理学杂志，22(2)：350-353.

张倩，郑涌，2009. 创伤后成长：5·12 地震创伤的新视角[J]. 心理科学进展，17(3)：623-630.

张月娟，王进礼，周喻，等，2013. 创伤后成长量表在军校学员中的初步修订[J]. 中国临床心理学杂志，21(3)：389-392.

赵景欣，刘霞，张文新，2013. 同伴拒绝、同伴接纳与农村留守儿童的心理适应：亲子亲合与逆境信念的作用[J]. 心理学报，(7)：797-810.

赵景欣，张文新，2008. 农村留守儿童生活适应过程的质性研究[J]. 河南大学学报（社会科学版），48(1)：26-31.

周玉霞，2017. 处境不利儿童社会支持、希望与压力后成长现状及其关系研究[D]. 桂林：广西师范大学.

庄严，2010. 苏州市福利院儿童社会适应行为的心理评估研究[D]. 苏州：苏州大学.

Armeli S，Gunthert K C，Cohen L H，2001. Stressor appraisals，coping，and post-event outcomes：The dimensionality and antecedents of stress-related growth[J]. Journal of Social & Clinical Psychology，20(3)：366-395.

Aspinwall L G，Taylor S E，1992. Modeling cognitive adaptation：A longitudinal investigation of the impact of individual differences and coping on college adjustment and performance[J]. Journal of Personality and Social Psychology，63(6)：989-1003.

Cohen S，Wills T A，1985. Stress，social support，and the buffering hypothesis[J]. Psychological Bulletin，98(2)：310-357.

Dunn J，Occhipinti S，Campbell A，et al.，2011. Benefit finding after cancer：The role of optimism，intrusive thinking and social environment[J]. Journal of Health Psychology，16(1)：169-177.

Huang Y，Wong H，Tan N T，2014. Associations among Chinese cultural beliefs of adversity，income recovery，and psychological status of wenchuan earthquake survivors[J]. Social Work in Mental Health，12(4)：343-364.

Jayde P，2005. Positive growth following a traumatic life event：An analysis of cognitive responses，coping，and social support[J]. Montana：The University of Montana.

Joseph S，Linley P A，2006. Growth following adversity：Theoretical perspectives and implications for clinical practice[J]. Clinical Psychology Review，26(8)：1041-1053.

Kesimci A，Göral F S，Gençöz T，2005. Determinants of stress-related growth：Gender，stressfulness of the event，and coping strategies[J]. Current Psychology，24(1)：68-75.

Lau J T F，Yu X，Zhang J，et al.，2010. Psychological distress among adolescents in chengdu，sichuan at 1 month after the 2008 Sichuan earthquake[J]. Journal of Urban Health，87(3)，504-523.

Laufer A，Solomon Z，2011. The role of religious orientations in youth's posttraumatic symptoms after exposure to terror[J]. Journal of Religion & Health，50(3)：687-699.

Lechner S C，Antoni M H，2004. Posttraumatic growth and group-based interventions for persons dealing with cancer：What have we learned so far？[J]. Psychological Inquiry，15(1)：35-41.

Lisa F B，Eliza B M，2009. She's emotional. He's having a bad day：Attributional explanations for emotion stereotypes[J]. Emotion，9(5)：649-658.

Luthar S S，Cicchetti D，Becker B，2000. The construct of resilience: A critical evaluation and guidelines for future work[J]. Child Development，71(3)：543-562.

Park C L，2004. The notion of growth following stressful life experiences：Problems and prospects[J]. Psychological Inquiry，15(1)：69-76.

Park C L，Cohen L H，Murch R L，1996. Assessment and prediction of stress-related growth[J]. Personality，64(1)：71-105.

Pluck G，2015. The 'street children' of Latin America[J]. Psychologist，28(1)：20-23.

Rajandram R K，Ho S M，Samman N，et al.，2011. Interaction of hope and optimism with anxiety and depression in a specific group of cancer survivors：A preliminary study[J]. BMC Research Notes，4(1)：519.

Roesch S C，Rowley A A，Vaughn A A，2004. On the dimensionality of the stress-related growth scale：One，three，or seven factors[J]. Journal of Personality Assessment，82(3)：281-290.

Schaefer J A，Moos R H，1992. Life crises and personal growth[M]//Carpenter B N. Personal coping：Theory，research，and application. Westport：Praeger Publishers/Greenwood Publishing Group：149-170.

Shek D T L，2005. A longitudinal study of chinese cultural beliefs about adversity，psychological well-being，delinquency and substance abuse in chinese adolescents with economic disadvantage[J]. Social Indicators Research，71(1)：385-409.

Shek D T L，2003. A longitudinal study of parenting and adolescent adjustment in Chinese adolescents with economic disadvantage[J]. International Journal of Adolescent Medicine & Health，15(1)：39-49.

Snyder C R，Cheavens J，Sympson S C，1997. Hope：An individual motive for social commerce[J]. Group Dynamics：Theory，Research & Practice，1(2)：107-118.

Swart J，1988. 'Street-wise'：Opening the way to self-actualization for the street child[J]. Africa Insight，18(1)：32-41.

Taku K，Kimer R P，Cann A，et al.，2012. Exploring posttraumatic growth in Japanese Youth[J]. Psychological Trauma：Theory，Research，Practice & Policy，4(4)：411-419.

Tedeschi R G，Calhoun L G，1995. Trauma and transformation：Growing in the aftermath of suffering[J]. Psyccritiques，42(2)：172-173.

Tedeschi R G，Calhoun L G，1996. The posttraumatic growth inventory：Measuring the positive legacy of trauma[J]. Journal of Traumatic Stress，9(3)：455-471.

Watson D，Clark L A，Tellegen A，1988. Development and validation of brief measures of positive and negative affect：The PANAS scales[J]. Journal of Personality and Social Psychology，54(6)：1063-1070.

Zwahlen D，Hagenbuch N，Carley M I，et al.，2010. Posttraumatic growth in cancer patients and partners-effects of role，gender and the dyad on couples' posttraumatic growth experience[J]. Psycho-oncology，19(1)：12-20.

第六章　焦点解决短期疗法对处境不利儿童的心理干预

第一节　焦点解决短期疗法的基本原理和技术

焦点解决短期疗法（solution-focused brief therapy，SFBT）是指以寻找解决问题的方法为核心的短程心理治疗技术，是 20 世纪 80 年代初由 Steve de Shazer 与妻子 Inn Berg Kim 和一群有多元训练背景（包括心理、社工、教育、哲学、医学等）的工作小组成员，在长期的短期家庭治疗中心（brief family therapy center，BFTC）的实践中逐步发展起来的。相比以往的咨询方法，焦点解决短期疗法不依赖完善和全面的理论基础，其突出优点是省时省力，咨询过程比较简短，咨询方法简单易操作，特别针对一般性适应问题，比如学习问题、人际交往问题、短期心理焦虑问题等，焦点解决短期疗法能比较有效和快捷地给予处理。因此，在短短 30 年的时间里，SFBT 已广为人知，且多方应用在学校、医院、家庭治疗、心理卫生、儿童与社会福利、收容机构与监狱司法系统等场合和机构（许维素等，2007；许维素和蔡秀玲，2008；Berg & Reuss，2008）。

一、焦点解决短期疗法的基本理念

SFBT 不看重过去历史及问题成因，它的独特之处在于以“解决之道为咨询焦点”的正向精神，尊重当事人既有的客观条件和主观感受，帮助当事人寻找、发现和确认自己的力量与优势，利用已有的方法、动力、优势、资源等“例外经验”面对、处理或化解困境。咨询过程则以“解决式谈话”帮助当事人对所描述事件重新认识、重新建构，发现和赋予事件中的正向意义，进而形成新的解决方法，实现咨询效果。

（一）“例外经验”蕴含解决之法

何为例外？就是问题发生以外的时刻。任何人不可能永远都处在问题之中，总有问题不发生，或者较少发生，或者问题没有变得更糟的时刻，而这个时刻蕴含着解决问题的方法与资源。因此，SFBT 认为，与其让当事人费时费力接受新的策略与方法，不如先从过去的成功经验入手，寻找、发现当事人既有的方法、优点、优势、资源，毕竟启用已有的能力比学习新的技能更容易，这样既可以缓解咨询时间上的压迫感，又能增强当事人的自我效能感和自我控制感。尤其对于身处危机或高涨情绪的当事人来说，他很难再去学习新的策略，而援用已有的方法与策略是能立即发挥效果的。

（二）困境是成长的机缘

深受后现代社会建构主义思潮影响，SFBT 认为，困境或者压力不是客观的情况，而是当事人对事件或情境的“主观知觉”，是当事人认为此困境超过自己现有资源与应对能力而产生的一种无力负荷感。因此，要化困境为成长的刺激，关键在于改变当事人对事件的“主观知觉”，即解构当事人对现状的感受，协助其建构另一种“真实的感受”，如果当事人在知觉上为困境赋予新的意义和希望，困境有可能就变成成长的契机。而且，人无法改变已经发生的事实，除了适应并接受困境带来的改变，不得不发展应对困境的新优势或强化既有的力量，帮助自己获得改变。这会增强当事人的自我效能感。

尤其对儿童来说，他们的自我意识发展不完善，犯错时常发生，儿童犯错之时，恰恰是他最需要被帮助、最容易受教和发生改变的时候，如果咨询师或他人能在儿童犯错时加以引导，这些错误便是儿童“开始学习”、获取成长的好契机。

（三）当事人是解决自己的问题的专家

SFBT 认为，接受与适应危机事件的发生及当事人做出改变的程度与强度，取决于当事人的目标、希望、动机及能力，而不由咨询师来设定。因为当事人最了解自己的状态，他们知道自己有什么样的力量与资源来应对危机。所以，当事人才是解决自己的问题的专家，SFBT 优先强调的重点辅导方向是积极协助当事人厘清自己的目标，挖掘他们身上既有的方法、优势、力量与资源，这样，当事人可利用这些力量与资源主动解决问题。

尤其是，在现实生活中，有些困难是难以克服，甚至是无法克服的，咨询师对此都可能产生无奈感。然而，SFBT 的独特之处还在于善于发现并肯定当事人“与问题共处”时的自我照顾能力，让当事人拥有发生改变的信心和勇气，负起解决自己问题的责任。当事人根据自己的实际情况选择改变的程度与强度，并且自己主动解决问题，这样，咨询效果才可以达到最好，也最持久。

（四）小的改变会引发大的改变

一个成功行为的背后，都是由很多小步骤积累而达成的。尤其对于身处困境的当事人来说，大幅度的进步并非立刻就能实现，设定的目标太大、太难，反而容易再次受挫，阻碍自己发生改变。所以，SFBT 尤其珍惜当事人在辅导中的每一个小改变，鼓励当事人从最容易开始的一小步迈进，积累成功的经验，增强改变的动力和信心。所谓“牵一发而动全身”，小改变足够多时，必然引发大改变，进而让问题得以解决。

（五）赞美是改变的动力

要帮当事人解决问题，发现自己身上既有的优点、能力、成功等优先资源，充分而有效的赞美是其改变的动力。赞美可以让人变得自信，提升自尊感和合作的意愿强度。SFBT 推崇的“最有效赞美”，是通过提问，让当事人在回答过程中，不断察觉自己的能力、优点、优势、方法与资源，并形成正向的自我价值感。例如，“你是怎么做到的？”这类振奋性引导，比直接赞美当事人产生的效果要好很多。合乎现实与当事人目标的赞美，有助于让当事人朝着改变的目标前进。

二、焦点解决短期疗法的基本技术

SFBT 为人所知的是其提问的代表性问句，这些问句往往隐含着对当事人能力与专家地位的肯定（许维素，2013）。

1. 奇迹问句

奇迹问句引导当事人进入想象：假设有个奇迹发生，有一天你醒来，你发现你现在面临的问题突然解决了，你会做什么？有什么变化？奇迹问句有助于当事人形成希望感和具体可行的目标。

2. 假设问句

以假设问句探问当事人在未来（而非过去）于某特定情境下的可能想法与作为。例如，咨询师可以这样提问："当问题已经结束时，你如何可以得知？谁会最先注意到？"

3. 例外问句

SFBT 认为是问题就会有例外，即任何人不可能无时无刻都处在问题情境中，总有问题不发生的时候，而且当事人是自己的问题的解决专家。咨询师可以引导当事人："以前有没有遇到类似的困难？你那时是如何处理的，而让情况有所改善（或者没有变得更糟糕）？"例外问句有助于当事人发现自己拥有的能力和资源，建立解决问题的信心，找到解决问题的方法。

4. 刻度问句

刻度问句是将当事人的感受、态度、想法等抽象概念转化为具体的量化资料，协助当事人表达与接纳难以言喻的内心状态与目标。SFBT 中最常用的刻度问句是 0～10 分刻度量尺，0 代表最糟糕的状态，10 代表最满意的状态。刻度问句有助于当事人评估自己当下的处境，目标在哪里，如何做才能实现目标。

5. 关系问句

关系问句是找出当事人的重要他人，通过探问当事人生活中的重要他人对他的看法、期待，帮助人当事人想出解决之道。例如，当事人感到迷茫，找不到方向时，咨询师可以借助关系问句，"如果我问你的爸爸，你觉得他会希望你怎么做？"来协助当事人进行思考，产生解决问题的思路。

6. 差异问句

差异问句常用在奇迹问句与例外问句之后，在于引导当事人思考与回答：目前状况与例外经验之间，或者与美好愿景之间，有何不同的细节。例如，在你能够重返校园安心读书的时候，你觉得那时会跟现在有什么不同？那时你会具体做什么？

7. 应对问句

询问当事人对问题情境所采取的行动与动力是从何而来，暗示当事人身上有面对、承受、对抗或化解困境的力量和资源，以增强他们的自我效能感。

例如，在这么不乐观的情况下，你是怎么做到没有放弃的？

8. 还有呢？

“还有呢？”是一个看似普通却非常重要的问句。当当事人确认了感受、有效方法与资源等时，咨询师多接着问“还有呢？”有助于当事人进一步联想，扩大思考。当事人持续回应时，就会带出一连串的记忆或资源。

三、焦点解决短期疗法晤谈的阶段

SFBT看重当事人的参照架构，晤谈一般会经历这样一个过程：①问题描述。即了解问题现状与咨询目标。这个过程咨询师的主要任务是帮助当事人将混乱不清的困扰清晰化、具体化，逐步把问题聚焦；可以灵活使用“假设问句”“奇迹问句”“例外问句”“应对问句”“关系问句”等技巧。②目标设定。这个过程咨询师以各种“解决导向”及“策略性导向”的问话引导当事人发现自己的正向经验，并利用自己的正向经验建立解决目标或发现解决问题的方式方法，可以灵活使用“假设问句”“应对问句”“例外问句”“刻度问句”等技巧。③反馈。晤谈进行40分钟完成前述阶段之后，会暂停10 分钟，咨询师需回顾和整理当事人在治疗过程中提到的有效解决的方法，以正向的、赞美的方式回馈。这个阶段需要布置家庭作业（戴艳等，2004）。

第二节　焦点解决短期疗法的个案干预

一、焦点解决短期疗法适用于处境不利儿童心理干预的可行性

近年国际上提出“处境不利儿童”概念用以概括由于社会经济地位因素导致社会环境、家庭环境及心理环境上处境不利地位的儿童，以达到统一概念、统一研究的目的。相比于“处境有利儿童”和“普通儿童”，处境不利儿童在教育机会、生存环境、社会地位、竞争能力、权益保护、心理环境等方面处于相对困难与不利境地。尤其对于那些家庭经济地位较低、物质资源匮乏的儿童来说，他们经历更多更深的孤独、歧视、恐惧、失望、忽视、疲惫、控制、冲突、暴力等负面体验，无助感、无价值感，甚至无望感更容易充斥在他们的生活中。如何在物质环境不利的情况下为他们提供有效的心理援助，焦点解决短期疗法明显占据优势。

（一）以解决之道为焦点

SFBT 认为，知道问题的成因不一定对问题的解决有帮助，与其花大量时间去追究原因，不如重点找寻解决之法。因为未成年人思考与理解世界的方式不同于成年人，他们有自己独特的表达能力，有能力且有意愿尝试从错误中学习因应问题的能力。正如茵素·金·伯格所说：“很少有儿童想知道造成问题的原因，他们不太用推论的方式思考，企图解释问题原因……而是透过许多尝试与错误，试图解决问题。”[①]

（二）与其学习新的策略，不如开发已会的方法，利用已有的力量与资源

如何在有限的咨询时间内给当事人提供最大的帮助，缓解咨询师时间上的压迫感，SFBT 有其独特之处，即不急于教当事人学习新的策略与方法，而是直接利用当事人过去的成功经验和身上既有的资源来帮助他，这样既省时、省力，增加效率，还能让当事人在成功的体验中拥有克服困难的信心和动力。毕竟，一个人身处艰难环境或在情绪不良的状态下是无法学习新的策略的，沿用已有的方法与策略是比较容易且会立即有效果的。例如，流浪儿童在救助站内滞留的时间长短不一（最长不超过 10 天），具有较大的流动性，不具备持续接触和服务的条件，这样在有限的时间内为其提供简短、有效的介入就显得非常重要。

尤其对于命运坎坷的当事人，咨询师常有一种难以改变其现状的无奈感。然而，SFBT 善于发现并肯定当事人“与问题共处”时的自我照顾能力，可以协助当事人在痛苦煎熬中看到自己身上已经具备的力量与资源，让他们对改变自己的不利处境产生信心。

可见，焦点解决短期疗法针对处境不利儿童的心理问题，比如学习问题、人际交往问题、短期心理焦虑问题等，能比较有效和快捷地给予处理。因此，SFBT 在学校、家庭服务、医院、监狱司法系统、社区治疗中心等领域也应用广泛。

---

① 茵素·金·伯格，特蕾西·史丹纳，2005. 儿童与青少年焦点解决短期心理咨询. 黄汉耀，译. 成都：四川大学出版社.

二、焦点解决短期疗法对流浪儿童心理干预的应用案例介绍

（一）案例介绍

1. 个案资料

流浪男童，13 岁，性格温和开朗，爱笑，笑的时候有些腼腆。3 岁时父母离异，后跟着父亲到新的城市生活，现在父亲已重组家庭。父母做小本生意，家庭条件一般，租了两套房，其中一套居住用，平日里父母忙生意时孩子和妹妹（5 岁，同父异母）经常是被关在家，孩子感觉像是坐牢；另一套用来做仓库，有时孩子也会在仓库这边睡，居住条件很简陋。爸爸性格急躁，管教粗暴、严厉，在家没少被爸爸打骂；继母比较凶，孩子有点怕她。孩子喜欢玩电子游戏，有多次离家出走在外流浪的经历，这次离家已经将近一个月了，目前是失学状态。

2. 辅导过程

此个案辅导是在救助站的活动室内进行的。由于站内管理环境有限制及根据流浪儿童自身的特点，每次个案辅导的时间长短不一，一般在 40～60 分钟，有时会省略掉晤谈 40 分钟后需暂停休息 10 分钟的环节。这次辅导前后共进行了四次晤谈。辅导氛围比较安全、开放，有时会安排游戏，在游戏过程中对话。

（1）第一次晤谈：收集资料，目标初步聚焦

晤谈产生背景：案主和一名同伴一同被民警送来救助站。案主跟站里的工作人员说，他不想回家。

案主自诉：我有一种不祥的预感，如果我现在回家，我爸肯定会打我。以前我一出去玩太久，回来就会被我爸骂，有时也会动手打我。上次我从救助站回去，我爸把我打得很厉害，当时我心里怕到手脚根本没法动。以前他还拿刀吓唬过我，结果不小心刮到我的脸，还有疤，不过现在看不到了。其实我爸我妈在我很小的时候就离婚了，今年过年我回了趟老家，就是妈妈家，还在老家上了两个月的学，但是后来又回来了，说我妈妈不是我的监护人，在老家读书要花很多钱，妈妈没有钱。之前把学籍从南宁转回老家江苏时，中途不知道出了什么问题，学籍没有转到江苏那边，现在不知道学籍在哪儿。我现在没有去上学。

问到为何离家出走，外出流浪，案主说在家实在太无聊了。家里房子不

宽敞，像这个教室这么大，白天爸爸妈妈出门卖东西、送货时，把他和妹妹关在房间里，他的活动范围就在那间房里，一圈又一圈，就像坐牢一样（他一边说的时候一边用手比画着）。每天被关在家不知道可以做什么，觉得很无聊。所以有时忍不住跑出去，主要是去网吧、电玩城玩。

案主最后说，其实不是不想回家，只是害怕回去会被骂被打。

分析：刚开始接触的时候，案主在与咨询师对话的过程中经常用“坑我”“我不知道怎么说”“被你发现了”“被坑了”这样的词句来互动，这个过程中咨询师一直保持着真诚、无条件的积极关注、鼓励、赞美的态度，通过未来与目标导向问句，引导案主思考自己内心真正期待的是什么，在意的是什么，想要的是什么，促使当事人更理解、聚焦、确认自身的目标。最后，确定咨询的目标是解决两个问题：①获取爸爸的理解，不再挨打。②回归校园。并在最后时间布置家庭作业，写一篇日志，说说自己现在的打算，可以怎么做。

（2）第二次晤谈：正向架构，焦点解决目标 1

由于流浪儿童在救助站内滞留的时间一般不超过 10 天，所以这次晤谈安排在第一次晤谈后的第二天。案主表示自己现在的打算是上完初中，将来学一门技术（这也是爸爸期望的），至少可以养活自己。只是自己现在碰到一个困难——学籍问题，现在不知道自己的学籍在哪，这个需要爸爸帮忙解决。对于案主作业完成的情况，咨询师给予及时的赞美和鼓励。回顾目标，询问案主当下最担心的是什么问题，案主表示最担心的是回去被爸爸打。根据焦点解决短期疗法一次解决一个问题的原则，本次晤谈主要是解决这一问题。这个过程咨询师以各种“解决导向”及“策略性导向”的问话引导当事人发现自己的正向经验，并利用自己的正向经验建立解决目标或发现解决问题的方式、方法。

以下是节选晤谈中部分内容（下文中的“咨”代表“咨询师”），最终总结为正向经验图（图 6-1）：

咨：你觉得你爸打你的原因是什么？

案主：因为我不听话，跑出来玩这么久都没有回家，让他担心了吧。

咨：以前有没有出来玩回去没被打的情况呢？

案主：有啊。出来玩几个小时就回去，或者当天回去，只要不太晚的话。

咨：这么说你爸不是不让你出来玩，只要按时回家就好，对吗？

案主：嗯，对的。

咨：那你不按时回家的原因是什么？

案主：有时玩游戏玩得太入迷了，就忘了时间，见太晚了又不敢回去，干脆就在外面玩。

咨：听你这么说，你出来一般是玩游戏忘了回家，或者说不想回家？

案主：嘿嘿，没有啦，其实还是想回家。

咨：那可以在家玩吗？

案主：我爸给电脑设置了密码，我不知道密码，我爸妈不给我玩电脑。

咨：噢，你爸不给你玩电脑是担心什么吗？

案主：呵呵，我一玩电脑就停不下来，一玩就一整天。

咨：那你自控能力比较弱的情况下，你爸妈限制你玩也是应该的。你认为什么样的情况下你爸妈会同意给你玩电脑呢？

案主：等我长大了，像我哥他们就不限制。

咨：嗯，还有呢？

案主：可能玩一下，不玩太久的话。

咨：嗯。假如你每天可以在家玩两到三个小时的电脑，你是更愿意在家还是跑出来玩？（假设问句）

案主：当然更愿意在家啦。在外面吃不好睡不好，生病的时候更不好。

咨：在你心里，你认为你爸是什么样的一个人？

案主：我爸啊，长得胖胖的，有啤酒肚，比我高一个头这样，有时很冲动，脾气有点急躁。呵呵，我爸是一只老虎。

咨：嗯，听你的语气，感觉你对你爸的评价不算很糟糕。我问你一个问题，打个比方，你对你爸非常满意的话就给他打 10 分，一点都不满意的话就打 0 分，你给你爸打几分？

案主：5、6 分吧。

咨：是 5 分还是 6 分呢？

案主：6 分吧。

咨：那你再想一下，你爸有什么变化你就可以给他多打一两分？

案主：就是……不要那么急躁，还有对我好一点。

咨：如果你爸像你说的对你好一点的话，你会有什么不一样？

案主：这个啊……可能就不再出来流浪了吧，也不会那么怕他。

咨：好的，我明白了。你有没有发现，在我们的谈话过程中，你自己提出了很多可以缓和你所说的“不祥之感”，减少自己挨打的办法？现在，我们一起来总结一下。

……

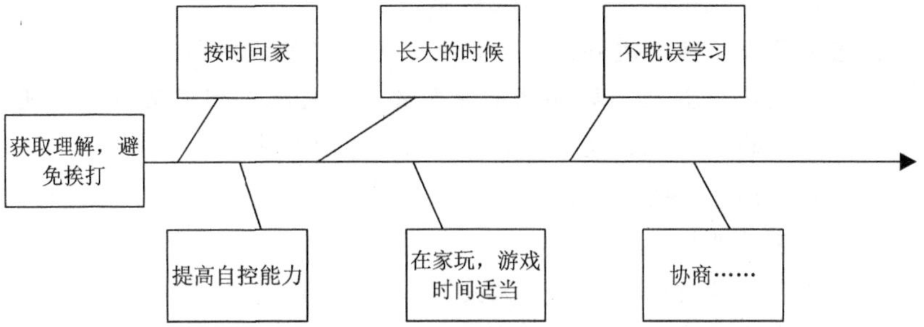

图 6-1　和个案交谈的正向建构过程中画下来的正向经验图

分析：案主的自我察觉能力比较强，晤谈过程中提出很多有效解决问题的方式、方法，这体现了焦点短期解决疗法中当事人是解决自己的问题的专家，拥有与生俱来的力量与资源帮助自己的观点。咨询师在晤谈过程中的主要任务是和案主一起探索这些例外，及时给予反馈，助力案主自助。

晤谈结束时，布置家庭作业，让案主把自己提到的这些正向经验梳理一遍，学会勇敢地向爸爸表达内心的想法。

（3）第三次晤谈：正向架构，焦点解决目标 2

此次晤谈距离上一次隔了两天。这两天期间，救助站联系案主的爸爸，将晤谈中案主的一些想法和感受与案主爸爸沟通交流，案主爸爸表示这两天会抽空来接案主回去，不会打孩子。我们把这一情况和案主反馈，案主表示自己现在也没有那么害怕爸爸打自己，在家里最大的困难并不是爸爸打自己，而是没有书读。自己还那么小，不读书在家什么也做不了，读书还有同学一起玩。咨询师询问了案主有何苦恼，针对问题，给予正向的、积极的引导，和案主一起合作建构有效解决的方法。

晤谈摘要：

咨：你希望回家后是一种什么样的生活状态？

案主：要和以前不一样啊。

咨：可以具体说说哪些方面不一样吗？（具体化）

案主：以前在家是被关起来，被爸爸打，不能上学、不能玩电脑、不能出来玩，很无聊。我希望回去之后的情况就是和以前反过来就可以了。

咨：假设有个奇迹，你想要的生活状态就在你面前，你认为它会是什么样的呢？（奇迹问句）

案主：……（思考了一会儿）我在上学，和同学一起玩……我爸开怀大笑，不再打我，对我很好。我可以玩电脑。

咨：当你可以上学的时候，你会做些什么？（假设问句）

案主：找同学一起玩，那样就不会那么无聊总跑去网吧玩游戏。还可以一起去游泳什么的。我也喜欢看漫画书，可以看课外书。

咨：你爸开怀大笑的时候，你是什么感觉？

案主：我会没那么怕他了。

咨：那你爸什么情况下会开怀大笑？

案主：现在比较少，以前我读书的时候有过，好像我还读小学那会儿，不记得了。

咨：试着回忆看看，小学那会儿和现在有什么不同？

案主：呵呵呵，可能那时候我还比较听话吧。

咨：现在也可以啊。

案主：尽量吧。

咨：如果回去之后，开学你可以回学校读书，你有什么具体的打算？

案主：会有两种可能：一是我会认真读完初中；二是继续离家出走。因为如果在家实在太无聊，会想出去玩，比如去电玩城、网吧等。

咨：回家后再次感到无聊时，如果不离开家，你会选择做些什么？

案主：尽量克制一下，比如可以看看书，做一些室内运动（趴在地上学游泳、做俯卧撑），唱歌，跟妹妹玩捉迷藏，教妹妹画画，等等。

咨：你爸爸还是很希望你能继续上学，他正在帮你积极联系学校，还给你找了辅导老师。上学之后有书读有同学玩，相信你一定会越来越好的。

案主：希望吧。不知学籍问题能不能顺利解决。

咨：放心吧。你不乱跑，你爸会帮你一起解决的。

（4）第四次晤谈：一个星期后电话回访

案主爸爸：这段时间他在家较听话，没有再离家出走，有时出去走走，然后又回来了。现在准备开学了，打算明天带他去××中学办理转档案的事情，然后带他去××中学报到读书。打算给他住校，一个学期学费 1000～2000 元，住宿费 600 元，也不算贵。周末我有空的话再去接他回来。他还是挺聪明的一个孩子的，主要是他不肯定下心来学习，容易被别人带坏。目前主要是想让他读完初中，以后再去职校学一门技术，可以自己谋生。他课程落下了蛮多的，我花了 300 元给他买了资料书，他自己看不懂就不想看了。没有人辅导也是一个问题。这两天有空看看带他去辅导班补补课。

案主：我不会离家出走了，因为离家出走“成本”太大了，在外面吃不好，睡不好，还担心被爸爸打。现在准备开学了，去学校之后我会好好学习的，尽量不去网吧玩，即便去玩也尽量不玩太久。

分析：此次回家，案主爸爸对儿子的教育方式和态度有所改善，情绪更为平和，语言更为正面和积极，为案主的心理成长提供了有效的社会支持。案主回去之后，虽然还是会感觉无聊，但是有了目标，之前晤谈中提到的正向经验也起到一定效果，案主没有因感觉无聊而再次离家出走。总体而言，最初设定的咨询目标基本实现。

（二）案例评析

焦点解决短期疗法既适用于解决长期滞留救助站内的儿童的心理问题，也适用于潜在的短期滞留儿童。有些儿童无家可归，缺乏有力的社会支持；有些是有家不愿归，可利用的资源同样有限，而 SFBT 的突出优势在于探索当事人的例外和优势资源，甚至是一些偶尔发生的正向经验。对于深陷困境而心力有限的儿童来说，他们最需要的是希望，而且是短期内就能看到的希望，有了希望才能有能量去应对所处的困境和压力。SFBT 提供的就是希望，着眼点是给当事人带来希望的正向积极面，进而帮助当事人建立正向积极的自我价值和应对模式。

对救助站而言，晤谈次数少却具有实效性的焦点解决短期疗法同样是它们需要的，也是比较实用的。

三、焦点解决短期疗法对受欺负经历中学生心理干预的案例

（一）案例报告

来访者 A，女，18 岁，来自农村家庭，是某校高三学生。幼儿期没有与父母一同生活，主要是外公、外婆照顾她到小学毕业。留守的这段时间里，A 有被同伴欺负、孤立的经历，也有被舅妈责骂其自私、冷漠的心理创伤，至今无法释怀。因不善与人交往，前来心理咨询中心接受心理咨询，每周一次，每次咨询大概持续 50 分钟，共 4 次，历时 1 个月。

1. 第一次会谈：收集资料

A 自诉不太会和同学交往，朋友不是很多，不能很好地融入一个集体之中，感觉自己的生活失去了平衡，内心苦闷、迷茫，觉得找不到自己。A 还谈到自己敏感，很在乎别人的看法，现在不太敢和宿舍同学交往，班上有一两位好

朋友，但自觉和大部分同学的关系都比较远。

提及成长经历，A 说初二时，从小和爸妈生活在一起的弟弟得了恶性肿瘤且情况严重，要到大医院开刀，爷爷也因过度担心弟弟的病情而去世了。后来，弟弟的病情恶化，医院医治无效便接回家中，在 A 初三时弟弟去世了。在遭遇这些事件时，A 虽然心里难过，但都没流泪，她怀疑自己是不是真的像舅妈形容的那么冷酷。弟弟去世前嘱咐 A 说，希望姐姐能考上重点大学。A 一直记着弟弟的遗言，学习上一直很努力。咨询员进一步询问，A 觉得自己从小就很弱，但从小学五年级开始担任班干部后，性格开始变得开朗活泼起来，之后一直到初三都是班干部，工作认真负责，老师和同学都很信赖她，A 觉得自己那时的心情是畅快的。上了高中后，她却不懂得如何和同学交往了，因学习、生活比较忙，所以不知如何与同宿舍的舍友交流。特别是近一个月来，为了一些小事舍友还对 A 产生误会，A 突然觉得自己很卑微，越发不想和舍友们讲话了。A 来向咨询员求助，希望自己的生活能重新找到平衡的支点。

分析：A 的情绪问题是有因而发的，强度较轻，时间也较短，理智可以控制，且有较强的改变动机，属一般心理问题。主要的具体原因聚焦其人际交往问题上。A 敏感、自卑，易受暗示，且对自我和他人存在一定的认知偏差，但其自我觉察能力较强，善自我反思，有一定的总结和概括能力。确认 A 适合进行心理咨询后，咨询员考虑以焦点解决短期疗法为主，可布置行为作业，并结合合理情绪疗法对 A 进行咨询。咨询员和 A 共同聚焦咨询目标，寻找并发现 A 成长经历中有过的良性人际交往品质、方法与资源，确定了咨询的目标主要要解决两个问题：①提高 A 的自我悦纳及自信水平；②改善 A 的人际交往状况。在最后时间布置家庭作业时，针对 A 现阶段被苦闷、迷茫的不良情绪困扰，谈到如何排解时，A 主动提出了一些自己可以做的改变，如每天坚持一定时间体育锻炼、找自己的好朋友聊天等，体现了“个案是解决自身问题的专家”这一思想。

作业 1：每天主动和 3～5 位同学微笑着打招呼或聊天，并把感受记录下来，下次咨询的时候与咨询员分享。

2. 第二次会谈：正向架构，焦点解决目标 1

A 谈到，回去以后每天做作业时，一开始不怎么习惯和不熟悉的同学打招呼，坚持了几天后，感觉还不错，同学们对她的态度都很亲切友好，并不是她原来所认为的那样。咨询员马上对 A 进行鼓励，指出 A 能够完成这个作业，就是迈出她良好人际关系开端的第一步。

A 自述自己这星期的心情好了很多，但还是觉得自己的勇气不够，不敢多和同学有进一步交流。针对 A 存在的问题，我们又一起回顾咨询目标，进一步明确上次咨询提出的问题。之后用标定法给每个问题打分，依照焦点解决短期疗法一次解决一个问题的原则，进一步聚焦问题。在第一次咨询确立的两个目标中，A 的自我悦纳程度和自信水平是影响其人际交往的极重要的深层原因，因此，本次咨询首先要解决这一问题。确定问题后，再让 A 对这个问题的现有状态评分，用于咨询结束后 A 的自我评估及对咨询效果的评定。

针对问题，寻找个案的正向例外经验焦点解决。

咨询员（简称 C）：你刚才给自己的自我悦纳程度和自信水平打了 4.5 分，可见你对自己这方面是不太满意的，现在希望你可以换个角度想一下，从小到大有什么事情是让你充满自信的，或者说，是你自己觉得较成功的事情？

（A 沉默了较长时间，这是其在积极思考，因此咨询员没有打扰……）

A：小时候被同伴欺负和孤立一直让我很自卑、敏感和脆弱，直到五年级的时候，班主任老师突然让我当文艺委员，我很意外也非常高兴。在我当了文艺委员后，我的性格就逐渐变得开朗活泼起来，同学们也逐渐喜欢和我玩，我觉得自己那时候的心情是畅快的。（A 脸上的表情逐渐舒展开来，陈述起来较自然流畅，然后她停顿一会儿，想了一下，又接着往下说）中考的时候是妈妈陪着我的，那时弟弟刚去世一段时间，我精神状态很差，但我还是顶着压力考上了我们那的重点高中，这也算是完成弟弟的半个心愿。（A 轻轻舒了一口气）我考中考时，心理状况也是很糟糕，爸妈都有点担心我，但我还是考上了重点高中，虽然还没完成弟弟希望姐姐考重点大学的希望，但也算是实现妹妹的愿望。（A 表情淡然而坚定）

C：非常棒！你是一个坚强而勇敢的女孩。虽然曾经面对那么多的困难，但你并不是被轻易打倒的，在你身上也充满勇气和自信的力量，是吗？（给予 A“振奋性的鼓舞”和积极的暗示）

咨询员不断挖掘 A 身上的积极事件，A 逐渐意识到自身的积极力量并树立了一定的自信心，接着咨询员指出 A 之前给自己贴了标签暗示自己是弱者，让 A 更清楚地认识自己，同时给予 A 以支持和肯定，增强 A 对自己的“可控制感”，这对个案而言是非常重要的。

在咨询快结束时，请 A 自我总结，咨询员再一次对 A 的成功经验表示肯定，增强 A 对问题解决的控制力，并提供给她一些增加自信、克服自卑的小技巧，如运用 60 秒钟 PR 法经常进行积极的自我暗示等。并且就自我悦纳和提高自信水平这个问题，请 A 给自己再一次评分，分值已由原来的 4.5 分提高到 6.5 分。

分析：A 有极强的理解能力和求助动机，在咨询的空当花了较多的精力去做作业和进行自我反省。这些都是改变的资源。在本次咨询中，咨询员以 SFBT 的思想为指导，从正向积极意义出发，寻找 A 的成功例外经验，启发 A 探索发现自身所具备的能力及改变现状的资源，让 A 对问题的控制力得到加强。同时也让 A 对自身的一些观念发生改变，更客观积极地看待自我、接纳自我。

作业 2：继续每天坚持和 3～5 位同学打招呼，并和 2～3 位不熟悉的同学进行进一步交流，把自己的感受记录下来。

3. 第三次会谈：正向架构，焦点解决目标 2

A 自诉上次咨询回去以后，感觉心情好了许多，觉得做什么事情都容易多了。和同宿舍的同学也主动说话了，这两周还坚持去锻炼身体，锻炼时还约了同学一起去，感觉心情畅快了很多。咨询员立即对其进行肯定鼓励，指出这些也都是 A 的成功经验，肯定 A 是有能力解决自身问题的。

谈到上次作业的完成情况时，A 说自己和人打招呼还可以，但进行进一步交流时还是有点不自在，以前和人交流也经常存在这样的问题。咨询员和 A 又一起回顾第一次咨询时所定下的目标，对于自我悦纳和提高自信水平这一目标在上一次咨询中已解决，这次咨询的任务便是和 A 探讨人际交往的具体问题。让 A 先对这一目标评定分数，A 评定的分数为 6 分。接着 A 谈到自己的一些感受，咨询员画出与 A 交谈时构建的正向经验图（图 6-2）。

A：虽然经过上次咨询我感觉自己是充满力量的，和人交往也勇敢了许多，这至少让同学们不会认为我是不理睬人的、高傲不可接近的了。但其实我是觉得自己有时候很“小气”，别人不轻易间的一个动作或随口说的一句话都能让我久久地无法释怀。（A 皱起了眉头）

C：对此你无法释怀，我想你一定有你自己的理由，可以告诉我它是什么吗？（采取好奇、未知的姿态来询问、倾听及确认当事人的观点）

A：我觉得我无法忍受别人用这种方式对我，哪怕一个动作或一句话都不行，就像我舅妈那样！（A 的情绪有些激动）

C：你提到舅妈时，我感觉到你的情绪明显比较激动。是不是别人的那些动作或话语唤起了你和舅妈之间不愉快的体验？可能当时你自己也没有察觉到，是这样吗？

A：听你这么一说，确实有这种感觉。

C：那它除了让你联想到舅妈，还有其他的人或事吗？

A：（稍有沉思）……可能也和小时候被同伴欺负、孤立的经历有关吧。他们会用一些手势、表情，或者说一些伤人的话来攻击你……现在头脑里还闪过那些画面。

C：嗯，我想我能感觉到那种不愉快的感觉。现在先暂时让我们回到当下的问题，你觉得因为别人的一个动作或一句话而郁结，显得自己很没气度，所以你其实希望自己可以平常看待这个问题，是吗？（正向引导）

A：是啊，毕竟不是什么过分的举动，我动不动就生气对我们的关系也不好。（语气平和）

C：你能这么想很难得。虽然过去曾经经历过一些不愉快的事，影响你对同学的一些看法，但是过去发生的事无法决定未来，现在才能决定未来。如果现在你能正确看待你和同学的关系，相信你一定可以和同学友好相处，你说是吗？

A：嗯，应该可以变得好一些。

C：那现在我们继续来探讨一下你具体的人际交往问题吧。比如说你的舍友们。当发生什么情况时，你能与她们融洽相处，我会用图表来辅助你思考，好吗？（A 沉默了较长时间，她在做积极思考……）

A：星期天放假有时间时，我们会偶尔在一起谈论一些轻松、娱乐的话题，比如说音乐。

C：那这个时候你和大家聊天的态度如何？

A：那个时候我不忙，有时间，心情也比较放松，所以表现较为活泼开朗，和大家聊天比较放得开，比较活跃一点。（边谈边充实图表）

C：你刚才提到的都是和你状态相关的一些表现。那当你和大家聊天时你和大家的关系怎样？

A：比较亲密吧。因为讨论的都是大家感兴趣的话题。（边谈边充实图表）

C：看来你们有时相处得也挺愉快的。只是我不明白，前面你提到你的舍友对你产生误会，你却不想和舍友说话解释，你能说明一下原因吗？

A：呃，那次事情是发生在周六下午，老师让我们新生帮忙打扫教室，并且把桌椅板凳搬到新教室去，但老师没有要求每位同学都去，而是让班里的同学自愿。下午时我们宿舍人都在睡觉，因为我是劳动委员，工作是比较认真负责的，我把大家叫醒了去参加劳动。有些人极不情愿，但后来宿舍人也都去了，不过后来有人一直抱怨，还背后说我爱出风头，我也生气了，就不想再解释什么了。

C：嗯，我理解你被大家误会的心情。那时大家在睡觉，你都把她们叫醒了吗？

A：是的，我叫她们一起去劳动。

C：哦，这样。那有没有老师布置的任务也是要求同学们自愿参加，但大家也乐意去完成的呢？（A沉默性思考……）

A：有，那一次去除草，很多同学都愿意去。

C：那在那次布置任务的过程中，你做了什么？

A：我在班上征求所有同学的意见，谁愿意去就到我那报名。

C：好，你做得很棒。那之后同学们有抱怨你吗？

A：没有，那次劳动同学们都很积极，我们班还得到老师表扬了。

C：那你想想在这两次劳动任务的安排中，你的表现有什么不同？

A：噢，我明白了。对于老师安排自愿参加的劳动任务，我不应该要求其他同学去完成，而是要征求他们的意见，要考虑其他同学的利益。像我们宿舍的同学，她们在睡觉，我把她们叫醒，可能也会让她们很不高兴的。（边谈边充实图表）

C：那你觉得你的态度是怎样时，更容易得到同学们的支持呢？

A：民主，尊重大家的选择。我想是这样的。（边谈边充实图表）

C：很好。包括你们宿舍同学也喜欢你这样吗？

A：我想是的。（思考性沉默……）

A：上个星期我和我们宿舍的人主动说话了，她们其实并没有不理我。

C：那你在这个过程中表现怎样呢？

A：积极主动地去和她们交流。（边谈边充实图表）

C：那你和别人交往还有哪些成功的经验吗？

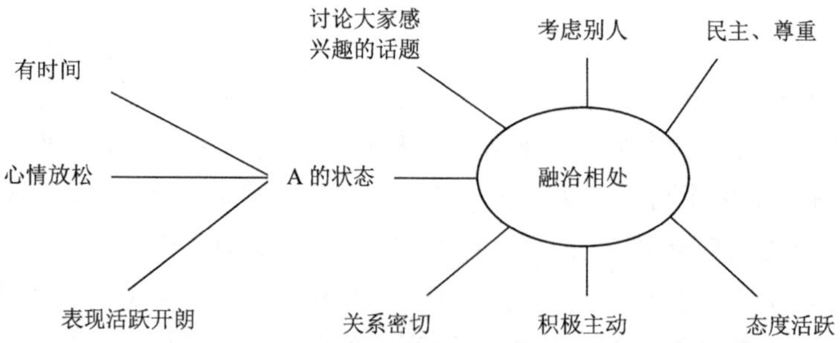

图6-2　和个案A交谈的正向建构过程中画下来的正向经验图

咨询员接着帮助A进一步挖掘她的交往成功经验：态度真诚、正向语言的使用、适度的自我暴露、保持联系等，并鼓励A将这些成功经验应用到和同学、朋友们的交往中去。最后，请A对本次咨询进行总结，咨询员加以补充。然后让A就人际交往这个问题给自己再评一次分，A给自己评了7分，并对今后如何和同学、朋友交往充满信心。

分析：A 在咨询过程中解开了多年的心结，为人际交往问题解除心理防线。在进一步挖掘她在人际交往中的成功经验后，A 自己找到解决方法，这使咨询已经朝预期的目标发展了。咨询员要求 A 在基本建立成功经验之后，再约咨询员进行一次巩固性咨询，咨询时间由 A 来定。

作业 3：回去后，具体实施在咨询过程中找到的方法，特别是在宿舍中进行实践。

4. 第四次会谈：反馈结果，巩固咨询

这次咨询是在第三次咨询后一周进行的。此次咨询 A 与咨询员分享了自己成功的体验，A 很高兴地说回去以后她就实践了在咨询中找到的方法，甚至有些方法是咨询中没有提到的，但她认为是有效的，也运用了。她自诉她的朋友、同学都认为她变了，变得活泼开朗了，大家都挺喜欢和她在一起，她自己也觉得很开心。宿舍的舍友们和 A 的关系比以前好很多，大家在一起也轻松自在多了。A 总结了整个咨询过程中自己的改变，咨询员也指出 A 的进步是来自 A 自身的资源，增强了 A 的自我效能感，增加其解决问题的信心。

最后，双方都认为可以结束咨询关系了，做了正式告别后，便结束心理咨询的全过程。

（二）讨论和总结

本案例主要以焦点解决短期疗法为主，并结合行为和认知的咨询技术，更多地关注个案当前面临的焦点问题和现有的资源（黄彩和吴素梅，2010）。从一开始双方就建立良好的咨询关系，个案在寻求帮助的过程中有很强的改变动机，因此个案在咨询中充分显示她的主动性。正如 SFBT 所强调的，个案自身就是自我问题解决的专家。在咨询的过程中，个案往往喜欢说出自己的不足之处，把问题提出来后，希望咨询员能够直接给予其指导建议，因此，在这个过程中，咨询员要注意对个案进行具有正向意义的引导，激发个案自身的积极力量，挖掘她的成功经验，协助个案向着要达成的目标努力，不断鼓励个案做出小的改变。“例外”的情境和成功的经验是个案自身重要的资源，咨询员采取解决为导向的积极观点，协助个案脱离自卑、无助的情绪，最终个案自己解决了焦点问题，并在咨询中得到真正成长，达到咨询的预期目标。

第三节　焦点解决团体疗法应用于处境不利儿童心理干预的研究

一、焦点解决团体疗法简述

近年来，我国研究者对处境不利儿童的心理特点不断进行深入研究，其中不乏有一些突出的研究成果。但是焦点解决短期疗法在国内发展的历史较短，基于焦点解决团体的研究还不多见，针对处境不利儿童采取焦点解决取向的团体干预研究更是寥寥可数。何为焦点解决取向团体干预？焦点解决取向团体干预，也叫焦点解决团体疗法（solution-focused group therapy，SFGT），是指将 SFBT 运用于团体辅导，在团体辅导中，将团体目标设定为解决取向，以目标设定和寻找例外经验等方式，积极开发与运用成员自身的资源，激发成员的改变动机，在成员相互支持的团体气氛中，朝向个人目标与集体目标，从而达成赋能与自我治疗效果的一种团体历程（王贝蓓，2014）。

通过对大量相关文献的查阅与整理，笔者发现国外和我国台湾学者在这方面的研究颇有收获。例如，翁幸如（2000）对小学五年级 16 名知觉双亲冲突的儿童，以 SFBT 取向进行个体治疗，发现来访者的负性情绪减少，在生活适应与亲子关系上均有改善。台湾的罗华清（2000）针对 16 名具有害羞困扰的高职来访者，进行 8 次 SFGT 后，发现成员在害羞行为表现、认知反应、情绪反应及生理反应上有立时的辅导效果。林佩郁（2001）以等组前测后测对台湾 16 名单亲小学生进行实验研究，结果也发现焦点解决团体咨询对自我概念、行为困扰等方面有立即和持续的辅导效果。国外学者 Kruczek 和 Vitanza（1999）曾带领 41 位 13～18 岁女性受创青少年进行 7 次 SFGT 团体治疗，企图改善其负面的情绪与行为问题。研究结果发现，参与成员在参加团体后的适应功能显著优于参加团体前，行为技能的表现亦有逐渐改善的趋势。Ellensweig-Tepper（2000）则以 SFGT 的架构来进行女性受创青少年的团体治疗，希望能为预防及治疗成员创伤后的情绪问题提供参考。研究发现，SFGT 的架构有助于处理团体成员在情绪、行为、发展、身体与认知等方面的问题。

基于已有研究的局限性，笔者尝试通过焦点解决团体疗法对处境不利儿童中的流浪儿童群体的负性情绪进行干预研究，寻找对处境不利儿童心理援助更具针对性的团体辅导干预模式。

二、焦点解决团体疗法干预程序

1. 干预对象

本次试验的人员选取采用问卷测量及访谈的方法筛选。实验组：某一时期一同滞留于救助站的流浪儿童（滞留时间长达 1 个月左右）；对照组：曾在救助站滞留一段时间的流浪儿童（滞留时间将近 1 个月），彼此之间并不认识，入站和出站时间也不一致，但均有某一段时间和实验组的被试一同在救助站的经历。

入组条件为符合下述所有条件：①最近 1 个月内频繁出现不愉快的主观体验，如感到愤怒、憎恶、负疚、紧张、心烦等；②不能有效地控制自己的情绪及化解各种引起负性情绪的事件；③社会功能受到一定的影响；④了解团体心理辅导的设置后愿意参加且能够坚持 6 次辅导以上。

经过筛选之后确定出的实验组和对照组被试的基本情况见表 6-1。

表 6-1　参与被试的基本情况

属性		实验组	对照组
性别	男	2	2
	女	3	3
年龄	12～16	5	4
	17	0	1
文化程度	小学	4	1
	初中	1	4
生源地	城镇	2	2
	农村	3	3
双亲情况	双亲健在	0	3
	单亲家庭	3	1
	孤儿	2	1

2. 测量工具

（1）正性负性情绪量表（PANAS）。

（2）团体辅导总体效果评估表（见附录二）。

此表由三个方面的内容组成：团体氛围评价、团体内容评价、团体促进功能评价。由团体成员在整个团体活动结束后填写，用来评估对团体辅导的总体感受。

3. 实验设计

本书的主要方法采用团体心理辅导的方法对被试进行实验干预。实验组流浪儿童进行为期两周的团体心理辅导，共计 6 次，每周 3 次，每次 90 分钟。对照组不进行干预。采用实验组和对照组前、后测实验设计。具体说明见表 6-2。

表 6-2　本书的实验设计

组别	前测	实验处理	后测
实验组	正性负性情绪量表	团体辅导	正性负性情绪量表 团体总体效果评估表
对照组	正性负性情绪量表	无处理	正性负性情绪量表

本次团体领导者由研究者本人担任，同时救助管理站儿保科一名工作人员协助。本次研究中的团体辅导活动方案（附录三）主要设计思路为“认识——体验——行动——改变”。团体辅导活动内容主要包括：首先，认识情绪。了解什么是积极情绪，什么是消极情绪。其次，掌握调节情绪的方法。最后，焦点模式的解决导向，即未来的目标是什么，个人有哪些优势可以利用，帮助自己实现目标。团体活动的具体过程按照团体的形成、发展、升华、结束四个阶段进行：第一单元形成团体，通过“抢凳子”“一点灵”等活动让成员相互认识，建立相互信任的团体，以共同的契约确立团体目标结束。第二、三单元在进一步加深团体成员的相互认识与了解的基础，让团体成员认识自己的情绪和学会体察他人的情绪，掌握有效的情绪调控策略，如“心情晴雨表”使成员认识自己的情绪，通过“走下情绪的电梯”活动探讨有效的情绪调控策略。第四、五单元主要是帮助成员充分认识和了解自己的优势，并充分利用自己拥有的优势和资源去应对自己身上的消极情绪和生活中的困难，主要活动包括“优势卡片”“我的装备”等。第六单元通过“我的未来之路”活动帮助成员设立自己的人生目标，激发他们从现在做起、为实现目标而努力的主动性和积极性，切实地做出改变。整个团体活动融合焦点解决短期心理咨询的精神和要义，以解决为导向，强调现在和未来，强调目标和改变的重要性。同时融合了积极心理学的思想中关于正性情绪对负性情绪的撤销效应（附录三）。

4. 数据处理

全部数据采用 SPSS 20.0 进行统计处理。其中包括实验组、对照组同质性检验，实验组、对照组前后测差异比较。

三、干预结果与分析

1. 实验组与对照组同质性检验

为进一步验证随机分配的实验组和对照组被试是否同质，减少实验的误差，本书将两组被试的正性负性情绪前测得分进行比较，结果表明（表 6-3）：实验组和对照组在正性情绪和负性情绪得分上均无显著差异，可以认为实验组和对照组被试的正性负性情绪水平基本相当，两组被试是同质的。

表 6-3　实验组和对照组前测 *F* 检验结果

	实验组		对照组		*t*	*P*
	M	*SD*	*M*	*SD*		
正性情绪	25.40	6.189	22.20	4.604	3.200	0.381
负性情绪	28.20	5.450	24.00	7.106	4.200	0.325

注：*M* 为平均数，*SD* 为标准差。

2. 实验组与对照组后测的差异比较

为了说明团体辅导对于流浪儿童正性负性情绪干预的效果，本书对实验组和对照组的后测结果进行了比较，结果表明（表 6-4）：实验组和对照组在正性情绪得分上存在极其显著差异，在负性情绪得分上不存在显著差异。这说明经过 6 次团体心理辅导，实验组被试的正性情绪水平显著提高，而正性情绪对负性情绪具有撤销效应，说明辅导对实验组的情绪干预取得明显的效果。

表 6-4　实验组和对照组后测 *F* 检验结果

	实验组		对照组		*t*	*P*
	M	*SD*	*M*	*SD*		
正性情绪	31.60	4.615	22.60	3.715	9.000	0.009
负性情绪	19.40	7.701	21.00	7.810	−1.600	0.753

注：*M* 为平均数，*SD* 为标准差。

3. 实验组前测、后测的差异比较

分别对实验组的正性情绪前测值、后测值，负性情绪的前测值、后测值进行比较后发现（表 6-5）：团体辅导后实验组的正性情绪得分明显高于前测值，显著性达到 0.05；负性情绪得分明显低于前测值，显著性也达到 0.05。这说明，通过团体心理辅导，实验组被试的正性情绪水平显著提高，负性情绪水平明显降低，团体心理辅导干预效果显著，被试的负性情绪得到有效改善。

表 6-5　实验组前、后测差异比较

	前测		后测		t	P
	M	SD	M	SD		
正性情绪	25.40	6.189	31.60	4.615	−6.200	0.014
负性情绪	28.20	5.450	19.40	7.701	8.800	0.027

注：M 为平均数，SD 为标准差。

4. 对照组前测、后测的差异比较

分别对对照组的正性情绪前测值、后测值，负性情绪的前测值、后测值进行比较后发现（表 6-6）：不管是在正性情绪分值上，还是在负性情绪分值上，对照组前测、后测差异不显著。

表 6-6　对照组前、后测差异比较

	前测		后测		t	P
	M	SD	M	SD		
正性情绪	22.20	4.604	22.60	3.715	−0.400	0.846
负性情绪	24.00	7.106	21.00	7.810	3.000	0.384

注：M 为平均数，SD 为标准差。

5. 实验组被试对团体辅导效果的主观评价

团体总体效果评估表包含三个方面的内容：团体氛围评价、团体内容评价和团体促进功能评价。此表由团体成员在整个团体辅导结束后填写。其中，团体氛围评价和团体内容评价均采用五点计分：非常不同意（1 分）、不同意（2 分）、不确定（3 分）、同意（4 分）、非常同意（5 分）。

团体成员在团体氛围评价中的平均分见表 6-7。可以看出，在 9 个单元的负性情绪干预团体心理辅导中，团体氛围良好，几乎所有的成员都认为此团体是温暖的、友善的、支持的、信任的、尊重的、接纳的、开放的、安全的、

自由的。团体成员在团体氛围各个维度上的平均分为3.60～5.00分。

表6-7　团体氛围评价

团体氛围	1	2	3	4	5	6	7	8	9
平均分	4.60	4.60	4.40	4.40	3.80	4.80	4.00	3.60	5.00

注：1代表“温暖的”；2代表“友善的”；3代表“支持的”；4代表“信任的”；5代表“尊重的”；6代表“接纳的”；7代表“开放的”；8代表“安全的”；9代表“自由的”。

团体成员在团体内容评价中的平均得分见表6-8。由表6-8可以认为，本次团体辅导内容设计合理，满足团体成员的需要，几乎所有的成员认为团体内容是有益的，所设置的团体活动是有趣的，团体讨论的主题适当而又有价值。

表6-8　团体内容评价

团体内容	有益的	有趣的	适当的	有价值的
平均分	4.80	4.60	4.40	4.60

团体促进功能用来评估团体成员对团体认同感、干预内容有效性等方面的主观体验（表6-9）。

表6-9　团体辅导之团体促进功能评估　　（单位：%）

	完全不认可	有点认可	基本认可	完全认可
总体目标达成	0	60.0	20.0	20.0
个人收获	0	40.0	40.0	20.0
负性情绪的释放	0	0	20.0	80.0
负性情绪的认知	20.0	0	40.0	40.0
负性情绪的控制	20.0	0	20.0	60.0
负性情绪的表达	20.0	0	20.0	60.0
活动值得推荐	0	0	20.0	80.0

从团体的促进功能来看，团体成员认为本次团体心理辅导基本达成活动预设的目标；40.0%的成员表示自己在活动中有点收获，60.0%的成员表示收获很多；100%的成员认为释放了压力和负性情绪；80.0%的成员表示了解了自身的负性情绪，变得更加了解自己；80.0%的成员表示掌握了一定的情绪调适方法，学会了如何调节自己的负性情绪；80.0%的成员认为自己学会如何在不伤害他人的情况下去表达自己的不良情绪；100%的成员愿意介绍别人参加这样的团体辅导，这也说明成员对这次团体辅导给予很高的认可。

团体辅导结束后，成员对领导者（即研究者本人）表示，“希望多开展一些这样的活动，让同学之间多接触一些”“学会了很多很多，看到了以前从未看到的东西”“得到心灵的释放”“以前从没有这么开心过，这个活动对我产生了重要的意义”“很开心很快乐”等。看到团体成员在活动中有所收获和改变，作为团体领导者的笔者感到无比欣慰。

四、焦点解决团体疗法的疗效因子

1. 焦点解决取向团体辅导效果的讨论

从表 6-3 和表 6-4 可以看出，焦点解决取向团体辅导能够改善流浪儿童负性情绪水平，具有立即性辅导效果。经过团体辅导后实验组的正性情绪得分明显高于前测值，负性情绪得分明显低于前测值，故此团体辅导方案是有效的，值得救助机构在儿童心理辅导工作中推广。

焦点解决特有的疗效因子在流浪儿童负性情绪干预中起到了关键作用。焦点解决短期咨询认为，每个人都有力量和资源去应对自己的问题，问题总有不发生的时候。这种赋能感使流浪儿童对自己的能力和价值更加相信，对自我更加肯定和认同。此外，团体成员之间的相互接纳、信任、鼓励、赞美和支持，满足流浪儿童对“爱和归属”的需要，使他们能够在团体的自由氛围中表达自己的正性情绪和负性情绪，释放内心压抑的情感，收获力量去发现自己的优势和价值。团体的乐观性使成员对未来充满希望。

2. 团体辅导影响因素讨论

领导者因素。团体领导者是团体辅导过程中的核心人物，一个有效能的领导者需要有良好的人格特征，在知识、技术和经验等方面能达到专业要求。本次团体辅导的领导者（研究者本人）在开展本次研究之前，已对国内外有关流浪儿童心理现状、焦点解决短期心理咨询方面的文献进行查阅和梳理。此外，领导者还具有一定的咨询经验，在校期间，一直在学校心理健康中心和其他中小学等单位开展咨询工作，掌握一定的心理学理论知识和咨询技术；具备团体辅导经验，曾在本科期间和就业期间，为初中生进行青春期团体心理辅导、人际关系团体辅导、青少年行为偏差问题团体辅导、大学生适应性问题团体辅导、同伴教育等，这些经验为本次实施团体辅导打下了良好的基础。

团体成员因素。本团体为同质性团体，团体成员目标一致，参与热情较高，团体情景氛围浓厚，团体成员之间相互接纳、相互鼓励、彼此坦诚，能够感受来自同伴带来的快乐和力量。有些成员表示“以前从没有这么开心过，这个活动对自己产生了重要的意义”，“感觉以前没有的东西现在都有了，以前没体验到的快乐现在都体验到了，一切都很神奇很奇妙”，“得到心灵的释放”，“听到同伴们的分享，感觉自己其实已经很幸运了，回去之后会好好生活，珍惜身边的亲人和朋友”，等等。有时候，个别成员在某些活动中存在意见冲突或闹情绪，这时其他的成员会主动进行调和，给予同伴及时的安慰和鼓励。团体成员间的有效互动使活动达到事半功倍的效果。

团体辅导方案设计的合理性。任何辅导方案都要有一定的理论支撑，这样才能保证整个活动的内在一致性和逻辑关系，才能有效达到每个单元目标和总体目标。流浪儿童负性情绪团体辅导方案以焦点解决为取向，有效结合了积极心理学和团体动力学的理论和思想。整个活动过程涉及认知情绪、情绪调控、积极优势、积极应对、积极成长等主题；整个活动内容逐层深入，让团体成员在活动过程中认识自己，发现自身的优势，学会利用自身的优势应对当前的困难，实现内心的愿望。

参 考 文 献

戴艳，高翔，郑日昌，2004. 焦点解决短期治疗（SFBT）的理论述评[J]. 心理科学，27(6)：1442-1445.

黄彩，吴素梅，2010. 以焦点解决短期疗法:个案研究[J]. 中国健康心理学杂志，18(2)：253-256.

林佩郁，2001. 焦点解决团体咨询对单亲儿童自我概念、行为困扰的影响[D]. 高雄：高雄师范大学：33-37.

罗华清，2000. 焦点解决取向团体咨询对高职害羞学生辅导效果的研究[D]. 高雄：高雄师范大学：1-3.

王贝蓓，2014. 焦点解决取向团体辅导对贫困大学生恋爱压力的干预研究：以云南师范大学为例[D]. 昆明：云南师范大学.

翁幸如，2000. 焦点解决短期咨商对双亲冲突来访者情绪感受、生活适应及亲子关系之辅导效果研究[D]. 台北：台湾师范学院.

许维素，2013. 建构解决之道——焦点解决短期治疗[M]. 宁波：宁波出版社.

许维素，蔡秀玲，2008. 高中职辅导教师焦点解决团体督导成效之研究[J]. 教育心理学报，39(4)：603-622.

许维素，郑慧君，陈宇芬，2007. 女大学生焦点解决网路即时咨商成效与相关议题探究[J]. 教育心理学报，39(2)：217-233.

张雪怡，吴素梅，2007. 一位贫困女生的烦恼[J]. 学校党建与思想教育（普教版），(3)：66-68.

Berg I K，Reuss N H，1998. Solutions Step by Step：A Substance Abuse Treatment Manual[M]. N. Y.：W. W. Norton & Company.

Ellensweig-Tepper D，2000. Trauma group psychotherapy for the adolescent female client[J]. Journal of Child and Adolescent Psychiatric Nursing，13(1)：17-28.

Kruczek T，Vitanza S，1999. Treatment effects with an adolescent abuse survivor's group[J]. Child Abuse & Neglect，23(5)：477-485.

第七章　团体心理辅导对处境不利儿童心理问题的干预

第一节　团体心理辅导概述

一、团体心理辅导内涵及优势特点

团体心理辅导是在团体情境下进行的一种心理辅导形式，它是通过团体内人际交互作用，促使个体在交往过程中通过观察、学习、体验，认识自我、探讨自我、接纳自我，调整改善与他人的关系，学习新的态度与行为方式，以发展良好的适应的助人过程。

团体心理辅导是由辅导者根据求询者问题的相似性，组成课题小组，通过共同商讨、训练引导，解决成员共有的或共同的心理问题。通常有一位或两位咨询员主持，称为“团体指导者”；多个来访者参加，称为“团体成员”。团体的规模因辅导目标的不同而不等，少则3～5人，多则十几人，甚至几十人。通过几次或是十几次团体聚会、活动及参加成员相互交往，共同讨论大家关心的问题，彼此启发，相互反应，支持鼓励，使成员了解自己的心理，了解他人的心理，以便改善人际关系，增加社会适应性，促进人格的成长。

团体辅导实践充分证明，团体辅导对帮助人们改变和成长有很大效能，人们所得到的帮助是在个别咨询与辅导中不能获得的。樊富珉（2005）认为团体辅导的优势在于：①团体辅导感染力强，影响广泛。个别辅导的过程是咨询员与来访者之间单向或双向沟通的过程，而团体辅导是多向沟通的过程。对每一个成员来说，都存在多个影响源。每个成员不仅自己接受他人的帮助，也可以帮助其他成员。②团体辅导效率高，省时省力。个别辅导是咨询员与来访者之间一对一进行帮助指导，每次辅导面谈需要花50分钟到1小时的时间，而团体辅导是一个指导者对多个团体成员，即一个指导者可以同时指导多个来访者，增加了辅导人数，可以节省辅导的时间与人力。团体辅导符合经济的原则，提高了辅导的效率。③团体辅导效果容易巩固。团体辅导创造了一个类似真实的社会生活情境，为参加者提供社交的机会。成员在团体中的言行往往是他们日常生活行为的复制。在充满信任的、良好的团体氛围中，通过示范、模仿、训练等方法，参加者可以尝试与他人建立良好的人际关系。如果在团体中能有所改变，这种改变会延伸到团体以外的现实生活中。也就是说，实践的结果容易迁移到日常生活中去。团体辅导是一种有效的心理助人活动，也是一种有效的教育活动。

二、团体心理辅导活动的模式及其理论基础

不同的团体辅导活动模式有不同的理论背景与基础，在设计特定主题的团体辅导活动方案时，考虑特定主题的相关理论是团体活动方案设计是否周全、成效是否显著的关键。因特定的问题有特定的协助策略，有适切的理论基础方能掌握方案重点，切中需要与问题要害，选择有效的策略与适切的活动，才能达成团体辅导活动的目标。下面介绍几种常见的团体辅导活动模式及其理论基础。

（一）会心团体和个人中心治疗理论

交朋友小组，又称“会心团体辅导”，这种团体辅导模式的理论基础就是个人中心治疗理论。个人中心治疗理论是由美国人本主义心理学家卡尔·罗杰斯（Carl Rogers）创立的心理咨询与心理治疗理论，其主要观点认为人有追求自我价值实现的趋向，经过引导人能认识自我实现的正确方向。心理咨询和心理治疗就是在真诚和谐的关系中，启发来访者运用自我指导能力促进自身内在的健康成长。会心团体强调为成员提供一种安全的氛围，使成员不受自我防御机制的抑制去表露自己最真实的情感，充分开放自己，表达自己的感受。通过积极的倾听、感受的反馈、个人经验的分享、成员自我决定能力的肯定等方式使个人真正认识自我，得到成长。

会心团体可以分散进行组织，也可集中。分散进行一般每周聚会1～2次，每次2小时左右，在指定地点、指定时间活动。集中组织通常利用3～5天或一周时间成员集中住宿共同生活，开展活动。活动中常会使用一些非语言的方式，如自我描述、自画像、盲人体验、信任之旅等，通过这些活动，加深团体成员之间的交流互动。对存在心理适应问题的人，可通过团体活动，认

识到自己的问题所在，并找到解决问题的途径与方法。

（二）心理分析团体与精神分析理论

精神分析治疗理论是由弗洛伊德创立的，其理论强调个人内在的心理需要及动因分析，以及这些需要满足的情况，研究各种动因与目标达成之间的关系对个人心理生活的影响，从心理层面分析造成现在行为的原因。虽然精神分析治疗理论主要注重对个体进行咨询治疗，但沃尔夫（A.Wolf）将其理论引入了团体咨询，在团体中的心理分析并非治疗整个团体，而是关注与其他个体相互交往的每一个成员，为成员提供一种早年家庭关系的气氛。在这种气氛中，成员能够发掘出与那些影响现在行为事件相伴随的，被隐藏或遗忘的情感，进而促进成员对心理问题根源的觉知，激发成员矫治性的情绪体验。

心理分析团体咨询由 8～10 人组成，每周一次，每次 1.5～2 小时，领导者常采用自由联想、释梦、解释、分析阻抗、揭示移情等技术，协助成员谈自己的感受、愿望、联想，领导者在恰当的时候做出分析和解释，使成员对心理问题的根源产生领悟和修通。

（三）行为治疗团体与行为主义理论

行为治疗理论也称“行为矫正”，是在行为主义心理学的基础上发展起来的。行为主义心理学的代表人物是华生，他的理论为行为治疗奠定了基础。其基本观点强调人出生后的外在环境对个人的影响作用，认为人的心理问题是在环境的作用下产生的，也能够通过改变环境影响解决人的心理问题。行为学派认为不适应的行为是经由学习而来，也可以由新的学习历程而被矫正。

在实践中，行为主义的方法被运用于团体辅导，产生各种各样的行为治疗团体，如社会技能训练团体、肯定训练团体、压力管理团体、自我指导的行为改变团体等，并取得满意的效果。行为治疗团体的目标是消除成员的不良行为，学习有效的行为模式，尝试更有效的改变其行为、认知、情绪的方法，建立新的良好行为。在团体中，领导者教给成员应对技巧和行为矫正的方法，使他人能在团体外进行实践，使其在团体中学习到的适应行为能迁移到日常生活中。

行为治疗团体常用的技术和方法有：集体系统脱敏、集体放松训练、示范、行为塑造、角色扮演、社交技能训练等。

（四）理性情绪治疗团体和 ABC 理论

理性情绪治疗团体是建立在理性情绪理论基础上的心理辅导团体。它的创立者是美国的心理辅导学家艾利斯。其理论认为，人的情绪和行为障碍不是由于某一激发事件直接引起的，而是由于经受这一事件的个体对它不正确的认知和评价所引起的信念，最后导致在这一特定情景下引发了某种情绪和行为后果。这一理论也常被称为 ABC 理论。所以，艾利斯主张心理辅导的重点在于改变当事人的非理性观念。

在理性情绪治疗团体中，领导者要运用多种 RET 技术（如与不合理信念辩论、合理情绪想象技术、认知性家庭作业及行为训练等），让团体成员修正或放弃原有的非理性观念，并重建合理的信念，从而改善其不良情绪，改变自己思考和行为的模式，学会正确处理生活中产生的种种不愉快事件。

（五）沟通分析团体和人际交互作用分析理论

人际交互作用分析理论也称“沟通分析理论”，是由美国精神分析学家柏恩（E.Beme）创立的，这一理论认为通过人际的交互作用可以协助人们了解人际互动的本质，从而对人际交往获得深刻的领悟力，建立良好、和谐的人际关系。沟通分析团体强调在团体中要注重人与人之间的互动和沟通。成员通过观察他人的变化与示范，逐渐了解自己的人格结构，学习如何与他人沟通，使他们能够把焦点放在生活中要改变的事情上，并能重新做出决定。

三、团体心理辅导对处境不利儿童心理问题干预的价值

对儿童的心理援助应营造支持的氛围，理解并接纳儿童的情绪体验，鼓励其表达对创伤或压力的感受和想法，在聚焦消极情绪的缓解的同时，应关注到积极情绪，如温暖感、归属感和安全感；重塑个体的希望和自尊，由此拓展对压力事件的认知重构，促进积极的变化。团体心理辅导的优越性在于将团体作为一个微型环境，为那些在现实生活中受到挫折、压抑的成员提供一个宽松的心理环境。在这个宽松的环境中，参与者探索自己与他人相处的方式，学习有效的社会技巧；团体成员之间能讨论彼此的心得体会，并不断审视、改进自己，进而获得改变和成长。

（一）团体心理辅导提供社会支持，使处境不利儿童获得归属感和安全感

一个人生活在社会上，如果不被家人、同伴等接纳和支持，就会感到孤苦伶仃、无依无靠；如果被人排斥或欺负，更会孤独和自哀。处境不利儿童的家庭多数不能给予他们所需要的情感支持和安全感，在同伴关系中也容易遭遇困难。可见，处境不利儿童更渴望得到社会的支持。对于处于不利环境条件下的个体，社会支持是一个重要的应对资源，对个体的身心发展具有一定保护作用。团体心理辅导所营造的安全、接纳的氛围，能让处境不利的儿童理解并感受到自身是被领导者及其他成员支持的，让他们感受到自己是团体的一分子，使他们不再觉得孤单、无助。

当一个人遭遇不幸和困难时，总会认为自己是唯一的不幸者，处境不利儿童也不例外。在团体活动的过程中，处境不利儿童有机会从其他成员身上发现与自己类似的经历、遭遇，“与其他人相同的体验”会让他们放下另类的心理负担，消除自责和怨恨，进而在心中产生归属感和安全感，减少防卫心理，从而团队成员能够共同面对问题。

（二）团体心理辅导实现团体互动，可提高处境不利儿童人际交往的能力

人类许多问题通常是发生在人与人的交往和共同生活当中，就像心理学家丁瓒所说的，所有心理问题都是由人际关系的不适应造成的。人际交往困惑是处境不利儿童普遍存在的心理问题。有研究发现，与正常发展的儿童相比，处境不利儿童，尤其是受欺负儿童，在社会交往过程中，常表现出退缩和回避、缺乏自信、缺乏社会技能（高琨和邹泓，2001）。对处境不利儿童心理问题干预的一个重要目标应该是提高其人际交往能力。在团体训练中，成员可以学习如何有效地交往，如何解决问题，如何做决定，怎样表达自己的意见等。通过小组成员相互作用的体验，学习对自己、对他人、对团队理解和洞察，并掌握如何处理人际关系的技能。通过鼓励，成员在创设的充满理解、关爱、信任的环境中，将内心消极情绪发泄出来。团体心理辅导鼓励成员间进行相互交流，引导成员在团体中学会倾听、赞美与欣赏他人，增强他们的沟通技巧。团体心理辅导模拟社会生活中的情景，这就像一个实验室一样，把特定的问题放入其中，领导者运用示范、模仿、训练等方法，鼓励

儿童自由观察、分析实验场所中的情景，进而认识自己在社会环境中与人相处的不适行为，学习和他人建立良好的人际关系，从而提高其适应社会的能力。

（三）团体心理辅导使处境不利儿童获得积极情绪体验，帮助重塑希望和自尊

根据儿童发展的心理弹性模型：不良环境并不一定导致儿童的发展不好，儿童仍有机会保持正常的发展，甚至其发展水平可能会超出正常儿童的发展水平；个体是否拥有应对危险或不利处境的保护因素成为决定儿童发展的关键（Luthar et al.，2000）。随着积极心理学的发展，人们也越来越强调个体促进自我成长的积极因素，如心理弹性或复原力、乐观、希望、自尊等，这些个体内在的积极因素可以帮助个体更好地应对压力和逆境，促进自我的心理平衡和成长，减少不利环境的不良影响。团体心理辅导成员之间、指导者和成员之间相互尊重、理解和鼓励，使得有着类似的经历和体验的成员，更容易将自己的各种情绪如焦虑、愤怒和不满等倾诉和释放出来，而不再被过去的痛苦所束缚。同时，感觉到自己被接纳、被关心，可增强个体的自信心，获得自尊感。团体辅导活动要做到有趣、好玩、精彩，活动过程愉快、新鲜、开心、气氛好，从而让个体感觉到有意义、有收获，让其体验到久违的放松感和愉悦感。处境不利的儿童抱着对生活有改善，确信有人可以帮到自己的期望参加团体辅导，本身就有积极的干预价值；当看到其他成员有进步，他们会得到启迪，受到鼓舞，如果看到自己又有了一点进步时，他们就会更有信心，更充满希望，这些都有利于处境不利儿童获得更好的发展。

（四）团体心理辅导可矫正处境不利儿童非适应性行为，重建理性认知

遭受不幸经历，长期处境不利对儿童的情绪、认知、行为都能产生影响，相对于处境正常的儿童，他们更容易产生不良情绪、认知及行为。比如，流浪儿童存在外部归因倾向，具有较低的自控力和自我概念水平，具有较多依赖、焦虑、退缩、冲动、夸大等行为，通常不信任、胆怯、孤僻、不愿遵守规则等（李晓东等，2007；胡林成等，2010）。团体心理辅导运用团体动力，创设一个温暖的心理环境，提供一个可以交流观点、获得新的思想和信念及共享创伤体验的平台。指导者鼓励参加团体辅导的处境不利儿童自我表露，鼓励成员充分表达自己的真实情感，显露出那些平时未表露的态度，使每个成员都被他人如实看待，并从其他成员的反应中得到关于自己的肯定或否定的反

馈，以便真正地认识自我。这同时也要求辅导员细心聆听他们所表达的各种心理感受，并做出适当的回应，协助他们深入的自我探索，促使他们客观、理性而全面地进行自我分析，并教导团体成员们对自己的种种问题负起责任，帮助他们辨别并摒弃那种始终使自己陷入困扰的非理性观念，改变不当的自我认知和评价，建立积极、合理的理性观念，学习新的行为方式。总之，经过一个完整的团体辅导过程，每个成员都能够或多或少在认知、情感上得到改变，而促成他们在行为上的改变。同时，通过一些行为模式的习得和实践，成员也可能会在新行为中反思以往的认知及情感，从而加以转变。

第二节　团体心理辅导对受欺负儿童人际适应与自我意识的影响研究

一、受欺负儿童人际适应问题概述

受欺负是中小学生中普遍存在的一种现象（雷雳和张雷，2002；吴素梅和蔡欣欣，2006）。研究表明，受欺负经验对受欺负者的身心健康具有很大的伤害性，受欺负者一般都会存在人际适应的问题（吴素梅，2005）。儿童处理人际关系能力是儿童社会化程度和社会适应的一项重要指标，在人际交往中，有的儿童经常成为被攻击和欺负的对象，有的却很少成为受害者。其原因除了生理条件、个性心理品质和行为习惯等因素之外，儿童的社会化发展水平也是一个重要的原因，而反映社会化水平的一个重要的方面，就是儿童对解决人际冲突和人际矛盾的基本应对策略的应用。研究表明，儿童随着年龄的增长，社会化程度逐步提高，因而会越来越多地使用问题解决的策略来处理人际冲突和人际矛盾，而那些经常运用问题解决策略来处理人际冲突和人际矛盾的儿童在同伴中一般更受欢迎，更容易被同伴所接受（陈世平，2001）。这说明儿童问题解决策略的运用与同伴间人际关系有着直接的联系，儿童人际适应中的各种问题都与冲突解决策略的运用有着一定的联系，人际适应良好的儿童要比人际适应不良的儿童在人际冲突中更多地使用问题解决的策略。陈世平（2001）的研究发现，卷入欺负行为的学生较少使用问题解决策略。其他的研究也发现（魏小娟，2003；吴素梅，2007），受欺负儿童缺乏社交技能和朋友；受欺负者在面临冲突情境中不会正当防御，容忍、逃避，不会协商、不寻求帮助，甚至用反抗等方法去保护自己的正当权益，在受到欺负后，也不愿告诉老师或家长；受欺负儿童的不会正确解决甚至不解决问题的方式使其在同伴交往中屡屡表现出顺从行为，这使得他们长期处于受欺负的地位。

本书的研究（吴素梅和谭焙垚，2009）企图通过实验验证人际训练团体心理辅导这种干预方法对提高受欺负儿童的人际适应能力的实效性，使受欺负儿童能够处理好人际交往冲突，以减少其受欺负的可能性及减轻受欺负的消极影响，促进受欺负儿童心理的健康成长。

二、团体心理辅导干预程序

（一）干预对象

研究采用问卷调查、同伴提名、教师提名的方法从某中学 431 名初中学生中选出 22 名受欺负儿童作为被试，采取随机匹配分组，其中 11 名为辅导对象即实验组，另外 11 名为对照组。两组被试在性别、年级、人际冲突解决策略测查等方面无显著差异。

（二）疗效评估工具

1. 多维度受欺负量表

多维度受欺负量表是首都师范大学心理系雷雳教授等修订的 Multidimensional Peer-Victimization Scale 中文版。共 51 个题目，分为 6 个因子：受身体欺负、受言语欺负、受人际关系欺负、受财产欺负、被迫和其他。此量表为 5 点量表，被试得分越高说明受欺负情况越严重，量表的信度系数为 0.94。

2. 人际冲突解决策略量表

人际冲突解决策略量表，根据 Causey 和 Dubow 的自陈式冲突解决策略量表修订。共有 5 个分量表，即问题解决、求助、回避、内倾化和外倾化。量表各维度的一致性系数在 0.78～0.84，两周重测信度为 0.86（陈世平，2001）。

3. 团体活动反馈表

团体活动反馈表分为单元反馈表和团体总反馈表。目的是调查团体成员对本团体活动的了解程度、满意状况及收获情况，以作为团体效果分析的依据。

4. 干预设计和干预时间

本书为等组实验组控制组前后测设计，由研究者担任团体心理辅导老师，采用“共同成长”人际训练团体辅导方案对实验组进行为期 7 周，每周 1 次 1 小时的团体辅导，控制组在 7 周内不接受任何实验处理。在实验中采取随机匹配、实验组与控制组的同质性检测、单盲等措施控制实验变量。

所收集数据使用 SPSS 10.0 进行统计分析。

三、结果与分析

实验组、控制组人际冲突解决策略量表前后测结果比较与分析。

（一）非参数检验

对实验组和控制组人际冲突解决策略量表各因子辅导前后差值进行比较（结果见表 7-1 和图 7-1）。结果发现，实验组和控制组求助因子、回避因子辅导前后的得分变化值差异不显著；实验组问题解决因子、内倾化因子和外倾化因子的辅导前后变化值均显著大于对照组。图 7-1 表明，通过团体辅导后，实验组成员在人际冲突解决策略量表的 5 个因子辅导前后的得分变化量都大于控制组成员，说明本次辅导对提高学生人际适应的辅导效应还是比较明显的。

表 7-1　实验组与控制组辅导前后人际冲突解决策略量表各因子差值比较

后测-前测差值 因子	实验组 $M \pm SD$	控制组 $M \pm SD$	Z
求助	−0.36±4.13	−0.18±4.00	−0.03
问题解决	5.27±5.12	−1.55±3.98	−2.70**
回避	−2.09±2.91	−0.36±3.11	−1.40
内倾化	−5.27±4.84	1.55±4.03	−2.61**
外倾化	−3.55±2.02	−0.91±2.12	−2.92**

注：*M* 表示平均数，*SD* 表示标准差；**表示 $P<0.01$。

（二）简单效应分析

进一步对问题解决因子、内倾化因子和外倾化因子的组别与辅导变量进行简单效应分析（表 7-2）。结果发现，问题解决、内倾化、外倾化三个因子辅导前实验组、控制组得分差异不显著；辅导后实验组得分显著高于控制组得分；实验组辅导前得分显著低于辅导后得分；控制组辅导前、辅导后得分差异不显著。

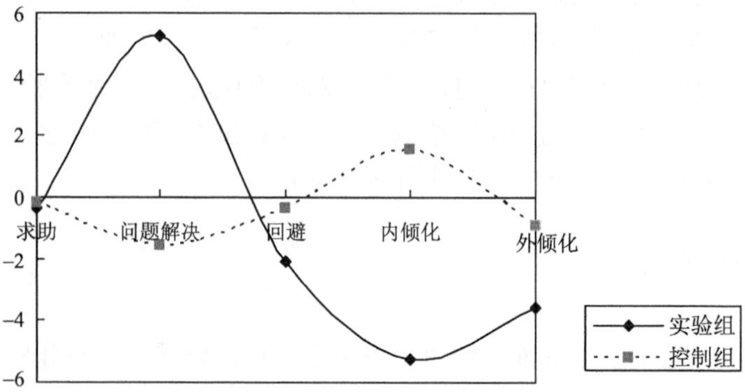

图 7-1　实验组与控制组辅导前后各分量表的得分进退量对比

表 7-2　人际冲突解决策略量表组别与辅导的简单效应分析

因子	干预对象	辅导前 $M\pm SD$	辅导后 $M\pm SD$	F
问题解决	实验组(N=11)	30.00±6.00	35.27±1.74	7.84*
	控制组(N=11)	29.73±4.71	28.18±5.42	0.51
	F	0.014	17.08**	
内倾化	实验组(N=11)	14.36±3.11	9.09±2.88	17.04**
	控制组(N=11)	13.45±3.50	15.00±2.32	1.49
	F	0.42	28.05***	
外倾化	实验组(N=11)	8.91±2.55	5.36±1.43	16.18**
	控制组(N=11)	8.82±2.23	7.91±2.39	0.85
	F	0.01	9.20**	

注：M 表示平均数，SD 表示标准差；*表示 $P<0.05$，**表示 $P<0.01$，***表示 $P<0.001$。

（三）辅导前访谈记录分析

本书还以质性研究的方式对实验组成员进行研究。在团体活动前，对团体成员进行访谈，了解他们受欺负的经历及应对方式、参加团体的动机和意愿，以作为研究和团体辅导的辅助材料。

11 位受欺负儿童在访谈过程中自我暴露了其受欺负的经历和应对方式，而且绝大部分受欺负的方式是受言语欺负和人际欺负，还有一位受欺负儿童曾受身体欺负。有 5 位受欺负儿童受欺负后不知道如何应对，6 位受欺负儿童受欺负后采取回避和求助朋友的应对方式，但几乎没有学生提到在受欺负后采取问题解决策略的方式。访谈中了解到受欺负儿童存在不同程度的人际适应问题。

通过访谈发现，受欺负儿童参加团体心理辅导的动机大多是希望能更好地认识自我、锻炼自我，提高人际交往技巧和结识朋友，还有的希望能对自己的学习有所帮助。他们也表达了对团体能够友好相处、共同成长的期望。由此可以看出受欺负儿童对自己的人际关系方面的改变意愿非常强烈，这为团体辅导的开展提供了良好的基础。

（四）团体活动反馈结果与分析

本书研究中，采用阶段分析的方法，对每个活动单元进行反馈调查，对辅导过程进行有效的评估。这要求实验组成员在每次团体活动之后，填写单元反馈表（表 7-3），在第七次团体活动结束后填写总的反馈表（表 7-4），以作为研究者评定团体效果的参考。

表 7-3　成员对本次团体活动及自己参与活动的评价表　　（单位：%）

	对团体活动的评价				参与活动的自我评价		
	很有趣!而且很有收获	很有趣!但是好像没学到什么	还好，没什么感觉	真无聊，我觉得……	很好（认真讨论、有发表意见）	普通	不太好，但下次会改进
第一次活动	81.8	9.1	9.1	0	36.4	63.6	0
第二次活动	81.8	9.1	9.1	0	63.6	36.4	0
第三次活动	63.6	36.4	0	0	72.7	18.2	9.1
第四次活动	90.9	9.1	0	0	81.8	18.2	0
第五次活动	63.6	18.2	18.2	0	63.6	27.3	9.1
第六次活动	72.7	27.3	0	0	54.5	45.5	0

表 7-4　团体意见反馈表统计结果表　　（单位：%）

调查项目	反应及评价				
团体目标的达成	非常无效	大部分无效	普通	大部分有效	非常有效
	0	0	9.1	63.6	27.3
团体凝聚力	毫无凝聚力	有点凝聚力	普通	相当有凝聚力	凝聚力非常高
	0	0	18.2	54.5	27.3
团体气氛	非常紧张	有点紧张	普通	相当自在	非常自在
	0	0	36.4	27.3	36.3
个人满意度	非常不满意	不满意	有点满意	大部分满意	非常满意
	0	0	18.2	36.4	45.4

续表

调查项目	反应及评价				
团体学习程度	没有	很少	一些	相当多	很多
	0	9.1	18.2	45.5	27.2
个人学习程度	0	0	27.3	54.5	18.2
对别人的了解	0	9.1	36.4	36.4	18.1
对自己的了解	0	9.1	9.1	36.4	45.4
影响并改变我的生活	0	18.2	54.5	18.2	9.1
对周围人的影响	9.1	18.2	63.6	0	9.1
是否喜欢参加这个团体	非常不喜欢	不喜欢	有点喜欢	比较喜欢	非常喜欢
	0	0	9.1	36.4	54.5

从表 7-3、表 7-4 可以看出，辅导达到了预期的效果。团体成员对团体活动及对自我的评价比较满意，感觉收获较大；认为通过团体活动更了解了自己，对自己更接纳、更有信心，进而能接纳别人，能愉悦地与他人相处。团体成员对团体凝聚力和团体气氛的反应都比较好，团体学习程度和个人学习程度也比较高，成员也比较喜欢团体。但团体活动还是有些不足的地方，比如说“影响并改变我的生活”和“对周围人的影响”这两方面的评价一般，其原因是团体活动的时间较短，成员没有足够的时间去消化、应用所学的方法和技巧，并内化迁移到实际生活当中。团体辅导的后效应和长期效应还有待进一步研究。

本书在团体活动单元反馈表设计了开放性问题，以调查团体成员对每次辅导的评价和收获，结果发现，在第一次活动中有 8 位成员觉得本次活动最大的收获就是认识许多新朋友，能更好地与朋友相处；在第二次活动中 11 位成员都觉得本次活动最大的收获是能够正视自己，更加了解自己；在第三次活动中有 8 位成员觉得本次活动最大的收获是能正视别人对自己的看法，遇到困难要勇敢面对，并寻求各种方式解决问题；在第四次活动中有 9 位成员觉得本次活动最大的收获是学会解决一些人际冲突的方法；在第五次活动中 11 位成员都觉得本次活动最大的收获就是学会了拒绝；在第六次活动中有 5 位成员觉得本次活动最大的收获就是懂得一些人际交往的技巧和化解人际矛盾的方法，有 5 位成员觉得能够做到主动、勇敢承认错误是他们最大的收获。

反馈结果表明，受欺负儿童在观念和自我认识上的改变都比较积极，辅导前以学习成绩为主要评价参照点、较自卑，辅导后能肯定自己的优点、意识到和改进自己的缺点，更加全面地看待自己，对自己的评价更加客观。通过团体辅导，受欺负儿童不但掌握了一些人际交往的技巧和解决人际冲突的方法，而且一部分成员还改变了别人对他们和他们对别人的看法，改善了他们现在的人际交往，给予他们更大的信心和勇气去改变、去成长。

总的来说，人际训练团体辅导能帮助受欺负儿童更好地认识和正确评价自己，协助他们掌握人际冲突解决策略和改善人际关系，提高了他们的人际适应水平。

四、团体心理辅导干预的疗效因子

从量表评估的结果来看，受欺负儿童在接受团体心理辅导后，在人际冲突解决策略的选择上更倾向于采用问题解决的方式，减少了使用内倾化和外倾化的方式。从团体活动反馈表评价结果来看，大部分成员反映学到许多人际交往的技巧和化解、应对人际矛盾的方法，并尝试将在团体心理辅导当中学到的知识和技能应用到实际生活当中，使得他们的现实人际关系得到了改善，自我接纳和他人接纳水平得到了提高，这表明人际训练团体心理辅导对他们的人际适应产生了积极的影响。

人际训练团体心理辅导对改善受欺负儿童人际适应之所以有效，首先是因为在青少年期，儿童心理上产生的最主要变化就是成人感和自我意识的分化，随着年龄的增加，他们产生尊重、独立和自主的需要，责任感和义务感也增强了。这个阶段的儿童已经可以判断什么样的处理方式对自己是积极的、有益的，什么样的方式会对自己产生消极影响，他们更愿意自己独立解决问题。受欺负儿童，当他们掌握了问题解决的方法和技巧，就会在应对人际挫折时，采用问题解决策略，减少烦躁、焦虑、责怪自己等内倾化方式和向别人、事物发泄等外倾化方式的使用。受欺负儿童在人际交往中遭受挫折的时候，可能容易出现认识和归因上的偏差，通过团体心理辅导，帮助成员认识到消极的应对方式可能会给他们带来的影响，引导成员排除认知障碍，认识到可通过获得适当的应对技能解决面临的困境，建立合理的思维和信念，帮助成员增强应对信心和能力。

其次，团体心理辅导当中的成员具有不同背景和经验，个性各异，团体为每个成员提供了多角度分析，观察他人的观念、情感反应和对问题的看法及应对的机会。这里没有所谓的绝对权威，这为成员提供一个宽松自由的氛围，成员可以在此畅所欲言、交换经验、模仿其他成员的行为，从而有助于成员间相互学习，形成积极的交往品质。

再次，团体活动的特点和气氛使成员容易找到共性，找到被人接纳的感觉。成员在团体心理辅导活动当中结交到新的有共感的朋友，大家互相支持，成员产生同伴归属感和支持感。初中生的朋友关系对于发展他们的心理和情绪的稳定性是非常重要的。有了朋友，他们会表现得更热情、更积极、更富有信心和勇气，更好地发展各种社会性能力。有研究表明，友谊对受欺负儿童有所帮助，不仅能削弱儿童同伴欺负和危险行为，积极的友谊还能矫正儿童以往的不良经历，打破受欺负的恶性循环（赵莉和雷雳，2003）。同伴作为受欺负儿童倾诉的对象，可以为受欺负儿童提供情感上的支持，缓解其受欺负产生的心理压力。在团体心理辅导当中同伴交往技能提高了，就可能拥有更多给予自己支持的朋友，从而降低或减少受忽视、被拒斥的发生。交往能力提高，自信心增强，顺从、退缩行为减少，人际交往适应能力就得到了相应的提高。

最后，团体心理辅导是现实生活的缩影和实验场所。团体就像是一个社会生活的实验室，成员在其中可以通过对现实生活的模拟，去观察和体会自己平常在社会环境中与人相处容易出现的问题，模仿适应性行为。他们在这个近似现实的实验情景中，尝试改变，学习新行为，而不用担心会带来风险。本次团体辅导，研究者根据成员的需要和特点，安排了社交技巧训练活动，如“我们都是主角”和“拒绝‘三部曲’”（附录四）。这两个活动的题材都来源于学生的真实生活，使得成员在活动当中就能掌握人际交往技巧。

第三节　团体辅导对流浪儿童自尊与危机脆弱性的干预研究

一、流浪儿童心理干预概述

随着经济的发展和社会的转型，流浪儿童问题成为我国面临的一个严峻的社会问题。在流浪生活中，流浪儿童缺乏必要的保护，在面对各种各样的应激事件时，他们更有可能产生心理危机。在危机事件面前，个体内在的心理因素自尊水平和外在因素社会支持起着重要的影响作用。危机脆弱性是个体危机承受能力的衡量指标。研究发现，流浪儿童缺乏家庭、同伴和社会的认可，不安定的生活与较低的自我评价使流浪儿童自尊缺失、否定自我（赵笑梅和李婷，2010）。本书将采用团体心理辅导的方式，围绕危机的影响因素，通过增强团体凝聚力、提高自尊水平、改善人际关系（增加社会支持）、树立合理的认知观念、学习危机应对的方法等主题展开团体辅导，帮助流浪儿童顺利渡过心理危机，恢复他们的生活信心和能力，促进其健康成长。

二、团体干预方法和干预程序

（一）干预对象

本书选取某教育基地的 30 名流浪儿童为被试，根据个体访谈和量表测试的结果将被试分为干预组（15 人）和对照组（15 人）。两组被试的年龄、文化程度、是否在读、家庭抚养情况等条件基本保持一致，被试均为具有越轨行为的男性流浪儿童，年龄范围为 13～17 岁，平均年龄约为 15 岁，平均文化程度为七年级。

（二）团体干预方案

团体领导者：研究者为团体领导者，是心理学专业的三年级研究生，国家二级心理咨询师，具有较为扎实的心理学专业功底，多次组织、参与大学生和中学生的心理团体辅导活动。

团体辅导安排：团体辅导历时两个半月，每周 1 次，共 12 次。每次干预时间为一个半小时。干预组 15 名成员均完整地接受了 12 次团体辅导。辅导结束后团体成员填写了活动效果评估表，并使用危机脆弱性量表与自尊量表进行了后测。

无关变量的控制：团体辅导开始前，团体领导者分别对团体成员进行访谈，根据访谈结果进行人口统计学变量条件的匹配分组，并使用危机脆弱性量表与自尊量表对两组被试进行前测和分析，结果为方差齐性，均值无显著差异，令两组被试尽量保持同质。干预组进行团体辅导时，对照组进行常规的自主学习或训练活动。干预组和对照组的前后测均使用同样的问卷，施测时间基本同步，除干预时间外，两组被试的生活、活动基本相同。

团体辅导方案的设计：危机干预团体辅导方案设计原理。危机干预即调动各种可利用的内外资源，采取各种有效措施，限制乃至消除危机行为，使危机状态下的个体重新适应生活的过程。危机认知干预模式认为危机来源于对危机事件的偏差思维和信念，认为改变思维方式，尤其是改变非理性的信念和自我否定，就可以增强自我控制的能力，重获生活的信心。积极心理学认为通过发掘并专注于困境中的个体自身的力量，就可以做到有效地预防心理问题的发生。根据团体动力学理论，团体间有着强韧的纽带关系促使个体成员的动机与团体目标保持一致，因此促进团体的变化而改变个体要比直接改变个体容易。依据以上理论，本书采用团体心理辅导的方式，围绕危机的影响因素，通过增强团体凝聚力、提高自尊水平、改善人际关系（增加社会支持）、树立合理的认知观念、学习危机应对的方法等主题开展团体辅导，帮助流浪儿童顺利渡过心理危机，恢复生活的信心和能力，让他们健康成长。

本书共设计了 12 次团体辅导。具体的团体辅导如表 7-5 所示。

表 7-5　危机干预团体辅导方案

团体辅导主题	团体辅导目标	主题活动
第一次 温馨之家	建立团体，明确规范，达成契约	1.自我探索（自画像） 2.不一样的你我他（写下对他人的印象） 3.电波传递 4.爱在指尖 5.巧解千千结 6.天使与宠儿
第二次 信任之旅	建立信任关系，增强团队凝聚力	1.发现温暖（写下团队相处中温暖的事情） 2.风中劲草 3.信任之旅 4.相互按摩 5.坐地起身
第三次 自我探索	帮助团队成员认识自我，接纳自我	1.雨点变奏曲 2.戴高帽 3.性格优点大拍卖
第四次 我信我能	帮助成员提高自信，发掘自己的潜能	1.小测试“你自信吗” 2.探索不自信的秘密 3.合理看待失败（正确归因） 4.鼓掌小游戏（合理评估自己） 5.做最好的自己（爱因斯坦小故事分享）
第五次 家庭支持	协助成员了解和改善家庭的关系	1.天使与宠儿感受分享 2.爱的漏洞 3.角色扮演 4.各“纸”精彩
第六次 学会沟通	学习沟通的方法和技巧，学会表达自己和理解他人，改善人际关系	1.学会表达：小故事《秀才买柴》 2.表达与理解：我说你画 3.学会倾听：我说你听 4.学习沟通的方法（集体讨论总结）
第七次 合理看待过去	协助成员合理地看待过去发生的事件	1.人生坐标图——告别过去 2.合理看待事物 3.情绪调节 ABC 方法 4.给过去的自己写一封信
第八次 我的未来之路	带领成员想象和规划未来	1.小故事《野外探险》分享 2.人生坐标图——规划未来 3.自我探索单 4.现实与梦想的差距 5.我的梦想我负责（乐观应对） 6.给未来的自己写一封信
第九次 责任	让成员们找到自己的定位，并学会对自己的行为负责	1.自由报数 2.报数竞赛 3.指令游戏 4.小故事《学会承担》

续表

团体辅导主题	团体辅导目标	主题活动
第十次 挫折应对方法	共同学习应对挫折的方法	1.应对方式测试（了解自己的应对方式） 2.认识挫折，合理看待挫折 3.寻找解决危机的方法（头脑大风暴） 4.同舟共济
第十一次 感恩	体会来自社会和他人关爱，学会感恩	1.分享讨论"羊有跪乳之恩，鸦有反哺之恩" 2.小故事：《一碗馄饨》、《十年守候》和《借蜡烛》 3.分享感动，说出感谢 4.学习爱的能力 5.我想有个家 6.感恩的心
第十二次 回顾和告别	回顾团体辅导历程，感谢彼此的陪伴，重新起航	1.回顾团体辅导过程，分享自己的成长和变化 2.感谢他人对自己的陪伴和鼓励

所收集数据采用 SPSS 16.0 软件包处理。

三、团体干预效果分析

（一）团体干预效果统计分析

对实验组与对照组干预前的自尊得分和危机脆弱性得分进行独立样本 t 检验（表 7-6，表 7-7），结果显示，干预前，实验组与对照组的自尊和危机脆弱性得分均值小于 0.5，两组被试水平不存在显著差异，即两组干预前的自尊水平和危机脆弱性水平具有同质性。

表 7-6　实验组与对照组干预前差异检验（$M \pm SD$）

	实验组（n=15）	对照组（n=15）	t	P
自尊	27.73±4.250	27.47±3.357	−0.191	0.850
危机脆弱性	14.13±4.565	14.07±3.474	−0.045	0.964

注：M 表示平均数，SD 表示标准差。

对实验组与对照组干预后的自尊得分和危机脆弱性得分进行独立样本 t 检验（表 7-8），结果显示，干预后，实验组和对照组的差异虽然不显著，但实验组干预前后的分数有了很大变化，而对照组则变化不大。

表 7-7　实验组与对照组干预后差异检验（$M \pm SD$）

	实验组（n=15）	对照组（n=15）	t	P
自尊	29.13±3.502	26.40±4.032	−1.982	0.057
危机脆弱性	11.67±4.186	14.60±4.437	1.862	0.073

注：M 表示平均数，SD 表示标准差。

表 7-8 实验组前后测差异检验（$M \pm SD$）

	前测（n=15）	即时后测（n=15）	1 个月后测（n=15）	$t1$	$t2$	$t3$
自尊	27.73±4.250	29.13±3.502	29.07±3.494	−1.458	−1.209	0.128
危机脆弱性	14.13±4.565	11.67±4.186	11.60±2.898	2.193*	2.269*	0.112

注：M 表示平均数，SD 表示标准差；*表示 $P<0.05$；$t1$ 表示实验前测-即时后测 t 检验，$t2$ 表示实验前测-1 个月后测 t 检验，$t3$ 表示即时后测-1 个月后测 t 检验。

结果显示，实验组流浪儿童经过 12 次团体心理辅导干预，自尊水平均值提高了 1.40，1 个月后对实验组的被试进行再测（表 7-9），自尊得分与干预前均值相差 1.34，对于实验组被试的自尊水平，实验前测-即时后测（$t1$）、实验前测-1 个月后测（$t2$）与即时后测-1 个月后测（$t3$）均没有显著差异。与干预前相比，实验组流浪儿童的危机脆弱性均值下降了 2.46，1 个月后危机脆弱性均值与干预前相差 2.53，实验前测-即时后测（$t1$）和实验前测-1 个月后测（$t2$）存在显著差异，即时后测-1 个月后测（$t3$）差异不显著。研究结果说明，本次的心理团体辅导能够在一定程度上提高流浪儿童的自尊，并有效地提高了流浪儿童的危机承受能力，干预效果较为稳定。

表 7-9 对照组前后测差异检验（$M \pm SD$）

	前测（n=15）	即时后测（n=15）	1 个月后测（n=15）	$t1$	$t2$	$t3$
自尊	27.47±3.357	26.40±4.032	27.80±2.651	1.718	−0.371	−1.75
危机脆弱性	14.07±3.474	14.60±4.437	13.07±4.383	−0.529	0.760	1.3895

注：M 表示平均数，SD 表示标准差；$t1$ 表示实验前测-即时后测 t 检验，$t2$ 表示实验前测-1 个月后测 t 检验，$t3$ 表示即时后测-1 个月后测 t 检验。

结果显示，对照组流浪儿童不做任何干预，实验组干预结束后同时对对照组被试进行施测，即时后测结果与实验前测相比，自尊水平均值下降了 1.07，1 个月后再测，自尊均值与试验前侧结果相差 0.33，在统计上，对照组被试的自尊水平，实验前测-即时后测（$t1$）、实验前测-1 个月后测（$t2$）与即时后测-1 个月后测（$t3$）均没有显著差异；对照组危机脆弱性即时后测与实验前测相比增加了 0.53，1 个月后再测结果与实验前测均值下降了 1.0，在统计上，对照组的危机脆弱性的实验前测-即时后测（$t1$）、实验前测-1 个月后测（$t2$）与即时后测-1 个月后测（$t3$）均没有达到显著差异。结果表明，对照组的流浪儿童自尊水平在应对困境时有所下降，但在一段时间后基本恢复到原来的水平，而危机承受能力在危机后一段时间有一定程度的增强。这说明儿童遭受心理危机后有自愈的能力，但通过有效的干预，可以提高其自愈和应对的能力，获得较多的成长。

（二）团体干预效果质性评估

1. 团体领导者的主观评估

在心理团体辅导的过程中，成员们的变化是持续而缓慢的。团体领导者通过观察团体成员行为、情绪及认知的改变来记录团体成员的成长过程。

在心理团体辅导活动开始前，团体领导者对实验组成员的访谈结果如下：15 个成员中，有 8 个成员来自单亲家庭，其他的 7 个成员的父母感情不和或工作忙碌，对孩子疏于管教，缺乏沟通；实验组成员大多在初中时辍学，迷恋网吧，结交不良伙伴，经常或长期不回家，因缺钱和不良诱导而进行偷窃或抢劫。访谈发现，大部分成员回避家庭，不愿意谈及家人，流露出对家人的不理解和抱怨，同时存在内疚、心烦、害怕、紧张、敌意等情绪，行为上表现出拘谨不安，对他人戒备和敌视，不愿意与他人谈论自己的事情，容易因小事与他人发生矛盾。

干预初期：在前两次团体活动中，渐渐打破了成员内心的防御，通过在活动中的合作和分享，成员们逐渐敞开心扉，言语和行为不再拘谨，更多的人愿意主动地分享自己的体会，在活动中有了更多的相互帮助和笑容。

干预中期：大部分成员开始愿意在活动中谈论自己过去的经历，诚恳地承认自己曾犯过的错误，并积极地想办法应对未来可能遇到的困难，渐渐摆脱了内疚、担忧的情绪，树立起信心，开始憧憬未来。

干预后期：团体成员能够在团体中安全、放松、自由地表达自己的观点，同时注意倾听和尊重他人的想法，相互理解包容，营造出和谐、温馨的团体氛围。成员们对自己和家庭的态度也有了很大的改善，提高了自信，也能够理解父母对自己的良苦用心。整体上，成员们变得更加积极向上，团结友爱。

2. 团体成员的主观评估

本书采用的《团体活动效果反馈表》共设计了 12 个题目，表中的项目内容与团体活动设计的主题目标相对应，以考察团体成员对辅导活动整体上的体验和评价。干预组成员对团体活动的主观评价，如表 7-10 所示。

表 7-10　团体活动效果反馈表　　（单位：%）

项目内容	完全不符合	不太符合	有点符合	比较符合	非常符合
1.在团体活动中，我与其他成员的关系更融洽了			13.3	66.7	20.0

续表

项目内容	完全不符合	不太符合	有点符合	比较符合	非常符合
2.在团体中，我感到安全舒适，可以信任他人			33.3	53.3	13.4
3.我发现，我比以前更了解自己了			6.7	80.0	13.3
4.我觉得自己更加自信了			13.3	66.7	20.0
5.我重新认识了自己与家人的关系，能够理解和接纳家人的做法			53.3	40.0	6.7
6.我认识到沟通的重要性，并掌握了一些沟通的方法				66.7	33.3
7.我能够用平和的心态看待过去发生的事情，不再难过或焦虑			20.0	73.3	6.7
8.我对未来充满向往，并愿意为梦想付出努力				66.7	33.3
9.我重新认识了挫折，觉得挫折不再那么可怕了			26.7	73.3	
10.我认识到自己应该对自己的行为负责				73.3	26.7
11.整体而言，我喜欢每次进行的活动				33.3	66.7
12.我觉得在团体活动中学到的内容对自己很有帮助				46.7	53.3

经过一系列的心理团体辅导活动后，成员间的关系有了明显的改善，大家开始信任他人；大部分成员增进了自我认识，提高了自我评价；团体成员的家庭问题也有了一定程度的改善；通过团体活动，成员们认识到沟通有助于改善人际关系，并掌握了一些有效的方法；大部分成员能够合理地看待过去，并对未来充满向往和信心；成员们对挫折有了新的认识，减少了内心的恐惧，提高了挫折应对能力；成员们认识到自己应该对自己负责；成员们都很喜欢心理团体活动，并表示从中得到了很大的帮助。结合观察和访谈结果，可以发现参加干预的成员在心理辅导活动之后获得了较大的成长和完善，慢慢从过去的创伤经历中走出来，更加自信了，应对危机的能力也增强了。

3. 团体辅导干预效果之个案情况分析

危机个案分析 1：小文（化名），男，17 岁，初中毕业，父亲为工人，母亲是个体户，有一个姐姐。小文初中时曾休学 1 年，参与工地盗窃 4 起。个案自述自己与父亲矛盾很大，母亲生意很忙，平时自己几乎不和父母交流。幼时曾 3 次溺水（父母疏于照管），当时感觉非常害怕，给自己留下了心理阴影。现在没有能让自己特别信任的人，相对比较信任的人是亲人，但可能没有人会信任自己，因为自己从不为他人考虑，也不想被他人信任，因为自己不在乎。小文因偷盗被送来教育基地，表现出情绪抑郁、迷茫，自我放弃。小文在描述自己的经历时提到“从苦难和折磨中走过”，“命运与自己开了玩笑，老天似乎有意在捉弄自己，有意地给自己制造困难和麻烦”。经过心理团体辅导之后，个案心态明显积极开朗了很多，开始憧憬未来，希望自己未来可以成为一名军人，相信通过自己的努力可以获得美好的生活，并能珍惜所拥有的一切。

危机个案分析 2：小武（化名），男，15 岁，初中未毕业，父母离异。母亲与姐姐生活，自己与父亲、继母、继姐一起生活，父亲对自己挺好，但交流较少，和继母、继姐感情一般，与亲生母亲和姐姐联系较少。个案表示自己信任自己，没有人信任自己。小武曾参与盗窃 10 起，因偷盗被送教育后，心情低落，不愿与人交流，询问家人情况时不愿谈起。小武对自己的评价是“犯过很多错误，是个不省心的家伙，总是做事情让家人担心，还总是埋怨家人对自己不够好”。经过心理团体辅导后，个案脸上时常会露出腼腆的笑容，对未来也恢复了信心，个案对未来的自己写下了这段话“现在的你还在为梦想继续努力奋斗吧，可能你的梦想是平凡的，只想努力赚钱，让家人能过上幸福美满的生活。就算你遇到挫折再多，压力再大，你也不能放弃，你要从失败中站起来。证明你自己，你可以的！”从这段话中可以看出个案对未来充满期待，对家人的看法也有所改变，愿意通过自己的努力回馈父母，并鼓励自己通过努力实现自我。

这两个个案遭遇了辍学流浪、偷盗被抓等生活事件，对内心的冲击较大，同时缺乏有效的家庭支持，自信心不足，缺乏有效的危机应对方法，对未来充满了迷茫。经过针对性的成长团体心理辅导后，情绪得到了调整，认知也有了改变，提高了自信，对待家人和生活的态度有了很大改善，脸上流露出更多的笑容。

结合团体领导者和团体成员的评估结果，本次心理团体辅导基本达到了干预目标，效果良好。此外，教官对本次团体辅导活动也给予了较好的评价，认为心理团体活动的氛围和活动效果很好，学员的精神面貌和行为问题有了较大的改善。教官表示很希望能够长期开展此类的心理活动，有针对性地解决学员的心理问题。

总之，心理团体辅导对流浪儿童危机脆弱性的干预效果显著，并且干预效果较为稳定，同时能够在一定程度上提高流浪儿童的自尊水平。

参考文献

陈世平，2001. 儿童人际冲突解决策略与欺负行为的关系[J]. 心理科学杂志，24(2)：234-236.

樊富珉，2005. 团体心理咨询[M]. 北京：高等教育出版社.
高琨，邹泓，2001. 处境不利儿童的友谊关系研究[J]. 心理发展与教育，(3)：52-55.
胡林成，蔡俊，刘银林，2010. 泰州市流浪未成年人的心理分类与救助策略研究[J]. 社会工作（下半月），(9)：54-55.
雷雳，张雷，2002. 初中生受欺负状况的某些预测变量[J]. 心理学探新，22(4)：38-40.
李晓东，陈怡，高秋凤，2007. 流浪儿童的性格与行为特点研究[J]. 华南师范大学学报（社会科学版），(6)：126-130.
魏小娟，2003. 欺负卷入儿童的自我概念及人际冲突解决策略研究[D]. 重庆：西南师范大学.
吴素梅，2005. 受欺负经验对儿童心理的消极影响[J]. 中国医疗杂志，4(5)：2-4.
吴素梅，2007. 受欺负经验引发学生心理问题的中介机制探究[J]. 广西师范大学学报（哲学社会科学版），43(1)：105-107.
吴素梅，蔡欣欣，2006. 广西中小学儿童受欺负现象调查研究[J]. 天津市教科院学报，3：71-76.
吴素梅，谭焙垚，2009. 团体心理辅导提高受欺负儿童人际适应水平的实验研究[J]. 中国学校卫生，30(6)：522-525.
赵莉，雷雳，2003. 关于校内欺负行为中受欺负者研究的述评[J]. 心理科学进展，11(6)：668-674.
赵笑梅，李婷，2010. 流浪儿童社会支持与自尊的关系研究[J]. 宁波教育学院学报，12(3)：60-62.
Luthar S S，Cicchetti D，Becker B，2000. The construct of resilience：A critical evaluation and guidelines for future work[J]. Child Development，71(3)：543-562.

附录一　儿童压力后成长量表

指导语：下列句子都是有关一个人在经历压力事件后的描述。0 代表该句话完全不符合你的情况；1 代表比较不符合你的情况；2 代表不确定；3 代表比较符合你的情况；4 代表完全符合你的情况。针对在这一年中你经历过最难过或困扰的事件后，自己发生了怎样的变化，在每个题目后面选择最适合你的情况，并在右栏相应的数字上打“√”。

	完全不符合	比较不符合	不确定	比较符合	完全符合
1. 面对困难，我选择去克服，而不是逃避或放弃	0	1	2	3	4
2. 我和别人之间的交流与合作增多了	0	1	2	3	4
3. 我学会珍惜自己所拥有的东西	0	1	2	3	4
4. 我更愿意和别人交往了	0	1	2	3	4
5. 我会努力去尝试解决问题	0	1	2	3	4
6. 我比以前更成熟懂事了	0	1	2	3	4
7. 我从挫折中找到了生活的意义	0	1	2	3	4
8. 我认识到人要对自己的行为负责任	0	1	2	3	4
9. 我学会更主动地与人交流了	0	1	2	3	4
10. 我从挫折事件中学习到了很多的经验	0	1	2	3	4
11. 遇到困难，我会更积极寻求他人的帮助，找到克服困难的方法	0	1	2	3	4
12. 在开始做一件事之前，我学会了要仔细思考	0	1	2	3	4
13. 我和身边的人相处得更好了	0	1	2	3	4
14. 我比以前获得了更多的关心和帮助	0	1	2	3	4
15. 我知道生活中哪些东西对我来说更重要	0	1	2	3	4

附录二　团体辅导总体效果评估表

在“团体氛围评价”和“团体内容评价”部分，每一题目有 5 个选项，从“非常不同意”到“非常同意”分为 5 个等级，请您依据本次的单元活动情况，在符合您的情况的相对应的数字下画“√”。如“非常不同意”选“1”，“非常同意”选“5”。

团体氛围评价

		非常不同意	不同意	不确定	同意	非常同意
温暖的	……………	1	2	3	4	5
友善的	……………	1	2	3	4	5
支持的	……………	1	2	3	4	5
信任的	……………	1	2	3	4	5
尊重的	……………	1	2	3	4	5
接纳的	……………	1	2	3	4	5
开放的	……………	1	2	3	4	5
安全的	……………	1	2	3	4	5
自由的	……………	1	2	3	4	5

团体内容评价

		非常不同意	不同意	不确定	同意	非常同意
有益的	……………	1	2	3	4	5
有趣的	……………	1	2	3	4	5
适当的	……………	1	2	3	4	5
有价值	……………	1	2	3	4	5

附录二　团体辅导总体效果评估表

团体促进功能评价

指导语：根据你的实际情况，请在与你相符的情况上打钩。

题目	完全不认可	有点认可	基本认可	完全认可
1. 参加此次团体活动，我实现了预期的目标	①	②	③	④
2. 通过参加此次活动，我感觉自己收获很多	①	②	③	④
3. 通过这次活动，我释放了压力和消极情绪	①	②	③	④
4. 通过此次活动，我认识到了自己身上的恐惧、害怕、紧张、愤怒等负性情绪，对自己越来越了解	①	②	③	④
5. 在此次活动中，我学会了如何控制自己的消极情绪，还学会如何去调节它	①	②	③	④
6. 通过此次活动，我学会了如何去表达自己的一些不好的情绪，做到不伤害身边的人	①	②	③	④
7. 我会介绍别人参加这样的团体辅导	①	②	③	④

附录三　团体辅导活动方案

单元	单元目标	活动内容
第一单元 缘分天空	1. 小组成员相互认识，建立相互信任的关系。 2. 建立契约，确定团体目标。 3. 表达自己内心重要的东西	1. 抢凳子 2. 一点灵 3. 我最喜欢的动物 4. 不能没有你 5. 团体契约 6. 结束总结
第二单元 认识情绪	1. 促进成员进一步相互认识与了解。 2. 明确情绪的种类。 3. 认识并接纳自己的情绪，学会从积极的角度去看问题，拥有更多积极、健康的情绪	1. 热身游戏："心脏病" 2. 变脸 3. 心情晴雨表 4. 快乐点击 5. 结束总结
第三单元 情绪调控	1. 体验施与受的感觉，体察他人的情绪，培养相互合作的态度。 2. 评价自己的情绪等级，探讨有效的情绪调控策略	1. 请你为我做件事 2. 情景模拟 3. 走下情绪的电梯 4. 结束总结
第四单元 积极优势	1. 帮助小组成员充分认识和了解自己的优势，让每位成员都能悦纳自己。 2. 让小组成员学会用自己的优势积极地生活	1. 趣味分组 2. 照镜子 3. 我的优势卡片 4. 优势轰炸 5. 结束总结
第五单元 积极应对	学会挖掘自己拥有的积极资源，并充分利用自己的资源去应对生活中的困难，实现自己的目标	1. 同走生命路 2. 我的装备 3. 音乐冥想放松训练 4. 结束总结
第六单元 积极成长	1. 突破思维定式，解决看似不可能解决的问题。 2. 帮助小组成员设立自己的人生目标，对自己未来生活有初步的规划和目标。 3. 让小组成员明白，为了实现未来的目标，自己现在就必须做出应有的改变和努力。 4. 结束团体辅导	1. 巧解绳套 2. 我的未来之路 3. 成员分享 4. 自我探索 5. 结束总结

附录四　团体心理辅导对受欺负儿童人际适应与自我意识研究辅导活动方案

第一次活动	**单元主题：缘来一家人**	活动地点：团辅活动室	
活动时间：××××年×月×日		所需时间：1 小时	
单元目标：相互认识，并培养同学们的团体意识，从而营造团体的和谐气氛，使同学们有家的归属感；约定团体规范，形成团体			
活动名称	活动内容	注意事项	准备工作
一、暖身（名字接龙和名字 PK 赛）	1. 首先让学生相互挥手，并相互微笑说你好。接着“名字接龙”（姓名、爱好、性格或某一与众不同的地方等），鼓励个性化的介绍。 2. 分为两组进行名字 PK 赛，首先各组先定好成员出场顺序，待老师说比赛开始，成员按顺序出场，并说出对方组员名字。（若说不出的可向对方诚恳请教，本组成员不能提醒）结束后，哪个组的成绩最好则给予相应奖励（代币），相对弱的那组集体表演节目。若成绩一样，都能记完，则都奖；若都没记完，则都不给予奖励	辅导老师和其他助理老师也一起参与	
二、团体形成（希望种子）	1. 发给成员事先准备好的有题目的彩色纸张。 2. 请成员在纸张的相应题目下面填写个人的答案。 问题一：参加本次活动你的目的是什么？ 问题二：你希望我们的这个小集体是怎么样的？ 问题三：你此刻的心情是怎么样的？ 问题四：你对团体有什么要求和期待？		彩色纸片、彩色笔
三、认识团体和团体规范（心声表达和团体契约）	1. 通过上述问题的回答与分享，成员彼此熟悉及了解他人对团体的期望和参加动机等。老师把彩色纸张贴在友谊本子上，收藏起来。 2. 领导者也借此说明团体的功能和团体的内容、目标，以澄清成员对团体的期待，并说明团体规范的重要性，定出成员应遵守的团体规范及违规时的处理方式，老师及时记录（团体讨论）		笔、纸
四、总结（分享与反馈）	1. 分享：在活动中，对团体及自身的感受如何？并用一句话表达此刻的心情。 2. 领导者简单总结今天团体的主要内容并再次强调团体的纪律。 3. 填写单元反馈表		单元反馈表

第二次活动	**单元主题：Love you and Love me**	活动地点：团辅活动室	
活动时间：××××年×月×日		所需时间：1 小时	
单元目标：寻找自信的支点，开发自身的潜能，在认识自我的基础上悦纳自我，协助成员正确地评价自我			
活动名称	活动内容	注意事项	准备工作
一、暖身活动（比一比）	每队派出一人比赛不同的单元。 分为两个小组： 老师宣布要比的项目，然后每组派出一位他们认为会赢对方小组的人。等被派出的人都出来后，老师说哪个小组的同学赢了，让下面同学猜老师要他们比的内容是什么。赢的小组得一分，猜对的小组也得一分，累加最后给赢的小组成员加分。题目例子：这个游戏的题目就是要想越不会被大家猜中的越有趣！ 比长：比手臂；比上衣；比头发…… 比短：比手指头；比裤子或裙子…… 比高：比声调；比手抬起来的高度…… 比大：比眼睛；比手掌…… 比多：比身上的饰物；比穿的衣服；比身上的扣子……	场面的控制；引出每人都有每人的长处，不要和别人比什么，最重要的是自己和自己比；找出自己的长处，并发展好自己的长处	在 A4 纸上写好要比的内容
二、白纸黑点	老师拿出一张中间画了有些黑点的白纸，让学生比较看，问学生：你们看到这些纸的第一反应是什么？从中你领悟到了什么？ 综合第一和第二环节，老师总结，如何全面而客观地看待自己、悦纳自己。肯定自己的优点，正视自己的缺点		白纸黑点的纸
三、我是真的勇士	1. 先请同学们思考一下，你觉得自己哪些是不尽满意的，可以是任何一方面，让学生先在本子上写下来。 2. 邀请同学站起来，将对自己不满意的情况说出来，越形象、越生动、越调侃越好。不需要解释原因。说完后，自己要大声说一句话：“虽然是这样子，我还是喜欢我自己!”台下的同学们可以用“爱的鼓励”掌声代表自己接受和认可的程度。说得非常敷衍的就不让其坐下。同学们以沉默表示，该同学就要继续讲下去，直到大家认可为止。 3. 缺点也是优点，引导学生把别人的缺点想成是别人的优点。如保守也可以看作是稳重、谨慎等	引导者注意问学生在众人面前敢于说出自己的缺点的感受，以及你作为旁听者的感受。总结如何看待自己的缺点	笔、纸
四、总结（分享与反馈）	1. 团体领导者简单总结今天团体活动的主要内容，学生谈谈他们的收获。 2. 填写单元反馈表。 3. 作业：写一份挑战书，向自己发起挑战。挑战的内容就是大家写出自己的缺点。挑战书上有明确的挑战实施计划，并承诺付诸行动。有明确的任务完成登记情况		单元反馈表

第三次活动	**单元主题：成长路上，有你有我**	活动地点：团辅活动室	
活动时间：××××年×月×日		所需时间：1 小时	
单元目标：1.帮助成员体会在人群中的感受；帮助成员学习获得他人的帮助；2.使学生体会人与人之间的理解和接纳，帮助学生认识人际沟通的重要性			
活动名称	活动内容	注意事项	准备工作
一、突围	1. 所有成员围成一圈，每个成员依次到中间去，采取任何可以用的方法从圈中突围出去。要求在突围的过程中，不能使用暴力，每个同学都有 1 分钟的时间，能在 1 分钟内出去者就胜利了。成员可以说服周围的成员以获得理解而突围出去	注意引导学生发散思维，用友好的方式突围出去	

续表

活动名称	活动内容	注意事项	准备工作
一、突围	2. 提问题： （1）你是通过什么样的方式突围的？为什么能突围？（如果没有突围出去的，问：你为什么在刚才活动当中没有顺利突围，是什么因素影响了你？） （2）在平时生活中遇到同样的事情，你会怎么做？ （3）注意成员的安全，提醒成员注意在圈中的感受及如何获得理解和支持	注意引导学生发散思维，用友好的方式突围出去	
二、盲人旅行	1. 两人一组，一人扮演盲人一人扮演盲人的扶助者，“盲人”蒙上眼睛，原地转3圈，暂时失去方向感，然后在扶助者的搀扶下，沿着指导老师选定的路线，带领“盲人”在室内外活动。其间不可以讲话，然后互换角色，再来一遍。 2. 提问： （1）作为盲人的感受，生活中是否也有过同样的感受； （2）帮助盲人的感受，生活中是否也有同样的感受； （3）本活动对个人的启发	要预先设定好线路及路障	6条蒙面巾
三、我的心思你别猜	1. 把学生两两配对，一个同学比画一个同学猜，比画的同学用非言语行为说出自己遇见了一件很开心的事情，让另一个同学猜。再角色换过来，原来猜的同学再用非言语行为说出自己遇到一件很不高兴的事情，让对方猜。 2. 提问： （1）你认为怎样才能更好地表达自己心中的不快或者兴奋？ （2）当别人猜不出你在演什么时，你是什么样的心情？	引导沟通和分享的重要性	
四、总结（分享与反馈）	1. 分享：在活动中，对团体及自身的感受如何？ 2. 领导者简单总结今天团体的主要内容。 3. 填写单元反馈表。 4. 作业：把你最近在学习、生活或人际交往中让你感到困扰的事情写下来，然后自己分析，最后尽可能多地写出解决方法		单元反馈表

第四次活动	**单元主题：每个人都是主角**	活动地点：团辅活动室	
活动时间：××××年×月×日		所需时间：1小时	
单元目标：1.暴露自己的问题，并运用集体的力量共同解决问题；2.协助成员解决困扰；3.帮助其正确看待一些人际关系中的问题，学会使用正确的应对策略，以及运用到实际生活当中去			
活动名称	活动内容	注意事项	准备工作
一、生活情景剧	观看事先让三个同学课后准备的小品。 1. 大家都看懂了他们的表演没有？大家说一说在这个剧中，小丽遇到了什么问题？说说你是如何理解这个角色的好吗？ 2. 小B、小A、小C，你们都分别说说你们是怎么看待你所扮演的这个角色的。 请同学们发言。 3. 体现大家智慧的时刻到了。当你面对这样的情景时，怎么做才更好地解决和应对？ （1）当别人对我进行身体上的伤害的时候，要怎么办？ （2）当别人对我的相貌品头论足的时候，要怎么办？ （3）当别人不经我同意，随意拿我的东西的时候，要怎么办？ （4）当别人排斥我的时候，要怎么办？ 4. 分组讨论，然后也同样用角色扮演的方式把小组讨论最后觉得最可行的办法表演出来	引导学生进入角色	

续表

活动名称	活动内容	注意事项	准备工作
二、秘密大会串	1. 请小组成员将目前最感困惑的、最难解决的一件事写在纸上，并读出其内容。请另外一组的成员思考问题的解决方法。 2. 规则：第1组的问题第2组回答；第2组的问题第3组回答；第3组的问题第1组回答。解决方法，可根据出问题的小组成员满意和认可度（1～10分打分）酌情给回答组加分。 3. 解决问题可以采用讨论、示范、角色扮演、书面资料提供等方式	引导学生写他们日常生活当中遇到的真正的难题	
三、总结（分享与反馈）	1. 分享：在活动中，对团体及自身的感受如何？有什么收获？ 2. 领导者简单总结今天团体的主要内容。 3. 填写单元反馈表。 4. 作业：把你最近在学习生活或人际交往中让你感到困扰的事情写下来，然后自己分析，最后尽可能多地写出解决方法		单元反馈表

第五次活动	**单元主题：拒绝“三部曲”**	活动地点：团辅活动室	
活动时间：××××年×月×日		所需时间：1小时	
单元目标：1.通过活动，使学生明白：在日常学习、生活中，我们有权利说“不”，但也要维护良好的人际关系，在活动中培养学生独立的人格和合作精神；2.初步学习说“不”的三步技巧，提高学生的人际交往能力和社会适应能力			
活动名称	活动内容	注意事项	准备工作
一、热身活动（“1——2——3木头人”）	同学们随意站着，当老师说道“Are you ready？”时，你们就要准备了，再当我喊到“开始”时，你们就可以随意走动，但是不许大声喧哗。但是，当我中途说完“木头人，不许说话不许动”时，你们就必须立在那里，不管你们当时是处于什么样的一种动作。要是没有按规则做的话，可是要接受一个小小的惩罚的：给我们大家来个即兴表演	可用这个方法作为后面场面的控制手段	
二、目光炯炯	1. 大家站成一排，并且开始报数，数到奇数的站成一排，数到偶数的站成一排。 2. 前后两排的同学对视15秒，并且与你正对面的同学组成搭档。 3. 两个人互相正对着，由一方向另一方提出一个请求。不管对方提出的是什么样的要求，另一方都必须拒绝，而且在拒绝的时候，要看着对方的眼睛来回答，使对方感觉到，即使我被别人拒绝了，但是我的心里还是觉得很温暖的（拒绝方式各个小组成员自己把握）。 4. 5分钟之后，我们一起来分享大家的拒绝策略。 5. 请各个小组分别说出自己这个小组的要求，而自己又是怎样拒绝对方的，老师做适当指引。 6. 由同学们说出哪个小组的陈述最好	人数奇数，助理老师加进去	
三、总结“三部曲”	选取刚刚同学们中的一个具有典型意义的例子，引导同学们总结出我们在拒绝别人时应该是怎样的？怎样拒绝别人才能让对方感觉我们是真诚的？ 1. 拒绝：直接或者间接相告，注意文明用语，尊重别人。 2. 说出自己的理由（如太晚了，考试作弊等）。 3. 想出替代的方法（提出一些健康可行的、可供选择的替代方法）。 4. 练习应用（举个例子）		

续表

活动名称	活动内容	注意事项	准备工作
四、分享与反馈	1. 请学生说一说这次活动当中的收获。 2. 填写反馈表。 3. 作业：谈谈自己在学习、生活中有没有不敢拒绝或拒绝不当的经历。并举出自己亲身经历的例子。然后，如何用我们今天所学的知识来合理地拒绝。		单元反馈表

第六次活动	单元主题：人际大闯关	活动地点：团辅活动室	
活动时间：××××年×月×日		所需时间：1 小时	
单元目标：1.成员练习并应用所学之前的人际沟通技巧；2.协助成员解决人际上困扰的问题			
活动名称	活动内容	注意事项	准备工作
一、我是小哨兵	学生形成两排队列，老师喊口号，大家要根据老师的口号做相应的动作，做慢或做错者，都要走出队列，站到大家面前先鞠一躬，然后举起右手高声说："对不起，我错了！"征求老师同意后才能归队。 口号与相应的动作：1——向右；2——向左；3——向后；4——向前跨一步；5——不动	引导学生勇于承认错误	
二、人际大闯关	由学生自己推荐刚刚表现比较好和比较不好的同学出来，比较好的同学为这一关的裁判员，比较不好的为这一关的闯关者，其余同学作为守垒者站成一列，并且按照抽签的结果站在所守的关卡。 每一关都由裁判员出相应的问题，由闯关者和守垒者进行PK，最后裁判员根据他们的表现选出下一关的闯关者，另一个则为守垒者。最后看哪个闯关者闯的关数最多。 问题：1. 说出整个团体成员的名字。 2. 说出团队的纪律和团队的目标。 3. 向一位成员注视 15 秒不眨眼。 4. 说两个自己在人际上的优点和缺点。 5. 对两位成员说出最喜欢他的两个特质。 6. 说出什么样的性格的同学能够有很好的人际关系，什么样的性格的同学的人际关系比较糟糕。 7. 跟朋友吵架了，该怎么办？ 8. 当朋友被别的同学排挤时，我该怎么做？ 9. 朋友做了一件让我不高兴的事，我要怎么跟他说？ 10. 举出三种解决人际冲突的方法。 11. 如何做到更好地与人交往，我们这个团体都做到了哪些	注意场面的控制，关注其他守垒者	一排凳子
三、总结与讨论	在与人交往的过程中，我们会像刚才闯关的同学一样，遇到各种问题，同学们在闯关的过程中所遇到的问题也是我们常见的问题，那么我想问大家，在活动当中哪些问题大家的印象最深？有什么问题你觉得是比较困难的？除了刚刚同学讲的那些方法，你觉得你还有什么好的建议？		
四、分享与反馈	1. 请学生说一说这次活动当中的收获。 2. 填写反馈表		单元反馈表

第七次活动	**单元主题：祝福明天**	活动地点：团辅活动室	
活动时间：××××年×月×日		所需时间：1小时	
单元目标：结束团体，使成员充满信心地迎接明天。处理离别情绪，反思、总结收获。自信人生			
活动名称	活动内容	注意事项	准备工作
一、团体共享	所有的助理老师和学生围成一个圈坐，在音乐声中，在老师的引导下，对团体辅导进行回顾，大家自由发言，分享对团体的看法、自己的成长和进步、对团体的祝福和某些成员的祝福。并把第一次成员写的对自己的期望和团体的期望发回给大家，让大家进行对比看看自己的收获	引导学生谈自身的变化及所感，学生与老师间隔坐	MP3、音响、纸张、凳子摆放
二、大合唱	请大家站立，围成圆圈，大家手挽手肩并肩，然后随着音乐轻轻地哼唱大家共同熟悉的歌曲《蜗牛》，并随着旋律自由摇摆。使全体成员在一个充满温馨、甜蜜、有内聚力的情景中告别团体，走向生活，留下一个永远的、美好的、极有象征性的、难忘的记忆		歌词
三、收获“果实”、告别团体	1. 把团体合照发给大家，并请大家在相片背后写下对整个团体的祝福，老师收回后请学生从中抽取。 2. 公布财富排行榜并颁发奖品。 3. 老师和学生相互击掌或拥抱告别，并相互送祝福		团体总反馈表

后　记

儿童是祖国的未来，这一群体不仅包括生活在父母关爱之下，沐浴着阳光雨露茁壮成长的普通儿童，还包括生活、学习、成长过程中并不那么顺利的特殊儿童，促进他们的健康发展，对于提高他们的生命质量，推进素质教育的实施和创新人才的培养，提高国民整体素质有相当重要的意义。十多年前，在教育和心理咨询过程当中，我们就开始关注处境不利儿童，开始有意识地开展研究，以便更多地了解他们的心理健康状况，进行有针对性的教育和提供心理咨询服务。这些年来，我们的研究团队围绕着处境不利儿童这一群体，重点关注受欺负儿童、留守儿童和流浪儿童的心理状况，研究视角从对问题解决的关注，逐渐转移到对于积极心理品质的培养上来。我们通过实证研究、质性研究和理论探讨等多种方法对这一群体进行有益的探索，并且有针对性地开展一些干预，获得一些有益经验。

本书也是全国教育科学“十二五”规划2015年度教育部重点课题“困境儿童心理危机状况、心理救助及危机后成长研究（课题批准号DBA150237）”的研究成果。我们希望这本书不仅能为喜欢这一领域的心理学者了解处境不利儿童心理提供理论和实证参考，也能帮助广大教育工作者充分利用这些研究成果更好地把握处境不利儿童的心理特点，更科学、更专业、更有效地做好他们的心理健康服务工作，为他们提供有力的支持。

在本书撰写时，我们力图融科学性、应用性和可读性于一体，在呈现具体的研究过程的基础上，又做了一些概括、提炼和总结，使得叙述更加简洁，脉络更为清晰。本书总共七章：第一章为理论探讨，整体上梳理了处境不利儿童的心理成长点。第二章至第四章为调查实证研究，探讨了受欺负儿童、流浪儿童、留守儿童的心理现状及特点。第五章阐述了儿童压力后成长问卷的编制及不同类型处境不利儿童压力后成长的特点。第六章至第七章为干预研究，探讨发展性团体心理辅导、焦点解决短期疗法对处境不利儿童心理干预的作用效果。本书由吴素梅确定全书框架和总体思路，吴素梅和方建东统稿、定稿。具体分工如下：方建东（第一章）；吴素梅（第二章）；吴素梅、刘兰芝、方建东、谭艳艳、覃春望（第三章）；肖梦洁、吴素梅、周玉霞（第四章）；覃春望、吴素梅、方建东（第五章）；刘兰芝、吴素梅、黄彩（第六章）；吴素梅，谭艳艳，谭焙垚（第七章）。

本书在撰写过程中得到广西师范大学教育学部各位领导和老师的帮助，在此表示感谢。感谢科学出版社的大力支持。感谢在研究过程中给予我们支持和帮助的教育基地、救助站、学校等机构的领导、工作人员、老师和同学们。感谢所有支持和帮助过我们的老师和同学。书中引用和分享了许多学者的宝贵文献资料，在此一并表示感谢。由于时间仓促，作者水平有限，错误和不当之处在所难免，恳请各位专家和读者批评指正。

作　者

2018 年 8 月 25 日